2018 年

陕西省建筑行业专业技术人员继续教育培训教程

陕西省建筑职工大学　组织编写

安书科　主编

中国建筑工业出版社

图书在版编目（CIP）数据

2018 年陕西省建筑行业专业技术人员继续教育培训教程/陕西省建筑职工大学组织编写．—北京：中国建筑工业出版社，2018.4

ISBN 978-7-112-22001-4

Ⅰ. ①2… Ⅱ. ①陕… Ⅲ. ①建筑工程-工程施工-继续教育-教材 Ⅳ. ①TU74

中国版本图书馆 CIP 数据核字（2018）第 058401 号

责任编辑：朱首明　李　阳
责任校对：王雪竹

2018 年陕西省建筑行业专业技术人员继续教育培训教程

陕西省建筑职工大学　组织编写

安书科　主编

*

中国建筑工业出版社出版、发行（北京海淀三里河路 9 号）

各地新华书店、建筑书店经销

北京红光制版公司制版

北京建筑工业印刷厂印刷

*

开本：787×1092 毫米　1/16　印张：12¾　字数：307 千字

2018 年 4 月第一版　　2018 年 4 月第一次印刷

定价：**39.00** 元

ISBN 978-7-112-22001-4

（31908）

本书编写委员会

主　　编　安书科

副 主 编　翟文燕　郭秀秀

主　　审　刘明生

编写人员（按姓氏笔画为序）

丁陇云　万　磊　马林慷　王　轩　王　益
王　强　王巧莉　王景芹　石　韵　田　芳
刘军生　刘浩强　李　茜　李　荣　李　群
李西寿　李兴顺　李里丁　杨文波　时　炜
谷红文　张文丽　周亦玲　侯平兰　宫　平
姜亚丽　秦　浩　郭秀娥　梁　锟　韩　超
韩大富

前　言

陕西省建筑职工大学是陕西省人力资源和社会保障厅组织专家评估认定的陕西省第一批专业技术人员继续教育培训基地之一，主要承担了陕西省建设行业专业技术人员的继续教育培训任务。2011年以来，为了切实做好建筑行业专业技术人员的继续教育培训，学校组织专业教师和行业、企业的专家召开了多次研讨会，并基于陕西省建筑行业专业技术人员继续教育培训的需求编写了培训讲义、教程，同时也在不断加强专任和兼职培训师资队伍建设，专业技术人员的继续教育工作取得了可喜的成绩，也积累了比较丰富的培训教学及管理经验。

继续教育既是学历教育的延伸和发展，又是专业技术人员不断更新知识、提高创新能力适应科技进步和行业发展的需要，为了进一步做好2016～2018年陕西省建筑行业专业技术人员的继续教育培训工作，学校于2015年11月策划、编制并向行业管理部门、建筑科研院、大型建筑施工企业等21家单位的专家发放了50份《陕西省建筑行业专业技术人员继续教育培训教程内容编写意见征询的调研问卷》，同时针对2015年的培训教程内容及授课效果做了大量的调研工作，在调研问卷整理归纳的基础上，学校针对陕西省建筑行业专业技术人员继续教育培训教程的编写内容召开了专题研讨论证会，按照每年专业科目56个课时的培训要求，最终确定了13个单元的教程编写内容以满足陕西省建筑行业专业技术人员2016～2018年继续教育培训的需要，选择其中4个单元作为2018年继续教育培训教学内容。

本培训教程是由学校相关专业教师和行业、企业专家，根据《陕西省人社厅关于做好专业技术人员继续教育（知识更新工程）工作的通知》精神，以建筑行业、企业需求为导向，力求吸纳土建类专业技术方面的新理论、新技术、新方法为主要内容而编写的，相信会对在职专业技术人员知识技能的补充、更新、拓展和提高发挥积极作用。

本培训教程由安书科主编，其中“建设工程招投标及合同管理”由姜亚丽、王轩、李茜编写，“建筑工程质量管理”由杨文波、时炜、王强编写，“绿色建筑技术”由梁锟、丁陇云、李荣编写，“超高层建筑施工技术”由秦浩、刘军生、石韵、韩大富编写。

本培训教程在编写过程中得到了陕西省人社厅、陕西建工集团总公司、陕西省建筑工程质量安全监督总站、陕西省建筑科学研究院和陕西省建筑行业、大型建筑施工企业专家的大力支持和帮助，谨向他们表示衷心的感谢！

本培训教程在编写过程中，内容安排虽经反复核证，但因时间仓促，不妥甚至错误之处在所难免，恳请批评指正。

目　　录

单元1　建设工程招投标及合同管理

第1节　建设工程招投标概述

一、建设工程招投标基本状况

（一）建筑业在国民经济中的地位及建立、健全和完善承发包体制的意义

建筑业是我国国民经济的重要支柱产业之一，是我国最具活力和规模的基础产业，关联产业众多，社会影响较大。据统计，我国建筑业产值占到国内生产总值约7%左右，因此建筑业在国民经济增长和社会发展中占有非常重要的地位并发挥着重要的作用。

为了使我国建筑业能够健康、稳定、持续发展，近20～30年来对涉及建筑业的各个方面进行了全面地改革，建立、健全和完善了各种管理制度，引入了一系列科学的方法和先进的思想。其中反映在承发包制度方面重要的一项改革就是建立了招标与投标制度。

（二）建筑工程招投标在工程实践中的运用及法律地位的建立

招标与投标作为一种竞争性的采购方式，以其具有完善的机制、科学的方法在国际上已经有100多年的历史。我国将招标投标作为一种制度引入工程建设行业时间不足30年。

在工程实践方面，最具有代表性的工程项目就是“鲁布革水电站”工程。该工程位于云南省罗平县境内的南盘江支流黄泥河上，距昆明市320km，为引水式水电站。该工程由首部枢纽、引水发电系统和厂区等3部分组成，其中引水发电主体为全长9.4km，直径8m的隧道工程。引水发电系统中的隧道工程是我国境内采用世界银行贷款并按照FIDIC体系进行国际公开招标的第一个工程，对我国承发包制度的建立、完善和发展具有划时代的意义，并产生深远的影响。

在法律地位方面，主要体现在两个规定的颁布和实施，一是1984年国务院颁布的《关于改革建筑业和基本建设管理体制若干问题的暂行规定》；二是1984年国家计委和城乡建设环境保护部联合颁布的《建设工程招标投标暂行规定》。

（三）目前建筑工程招投标领域存在的问题

通过30多年的工程实践和10多年的法制建设，我国工程承发包体制日趋完善。对建筑市场的健康、有序形成及发展起到了积极的推动作用。但是，也存在不少问题。中央工程治理领导小组办公室于2012年5月8日通报，工程建设领域突出问题专项治理工作开展以来，截至2012年3月底，全国共查处工程建设领域违纪违法案件21766件，其中涉及招标投标环节的3305件，占15.2%。其主要表现在：

(1) 一些领导干部利用职权插手干预工程建设，索贿受贿；

(2) 有的业主单位或中介机构把应招标的项目化整为零规避招标，将应公开招标的项

目改为邀请招标，在招标文件中设置不合理条款限制或排斥潜在投标人，帮助特定投标人中标；

（3）有的招标人向特定投标人泄露标底、技术指标参数等保密事项，擅自改变招标条件或定标办法；

（4）有的评标专家在评标中为特定投标人打高分或压低其他投标人的评分；

（5）有的投标人之间采取“投标联盟”、“有偿陪标”、“轮流坐庄”等方式串通投标，有的挂靠多家企业、借用他人资质围标串标等。

二、建设工程招投标概念及特征

（一）建设工程招投标的概念

招投标是由交易活动的发起方在一定范围内公布标的特征和部分交易条件，按照依法确定的规则和程序，对多个响应方提交的报价及方案进行评审，择优选择交易主体并确定全部交易条件的一种交易方式。作为采购人与供应人之间的一种买卖关系，招标与投标是整个交易过程中不可分割的两个环节。

从概念上看，招投标实质上是一种市场竞争行为，是市场经济条件下一种普遍、高效的择优方式。招投标作为一种交易方式，广泛地应用于各行各业中，如工程承发包等。

建设工程招投标针对工程以及与工程建设有关的货物、服务而言。所称工程，是指建设工程，包括建筑物和构筑物的新建、改建、扩建及其相关的装修、拆除、修缮等；所称与工程建设有关的货物，是指构成工程不可分割的组成部分，且为实现工程基本功能所必需的设备、材料等；所称与工程建设有关的服务，是指为完成工程所需的勘察、设计、监理等服务。

（二）建设工程招投标的特征

招投标虽为一种交易方式，但它与一般的交易方式有所不同，具有其自己特有的性质，主要反映在下列几个方面：

1. 书面性

书面性是指在招投标过程中各种文件以及对文件的修改、补遗和澄清都应以书面文字体现，口头形式无效。上述文件包括招标文件、投标文件、中标通知书等。

2. 程序性

程序性是指在整个招投标过程中，各种工作应按照事先制定的先后顺序进行。这种先后顺序可以按照一定的惯例或法律规定由招标人来制定。

3. 公开性

公开性要求在招投标活动中采购的信息、对采购货物、劳务及服务所提出的要求、择优选择的标准及办法以及选择的结果等内容应当公开，以提高整个招投标活动的透明度。这与某些交易的隐秘进行形成鲜明对照，使其成为有别于一般交易特有性质。

4. 交易的一次性达成

一般交易往往要通过谈判，多次讨价还价才能够达成，但招投标要求在确定中标人之前，招标人与投标人就价格等实质性内容不得进行商谈，不允许双方讨价还价。投标人只能应邀进行一次报价，并以此作为签订合同的基础。

三、建设工程招投标基本法律制度

（一）招标投标基本法律体系

"招标投标法"是国家为了规范招标投标活动、调整在招标投标过程中产生的各种关系的法律规范的总称。按照法律效力的不同，招标投标法律规范分为四个层次：

第一层次是由全国人大及其常委会颁布的招标投标法律；

第二层次是由国务院颁发的招标投标行政法规；

第三层次是由国务院有关部门颁发的招标投标的部门规章；

第四层次是有立法权的地方人大及人民政府颁发的地方性招标投标法规及规章。

《中华人民共和国招标投标法》(以下简称《招标投标法》）是属第一层次上的，即由全国人民代表大会常务委员会制定和颁布的《招标投标法》法律。《招标投标法》是社会主义市场经济法律体系中非常重要的一部法律，是整个招标投标领域的基本法，一切有关招标投标的法规、规章和规范性文件都必须与《招标投标法》相一致，不能有抵触。

（二）招投标基本法律规范

1.《中华人民共和国招标投标法》

2.《中华人民共和国招标投标法实施条例》

3.《工程建设项目施工招标投标办法》(第 30 号令)

4.《陕西省实施〈中华人民共和国招标投标法〉办法》

5.《房屋建筑和市政基础设施工程施工招标投标管理办法》(陕建发［2009］15 号)

（三）招投标基本法律规定

1. 招投标的原则

《招标投标法》第五条明确规定，招标投标活动应当遵循公开、公平、公正和诚实信用的原则。

公开原则要求在招投标活动中招标的各种信息应公之于众，招标程序应具有透明度。此原则贯穿于整个招投标活动中，是招投标作为一种交易活动区别于其他交易活动的核心之处。

公平原则要求投标人在招投标活动中具有平等的参与机会并享有同等的权利和义务，不得对投标人实施歧视政策，应当对投标人一视同仁。

公正原则要求在择优选择中标人的过程中，采用的条件、标准、办法等应是事先制定的，不得将未公开或临时制定的条件、标准、办法作为评审、比较的依据。

诚实信用是交易当事人应遵守的最基本的道德标准。该原则要求交易双方应以善意的方式履行其义务，不得滥用权利及规避法律或合同规定的义务，维护当事人之间以及当事人与社会之间权益的平衡。

2. 招标的范围

《招标投标法》第三条规定，在中华人民共和国境内进行下列工程建设项目包括项目的勘察、设计、施工、监理以及与工程建设有关的重要设备、材料等的采购，必须进行招标：

(1) 大型基础设施、公用事业等关系社会公共利益、公众安全的项目；

（2）全部或者部分使用国有资金投资或者国家融资的项目；

（3）使用国际组织或者外国政府贷款、援助资金的项目。

以上所列项目的具体范围和规模标准，由国务院发展计划部门会同国务院有关部门制订，报国务院批准。

法律或者国务院对必须进行招标的其他项目的范围有规定的，依照其规定。

关系社会公共利益、公众安全的基础设施项目的范围包括：煤炭、石油、天然气、电力、新能源等能源项目；铁路、公路、管道、水运、航空以及其他交通运输业等交通运输项目；邮政、电信枢纽、通信、信息网络等邮电通信项目；防洪、灌溉、排涝、引（供）水、滩涂治理、水土保持、水利枢纽等水利项目；道路、桥梁、地铁和轻轨交通、污水排放及处理、垃圾处理、地下管道、公共停车场等城市设施项目；生态环境保护项目等。

关系社会公共利益、公众安全的公用事业项目的范围包括：供水、供电、供气、供热等市政工程项目；科技、教育、文化等项目；体育、旅游等项目；卫生、社会、福利等项目；商品住宅，包括经济适用住房。

使用国有资金投资项目的范围包括：使用各级财政预算资金的项目；使用纳入财政管理的各种政府专项建设基金的项目；使用国有企业事业单位自有资金，并且国有资产投资者实际拥有控制权的项目。

国家融资项目的范围包括：使用国家发行债券所筹资金的项目；使用国家对外借款或者担保所筹资金的项目；使用国家政策性贷款的项目；国家授权投资主体融资的项目；国家特许的融资项目。

使用国际组织或者外国政府资金的项目的范围包括：使用世界银行、亚洲开发银行等国际组织贷款资金的项目；使用外国政府及其机构贷款资金的项目；使用国际组织或者外国政府援助资金的项目。

法律在规定招标范围的同时，也对不招标的范围进行了规定，一般包括：涉及国家安全、国家秘密及其他有保密要求不适宜招标的工程；利用扶贫资金实行以工代赈需要使用农民出工的工程；建设项目勘察、设计采用特定专利或者专有技术的工程，或者其建筑艺术造型有特殊要求的工程；施工企业自建自用的工程，且该施工企业资质等级符合工程要求的工程；在建工程追加的附属小型工程或者主体加层工程，原中标人仍具备承包能力的工程；抢险救灾等应急工程。

3. 招标方式

《招投标法》第十条规定，招标分为公开招标和邀请招标。

公开招标，是指招标人以招标公告的方式邀请不特定的法人或者其他组织投标。邀请招标，是指招标人以投标邀请书的方式邀请特定的法人或者其他组织投标。

4. 招标的条件

《招标投标法》第九条规定，招标项目按照国家有关规定需要履行项目审批手续的，应当先履行审批手续，取得批准。

《工程建设项目施工招标投标办法》（30号令）第八条规定，依法必须招标的工程建设项目，应当具备下列条件才能进行施工招标：

（1）招标人已经依法成立；

（2）初步设计及概算应当履行审批手续的，已经批准；

（3）有相应资金或资金来源已经落实；

（4）有招标所需的设计图纸及技术资料。

5. 招标组织

《招标投标法》第十二条规定，招标人有权自行选择招标代理机构，委托其办理招标事宜。任何单位和个人不得以任何方式为招标人指定招标代理机构。

按照法律规定，招标组织形式分为自行招标和委托招标。

采用自行招标的工程，招标人应当具备下列条件：

（1）具有法人资格或者项目法人资格；

（2）具有与招标项目规模和复杂程度相适应的专业技术力量；

（3）设有专门的招标机构或者有三名以上专职招标业务人员；

（4）熟悉有关招标投标的法律、法规和规章。

招标人自行招标的应当向有关行政监督部门备案。招标人具有自行招标能力的，任何单位和个人不得强制其委托招标代理机构办理招标事宜。

招标人不具备自行招标能力的，应当委托招标。招标人有权自主选择招标代理机构，委托其办理招标事宜。任何单位和个人不得以任何方式为招标人指定招标代理机构。

6. 招标投标活动的监督

《招标投标法》第七条规定，招标投标活动及其当事人应当接受依法实施的监督。有关行政监督部门依法对招标投标活动实施监督，依法查处招标投标活动中的违法行为。

各省人民政府发展改革行政部门负责本行政区域内招标投标活动的指导协调工作，会同有关行政监督部门制定招标投标配套规定。设区的市、县（市、区）人民政府发展改革行政部门负责本行政区域内招标投标活动的指导协调工作。县级以上人民政府有关行政监督部门按照各自的职责和管理权限，依法对招标投标活动实施监督，依法查处招标投标活动中的违法行为。

第 2 节　建设工程施工招投标程序

一、招标程序

招投标程序是指招投标工作的先后次序。招投标程序除招投标工作内在的客观要求以外，相关法律对其程序具有严格的规定。就施工招投标程序而言，不同的招标方式、不同的潜在投标人资格审查方法，其程序也存在差异。下列针对施工招投标程序是按照公开招标方式及潜在投标人资格预审方法进行说明，一般可分为十三个步骤（图 1.2-1）。

1. 报建

报建是工程招标人向工程建设主管部门报告建设的一种制度。目的是为了有效掌握建设规模，规范工程建设实施阶段程序管理，统一工程项目报建的有关规定，达到对加强建筑市场管理。《工程建设项目报建管理办法》就报建事宜作出了明确的要求。需要强调的是，此办法规定凡未报建的工程建设项目，不得办理招投标手续和发放施工许可证，设计、施工单位不得承接该项工程的设计和施工任务。

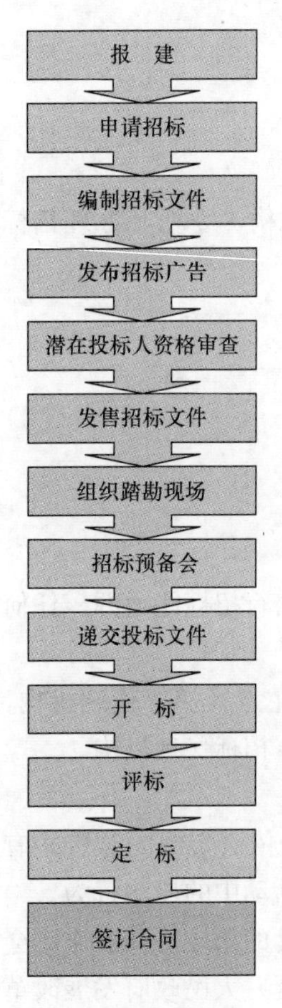

图1.2-1　公开招标（资格预审方式）程序框图

2. 申请招标

《招标投标法》第九条规定，招标项目按照国家有关规定需要履行项目审批手续的，应当先履行审批手续，取得批准。

按照法律规定，招标人应当向招投标监督部门提出招标的申请，招标人、招标工程应满足法律规定的招标条件。

当工程招标条件满足法律规定的条件时，招投标主管部门方能批准备案，工程招投标活动才可以进行后续工作。

3. 编制招标文件

招标文件是招标人向投标人（或潜在投标人）发出的一系列书面文件，旨在向投标人（或潜在投标人）提供为编制投标文件所需的资料，并向投标人（或潜在投标人）通报招投标依据的规则和程序，是招投标过程中最重要的文件之一。

招标人应当根据施工招标项目的特点和需要编制招标文件。招标文件的内容一般包括：投标邀请书；投标人须知；合同主要条款；投标文件格式；采用工程量清单招标的，应当提供工程量清单；技术条款；设计图纸；评标标准和方法；投标辅助材料等。

招标文件的编制应当符合法律、法规和规章的规定，不得采用以标明特定的生产供应者，或者以特定的生产供应者及其提供的产品或者服务为依据的方式编制实质性要求和条件；不得含有倾向或者排斥其他投标人的内容；不得降低国家规定的投标资格条件。

4. 发布招标广告

依法必须招标的项目采用公开招标的，招标人应当在规定的报刊、信息网站或者其他媒介中，选择至少一家报刊和信息网站同时发布招标公告。

依法采取邀请招标的项目，招标人应当向三家以上具备承担招标项目的能力、资信良好的法人或者其他组织发出投标邀请书。

5. 潜在投标人资格审查

招标人可以根据招标项目本身的特点和需要，要求潜在投标人或者投标人提供满足其资格要求的文件，对潜在投标人或者投标人进行资格审查。

资格审查分为资格预审和资格后审。资格预审，是指在投标前对潜在投标人进行的资格审查。资格后审，是指在开标后对投标人进行的资格审查。进行资格预审的，一般不再进行资格后审，但招标文件另有规定的除外。

采取资格预审的，招标人应当在资格预审文件中载明资格预审的条件、标准和方法。采取资格后审的，招标人应当在招标文件中载明对投标人资格要求的条件、标准和方法。

资格审查应主要审查潜在投标人或者投标人是否符合下列条件：

(1) 具有独立订立合同的权利；

(2) 具有履行合同的能力，包括专业、技术资格和能力，资金、设备和其他物质设施状况，管理能力，经验、信誉和相应的从业人员；

（3）没有处于被责令停业，投标资格被取消，财产被接管、冻结，破产状态；

（4）在最近三年内没有骗取中标和严重违约及重大工程质量问题；

（5）法律、行政法规规定的其他资格条件。

资格审查时，招标人不得以不合理的条件限制、排斥潜在投标人或者投标人，不得对潜在投标人或者投标人实行歧视待遇。任何单位和个人不得以行政手段或者其他不合理方式限制投标人的数量。

招标人应当将资格预审结果同时分别通知所有参加资格预审的潜在投标人，并向未通过资格预审的潜在投标人说明理由。未通过资格预审的潜在投标人不得参加投标。

招标人不得改变载明的资格条件或者以没有载明的资格条件对潜在投标人或者投标人进行资格审查。

6. 发售招标文件

招标人应当按照招标公告或者投标邀请书规定的时间、地点，向资格预审合格的潜在投标人或者被邀请人发放、出售招标文件。

招标文件可以无偿发放，也可以出售，收取的费用不得超出编制和印刷该文件的成本。

招标人对已经发出的招标文件需要澄清、修改或者补充的，应当在提交投标文件截止日期至少十五日前，以书面形式通知所有招标文件的收受人。该澄清、修改或者补充的内容为招标文件的组成部分。

投标人对招标文件有疑问的，应当在投标截止时间十日前向招标人提出。招标人应当在投标截止时间七日前以书面形式或者召开投标答疑会的形式向所有投标人进行一致的解答，召开投标答疑会的，应当形成会议纪要发送所有投标人。书面答复和会议纪要应当作为招标文件的组成部分。

对于所附的设计文件，招标人可以向投标人酌情收取押金，对于开标后投标人退还设计文件的，招标人应当向投标人退还押金。

招标文件或者资格预审文件售出后，不予退还。

招标人在发布招标公告、发出投标邀请书后或者售出招标文件或资格预审文件后不得擅自终止招标。

招标人取消招标的，应当以书面形式通知所有招标文件的收受人，并退回其购买招标文件的费用；已经提交投标保证金、投标文件的，应当予以退还。招标人不是因不可抗力取消招标的，应当赔偿投标人的直接经济损失。招标人要求收回招标文件的，投标人应当退还。

7. 组织踏勘现场（现场考察）

招标人根据招标项目的具体情况，可以组织潜在投标人踏勘项目现场，向其介绍工程场地和相关环境的有关情况。

潜在投标人依据招标人介绍情况作出的判断和决策，由投标人自行负责。

招标人不得单独或者分别组织任何一个投标人进行现场踏勘。

8. 投标预备会（答疑会）

投标人对招标文件有疑问的，应当在投标截止时间十日前向招标人提出。招标人应当在投标截止时间七日前以书面形式或者召开投标答疑会的形式向所有投标人进行一致的解答，召开投标答疑会的，应当形成会议纪要发送所有投标人。

书面答复和会议纪要应当作为招标文件的组成部分。

9. 递交投标文件

投标人应当在招标文件要求提交投标文件的截止时间前，将投标文件密封送达投标地点。

招标人收到投标文件后，应当向投标人出具标明签收人和签收时间的凭证，在开标前任何单位和个人不得开启投标文件。投标人在招标文件要求提交投标文件的截止时间前，可以补充、修改、替代或者撤回已提交的投标文件，并书面通知招标人。补充、修改的内容为投标文件的组成部分。

在提交投标文件截止时间后到招标文件规定的投标有效期终止之前，投标人不得补充、修改、替代或者撤回其投标文件。投标人补充、修改、替代投标文件的，招标人不予接受；投标人撤回投标文件的，其投标保证金将被没收。

在开标前，招标人应妥善保管好已接收的投标文件、修改或撤回通知、备选投标方案等投标资料。

投标文件有下列情形之一的，招标人不予受理：

(1) 逾期送达的或者未送达指定地点的；

(2) 未按招标文件要求密封的。

10. 开标

招标人应当在招标文件规定的时间、地点及场合，并在监督人员在场的情况下公开启封有效投标人的投标文件。当众宣读投标文件中的相关内容，如工期、质量等级标准及报价等。开标由招标人或者其委托的招标代理机构主持，邀请所有投标人参加。

开标应当在招标文件确定的提交投标文件截止时间的同一时间公开进行。

投标文件有下列情况之一的，经评标委员会审查后按废标处理：

(1) 未加盖投标人公章及未经其法定代表人或者其委托代理人签字或者盖章的；

(2) 未按招标文件规定的格式填写或者关键内容字迹难以辨认的；

(3) 联合体投标未附联合体各方共同投标协议的；

(4) 未按招标文件要求提交投标保证金的；

(5) 投标人未通过资格后审的；

(6) 以他人名义投标的；

(7) 载明的招标项目完成期限超过招标文件规定期限的；

(8) 附有招标人不能接受的条件的；

(9) 两份以上投标文件内容异常相似的；

(10) 明显不符合技术规格、技术标准要求的；

(11) 其他不符合招标文件实质要求，有重大偏差的。

11. 评标

评标是对有效投标文件的评比和审查。评标由招标人依法组建的评标委员会负责。

评标委员会应当于评标前二十四小时内组成，其名单在中标结果确定前应当保密。

评标委员会由招标人的代表和有关技术、经济等方面的专家组成，成员人数为五人以上单数，其中技术、经济等方面的专家不得少于成员总数的2/3。

评标委员会的专家，应当从国务院有关部门或者省级人民政府有关部门提供的专家库或者招标代理机构的专家库内的相关专业的专家名单中随机抽取。

评标委员会应当根据招标文件规定的评标标准、原则和方法，对投标文件进行系统评审和比较。招标文件中没有规定的标准、原则和方法不得作为评标的依据。

评标委员会成员应当客观、公正地履行职责，遵守职业道德，对所提出的评审意见承担个人责任。

12. 定标

定标即确定中标人或中标候选人。评标委员会完成评标后，应当向招标人提出书面评标报告，并推荐1～3名中标候选人，标明排列顺序。招标人应当根据评标委员会推荐的中标候选人排序先后确定中标人。

中标人也可以授权评标委员会根据中标候选人排序先后直接确定中标人。

招标人不得在评标委员会推荐的中标候选人之外确定中标人。招标人一般应当在评标委员会提交书面评标报告后十五日内确定中标人，但最长不得超过三十日。招标人不得向中标人提出压低报价、增加工作量、缩短工期或者其他违背中标人意愿的要求，以此作为发出中标通知书和签订合同的条件。

中标人确定后，招标人应当在七日内向中标人发出中标通知书，并将中标结果通知所有未中标的投标人。

招标人有权依法自主发出中标通知书，任何部门和单位不得干涉。中标通知书对招标人和中标人具有法律效力。中标通知书发出后，招标人改变中标结果或者中标人放弃中标项目的，应当依法承担法律责任。

13. 签订合同

招标人应当自中标通知书发出之日起三十日内，与中标人按照招标文件、投标文件订立书面合同。

订立合同时，招标人和中标人均不得向对方提出招标文件以外的要求；不得另外订立违反招标文件、投标文件实质性内容的协议；不得对招标文件、投标文件中质量、工期、报价等实质性内容进行修改。招标人不得向中标人提出压低报价、增加工作量、缩短工期或者其他违背中标人意愿的要求，以此作为发出中标通知书和签订合同的条件。

招标项目设有投标保证金的，招标人应当在与中标人签订合同后五日内，将投标保证金返还中标人和未中标的投标人。

招标文件要求中标人提交履约保证金或者其他形式履约担保的，中标人应当提交；拒绝提交的，视为放弃中标项目。

招标人要求中标人提供履约保证金或者其他形式履约担保的，招标人应当同时向中标人提供支付担保。

招标人不得擅自提高履约保证金，不得要求中标人垫付中标项目建设资金。中标人应当按照合同约定履行义务，完成中标项目。

中标人不得向他人转让中标项目，也不得将中标项目分解后分别向他人转让。

第3节 建设工程投标

一、施工项目投标概述

（一）投标及投标管理

投标也称报价，即投标人作为卖方，根据业主所提供的招标条件，提出完成发包工程的方法、措施和报价，取得项目承包权的活动。

投标管理是对整个投标活动的计划、组织、协调和控制等一系列工作的总称。

就其实质而言，投标首先表现为一种法律行为，依据合同法相关规定，当事人订立合同应采取邀约、承诺方式。投标是投标人希望和招标人订立合同的意思表达，即要约行为，中标通知书是表明经招标人同意，投标人即受投标意思表达约束，即承诺。其次表现为一种订立合同的行为，投标人一旦被招标人选定为中标人，即表示承包合同已成立，双方已经确立了的合同关系。招投标双方的行为应受到相应约束。因此，不能将投标当儿戏，应当认真、严肃对待。

（二）投标的目的及原则

一般而言，投标的目的就是争取获得工程承包权，为此投标人应当做好下列工作：

（1）编制合理、可行、科学的施工方案

（2）提出有利并具有竞争性的报价

报价的有利性表现在其报价应包含承包人为完成合同规定的义务而支付的全部费用和期望获得的利润，其要求是报价中的费用应当全面，即工程内容上不能漏项，工程费用的组成上应当完整，同时不应当低于成本。

报价的竞争性表现在投标人的报价应尽量合理。合理的报价并不是意味着报价越低越好或报价最低最好，这与价格评审办法（评标办法）的要求有密切的关系，应当对价格评审的办法进行研究和分析，充分了解评审办法的意图，明确招标人对报价的要求是最低价、平均价还是合理低价，或者趋于一个标准价格（标的价），以此来判断其报价的合理性。

（3）签订一个理想的合同。理想的合同应包括：

1）合同条款比较优惠或有利；

2）合同价格较高或适中；

3）合同风险较小；

4）合同双方责权利比较平衡；

5）没有苛刻的、单方面的约束性条件等。

投标人在报价过程中应当遵循响应性原则，最大限度地满足招标文件实质性的要求，同时还应当遵循方案在前、价格在后的原则，把施工方案与报价有机地结合起来，真正体现投标人的技术竞争。

但不可回避的是，目前招投标中还存在着围标、陪标的现象，此类现象严重地扰乱了建筑工程承发包市场，使得工程招投标形同虚设，成为招投标活动中的一个毒瘤。

（三）投标的组织

投标人在投标过程中应当组建与招标工程相适应的、强有力并且专业的投标班子，其人员应包括：

（1）承揽项目部门人员及拟定的项目经理等经营类；

（2）各专业技术类；

（3）造价、财务、金融、保险、税务等商务金融类；

（4）律师、翻译等法务、语言类。

二、投标工作的内容

投标是一项复杂而细致的工作，一般可围绕以下七项工作内容进行展开（图 1.3-1）。

图 1.3-1　投标工作的内容

1. 投标初步决策

投标人在获取招标的有关信息之后，可根据招标当地承包市场及竞争环境，工程项目特点、性质、规模、技术难度及所使用的特殊工艺、技术和设备，业主状况等内容，决定是否进行投标，不要盲目地、草率地投标。针对业主状况笔者认为，下列几种情况投标人不要进行投标：

（1）与招标人未建立关系的；

（2）虽与招标人建立了关系，但关系不良好的；

（3）虽关系良好，但资金不到位的。

2. 招标文件研究与分析

（1）投标人对招标文件研究与分析的责任

招标文件作为要约邀请文件，部分文件是构成合同文件的主要内容。招标文件所规定的招标条件和方式、合同条件、工程范围和工程各种技术文件，不仅是投标人确定工程实施方案和报价的依据，而且是商务谈判的基础。投标人应当把对招标文件研究与分析上升为一种责任来对待，其应承担的责任体现在：

1）对发现招标文件缺页或附件不全，应及时向招标人提出，以便使招标人对招标文件予以澄清的责任；

2）对招标文件有关工期、投标有效期、质量要求、技术标准和要求、招标范围等实质性内容作出响应的责任；

3）对投标文件应按规定的“投标文件格式”进行编写的责任；

4）对投标文件的应按规定密封、签署、递交的责任；

5）对招标文件理解错误造成实施方案及报价失误的责任等。

（2）招标文件的研究与分析的内容

1）投标须知，通过该文件的研究与分析以明确招标的日程安排、各种信息的获取、投标文件的编制、分装、密封、递交及投标保证金提交等内容。

2）评标标准与办法，通过该文件的研究与分析以确定报价及报价策略。

3）工程技术文件，通过该文件的研究与分析以制定施工方案并确定报价及报价策略。如深基础支护工程、模板工程、垂直运输、脚手架工程，计算与复核工程量，新技术的应用及要求，绿色施工的应用及要求，一般标准及特殊标准的要求。

4）施工合同，通过该文件的研究与分析以明确合同的利弊，其内容包括合同条件和合同主要条款，是招标文件研究与分析中的重点，同时也是难点，应格外重视。

（3）工程环境条件的调查

1）投标人对工程环境条件调查的责任

工程合同是在一定的工程环境条件下订立和实施的，而且工程环境条件也在不断地变化当中。不断变化的工程环境条件不仅对工程工期、质量及工程价格具有直接的影响，也是工程风险产生的主要根源。投标人承担的责任体现在：

① 对工程场地和相关的周边环境情况的责任；

② 在编制投标文件时，对招标人提供的工程相关环境资料的使用和作出的判断与决策负责；

③ 对一个有经验的承包商不能预见和防范的任何自然力作用以外产生的风险应承担的责任。

2）工程环境条件调查的内容

① 承包市场环境，包括政治、经济、技术、文化因素等；

② 资源市场及价格环境，包括生产要素供应能力、条件、价格水平及趋势预测等；

③ 地质及水文环境，包括拟建地点的土壤、岩石等地下分布以及地下水位情况等；

④ 气候环境，包括气温、降雨、降雪、冬雨期分布及天数等；

⑤ 历史上灾害及恶劣条件调查，包括地震、洪水、暴风雨等；

⑥ 竞争对手情况（有可能时）；

⑦ 同类工程资料，包括工期、合同价格及合同执行情况等；

⑧ 其他环境，包括当地的风俗、习惯、生活条件等。

（4）工程承包范围的确定

工程承包范围是承包商按照工程承包合同应完成的所有活动的总和。明确工程承包范围不仅是确定工程实施方案和报价的基本前提，同时也影响工程变更、索赔和合同争议。影响工程承包范围的因素一般有：

1）合同条件（示范文本）；

2）工程图纸及技术要求，包括施工图纸、标准规范、工程量表等；

3）业主的要求，包括材料供应、指定分包等；

4）环境调查资料，包括地质、水温、气象及周边环境等；

5）其他限制及约束条件，包括预算的限制、资源供应的限制、时间的约束等。

（5）投标文件的编制

1）结合招标文件研究与分析、工程环境的调查，编制技术标函；

2）结合合同条款及环境调查与分析，编制商务标函。

（6）装订与递交投标文件

投标人应当在招标文件要求提交投标文件的截止时间前，将投标文件密封送达投标地点。

三、承包合同评价与分析

这里的合同评价与分析是指对包含在招标文件中的合同条件以及主要合同条款的评价与分析，通过分析进而评价合同是“好合同或坏合同”的问题。其主要内容包括：

（一）承包合同的合法性分析

承包合同必须建立在合同的法律基础上订立和实施，工程合同的内容不应违背法律及行政法规的强制性规定，否则会导致合同全部或部分无效，由于事关重大，通常由律师完成。有下列情形之一者，承包合同的合法性可能存在问题：

（1）招标人未按法律规定注册登记；

（2）应当采用公开招标而采用了邀请招标的；

（3）招标文件中有限制、排斥或歧视条款；

（4）强制要求投标人组成联合体投标的；

（5）招标程序严重违反招标法律规定；

（6）招标文件中附有与投标人就投标价格、方案等实质内容进行谈判内容；

（7）招标文件中附有另行订立的建设工程施工合同意向的。

（二）承包合同的完备性分析

合同的完备性包括合同文件的完备性和合同条款的完备性。

合同文件的完备性是指招标文件中属于合同文件的内容是否齐全。解决的方法是在获取招标文件后对照文件目录进行核对，检查是否有缺页或不足，如有则要求招标人补充提供。

合同条款的完备性是指招标文件中合同条款的完整性、可靠性及适用性。其审查通常与使用的合同文本有关：

（1）采用标准合同文本（示范文本与合同条件）时，投标人应首先熟悉所采用合同文本的结构、组成及条款内容；其次要注意招标人是否对“通用条款”进行了修改；第三是关注“补充条款”。

（2）未采用标准合同文本时，要求投标人应首先对合同条款逐条阅读、分析；其次是按照该类标准文本的对应条款一一对照，找出差异和不足；第三是在中标后的合同谈判中进行补救。

（三）合同双方的权利与义务关系分析

合同应公平、合理地分配双方的权利与义务，使达到总体平衡。合同双方权利与义务是由合同条款明文规定或由明文规定自然引申而产生。在分析中应注意：

（1）双方权利与义务应互为制约、互为条件，一方的权利可能成为另一方的义务，一方在有权利的同时也势必承担相应义务，即合同权利与义务的相对性与对等性。在防止一方权利滥用的同时，也应避免义务的扩大而导致价格不足。

(2) 权利与义务的约定应尽可能全面、具体、详尽。

(3) 权利的保护条款。例如，业主的指令权、工程的绝对检查权、分包的审批权、工程的变更权、进度的控制权、索赔权、合同的解除权等；承包人的申请付款权、拒绝权、停工权、索赔权、合同的解除权等。

（四）合同条款之间的联系性分析

作为一份内容完整、条款完备的合同，不同条款之间具有一定的逻辑关系，使之产生内在联系，共同构成一个有机的整体。通过分析可以发现合同的缺陷、矛盾与不足。例如：质量的验收与工程的计量与支付；工程变更与合同价款调整；工程索赔与合同价款调整；不可抗力与责任的免除；工程风险与保险等。

（五）投标人合同风险分析

风险一般是指客观存在的，不确定的事件（即概率事件），当此类事件发生时，往往会导致当事人一定的损失，如人身伤害、财产损失、额外的费用支出、不能获得预期收益等。

在日常生活及商业经营活动中，应加强认识风险和鉴别风险的能力，用风险分析和管理的眼光来研究接触到的每一个问题，回答是否有、是什么、有多大、能否承受，这样才能在风险发生时有效地驾驭。

从工程项目实施不同阶段而言，风险可分为投标阶段风险、合同谈判阶段风险、合同实施阶段风险。针对投标阶段风险而言，投标人应当注意：

1. 合同的价款形式

合同价款方式一般可以分为单价合同、总价合同和其他形式。

单价合同的风险交小，其使用范围广但结算比较复杂。

总价合同的风险较大，其使用范围有一定限制但结算比较简单。总价合同的风险一般表现在：工程规模大；合同工期长的工程；设计文件不详尽或范围不清，无法准确计算工程量的工程；工程环境复杂如地质、水文、气象、周边环境等；不确定性因素大的工程，如市场价格、通货膨胀、汇率、税收。

2. 合同价格确定的范围与内容

(1) 合同范围的界定不明确；

(2) 工程量清单编制得不完整，工程量及项目特征描述不准确；

(3) 费用计取的内容和方法不符合相关规定，如未约定一定范围内风险费用、不计取或少计取安全文明施工措施费、规费等。

3. 合同价格的调整

(1) 工程量变动引起的价格不调整或在约定的一定幅度内引起的价格不调整但幅度过大；

(2) 物价波动引起的价格不调整或虽然调整但约定的内容、范围过小，幅度过大；

(3) 法律变化引起的价格不调整或对调整有限制等。

4. 合同价款的支付

(1) 预付款，表现在无预付款或有预付款但比例过小，支付时间过晚或扣还时间过早，或附有保证条件；

（2）进度款及支付，表现在结算时间过晚，支付比例过低或扣除费用过多等。

5. 合同工期

（1）合同工期压缩过多，超出了承受能力；

（2）无赶工措施费用等。

6. 工程质量

（1）未附有质量奖项；

（2）无额外奖励等。

7. 双方的权利与义务

（1）业主权利过大，如罚款权、满意权；

（2）业主限制承包人权利，如停工权、索赔权；

（3）业主单方面制定一些苛刻的条件，如由承包人单方处理第三方干扰、无偿提供业主管理人员的设施及交通工具、由承包人承担不合理的费用等。

8. 工程分包

（1）不允许分包或对分包有特殊限制；

（2）存在发包人指定分包项目，并存在下列问题：

1）指定分包人与总承包人之间工作界限未约定或约定不明；

2）合同中没有明确约定，当指定的分包人未按约定履行分包义务影响到总承包人的义务履行时的处理办法；

3）分包价款直接由业主支付给指定分包人等。

9. 其他风险

（1）合同条款不完善，大量采用“另行协商解决”等文字；

（2）合同工作程序不明确，如指令、通知、申请、报告等；

（3）合同语言不规范，未使用专业语言进行描述；

（4）采用不熟悉的合同条件、技术规范标准等。

第 4 节　建设工程招投标案例

一、工程参与主体

建设单位：鲁布革工程局

招标人：中国技术进出口公司

设计单位：昆明水电勘察设计院

咨询机构：挪威 AGN 及澳大利亚 SMEC 咨询组

二、招标工作安排

（一）1982 年 9 月发布招标公告，编制招标文件及标底（标底为 1.4958 亿元）；

（二）1982 年 9 月～1983 年 6 月进行资格审查（资格审查条件规定中国公司因无国际

投标经验，不允许单独投标，若投标需要组成联合体。共有13个国家的32家公司提交了意向书，经审查有20家通过了资格预审，其中包括由闽昆公司与挪威FHS公司，贵华公司与前联邦德国霍兹曼公司组成的联合体）。

（三）1983年6月15日发售招标文件（18家国内外公司购买了招标文件，仅有8家进行了投标）。

（四）1983年11月8日在北京中国技术进出口公司开标（采用推荐候选人的方法，开标后推荐报价最低、次低、第三低的分别是日本大成公司8463万元，低于标底43.4%；日本前田公司8796万元；意大利英波吉诺公司9282万元，其中最高报价是法国SBTP公司为1.7939亿元，因前联邦德国霍兹曼公司投标文件不符合招标文件规定，其投标成为废标）。

（五）1983年11月～1984年4月13日进行评标。期间由鲁布革工程局、昆明水电勘察设计院、水电总局及澳大利亚SMEC咨询组专家组成的评标委员会对前三家的报价进行了合理性评审，并对相关问题进行了澄清。其中日本大成公司在报价不变的条件下承诺：①原投标文件中41台旧设备更换为全新设备，工程完工后全部无偿捐献给中国政府；②对中国技术人员进行免费上岗前培训；③转让若干项专利技术。最终确定日本大成公司为中标人。

（六）1984年4月17日将中标结果正式通知世界银行。

（七）1984年6月9日世界银行回复对结果无异议。

（八）1984年6月16日向日本大成公司发出中标通知。

（九）1984年7月14日签订工程承包合同（合同价8463万元，合同工期1587天）。

三、工程实施

（一）1984年7月31日发出开工指令。

（二）1984年11月24日正式开工（施工期间世界银行特别咨询团两次到工地进行考察，认为无法按期完工）。

（三）1988年8月13日正式竣工。

四、工程实施结果

（一）工程实际工期1475天，比合同工期提前完工112天；

（二）竣工结算价款9100万元，比合同价增加7.53%；

（三）该工程获得当年设计、施工、监理三项国家金奖。

五、工程经验

1. 科学的管理方法（采用项目管理）；

2. 精干、高效的管理团队（大成公司现场管理及技术人员仅33人）；

3. 科学的施工方法（采用圆形全断面一次开挖少挖7m^3/m，共6万m^3节约228万元；采用先进的爆破技术，少挖10万m^3，节约1230万元；采用转向盘技术，少挖5万m^3；采用分次投料搅拌工法（SES)，减少水泥用量9.8万t，节约850万元）；

4. 重视合同管理，特别是索赔管理。

第 5 节　建设工程合同管理概述

一、建设工程合同的法律基础

《中华人民共和国合同法》（以下简称《合同法》）是从 1999 年 10 月 1 日起正式实施的一部重要法律。在此之前，我国的合同法是“三分天下”，即同时存在三个合同法，它们分别是《经济合同法》、《涉外经济合同法》和《技术合同法》，从 1999 年 10 月 1 日起，三法合一为《中华人民共和国合同法》。

《合同法》第十六章为“建设工程合同”，共十九条。其中规定：“建设工程合同是承包人进行工程建设，发包人支付工程价款的合同。建设工程合同包括工程勘察、设计、施工合同。”在建筑活动过程中，从业协作关系是建筑法规所调整的重要社会关系之一，同时，《合同法》专章规范了建设工程合同，因此，《合同法》是我国建筑法规体系的重要组成部分。

二、建设工程合同概念及作用

（一）建设工程合同概念

依据《合同法》对建设工程合同的定义，我们大体可以了解到：

（1）明确了合同主体一方是承包人，另一方为发包人；

（2）合同的定义侧重于双方的义务，即发包人的主要义务是支付工程价款，承包人的主要义务是进行工程建设；

（3）工程建设合同包括地质勘察、设计以及施工。

（二）建设工程合同作用

1. 建设工程合同是工程承包市场的要求

在计划经济条件下，企业取得工程任务的方法主要依据计划部门或上级主管部门的指令性计划来实现。市场经济是契约经济，在市场经济条件下，承包人获取工程承包权主要依靠交易来实现。

2. 建设工程合同是项目实施和管理的手段和依据

按照系统论的观点，企业管理与项目管理的最大的区别是企业属于封闭系统而项目则属于开放系统。封闭系统内部各主体之间的关系是不平等的，存在上级与下级、领导与被领导、管理者与被管理者的关系，因此，企业内部管理的主要手段和依据是建立各种规章制度。而项目内部各主体之间的关系是平等的，相互之间关系的协调只能依据依法订立的合同予以实现。

3. 建设工程合同是合同各方在工程中各种活动的依据

订立合同主要是为了实现合同目的。为此，合同各方应当明确其项目实施的范围、内容，项目实施的时间、质量和价格等，上述内容均由合同文件确定。各方只有履行合同所规定的义务，行使合同所赋予的权利，项目才能够顺利地实施并实现合同目的。

4. 建设工程合同是联系参与工程各组织之间的桥梁和纽带

工程项目实施过程中正确处理和协调各主体之间的关系，是保证项目有序、按计划实施的前提和基础。主体之间的关系以及各主体在项目中所处的地位、角色及承担的义务和责任，主要是由合同来约定。通过合同将各主体的协作关系，有机地联系起来，以达到协调统一各方行为的目的。

5. 建设工程合同是工程实施过程中双方的最高行为准则

合法有效的合同，应当得到法律的保护，双方均应当予以履行。项目实施的过程反应为各方履行义务的过程，如果一方不履行其义务或不承担其责任，不仅会造成自己的损失，而且会波及其他主体，甚至会导致项目的中断或失败。如何使主体履行其义务以保证项目的正常实施，除主体自觉行为外，更重要的是依靠法律的强制力为后盾。

6. 建设工程合同是工程实施过程中解决双方争执的依据

合同争议的产生主要是由双方经济利益不一致造成，是利益冲突的体现。解决争议的决定性表现在：首先，争议的判定以合同作为法律依据，即合同条文确定争议的性质，谁对争议负责，应当负什么样的责任；其次，争议的解决方法和解决的程序由合同约定。

（三）建设工程合同的法律特征

1. 合同主体的严格性；

2. 合同标的特殊性；

3. 合同形式的书面性；

4. 合同监管的严格性。

（四）建设工程合同的分类

建设工程合同可按不同标准划分成不同内容：

1. 按承包的内容，建设工程合同可划分为勘察合同、设计合同、施工合同；

2. 按承包的方式，建设工程合同可划分为总承包合同、承包合同、分包合同；

3. 按合同的价款形式，建设工程合同可划分为总价合同（固定总价和可调总价）、单价合同（固定单价和可调单价）、成本加酬金合同等。

第6节 建设项目施工合同管理

一、建设项目施工合同管理概述

建设项目施工合同是工程建设的双方必须遵守的法律文件，合同明确了合同的主体所承担的责任义务和所享受的权利。加强招投标阶段、合同签署和履行、分包分供等过程管理以及合同终止后的合同资料管理，是施工企业在经营管理中避免合同风险、提高经济效益的重要工作环节。随着建设项目的计价方式的转变，做好合同管理工作已经被企业高度重视。

（一）建设项目施工合同的概念

建设项目施工合同是指发包方（建设单位）和承包方（施工单位）为完成商定的施工工程，明确相互权利、义务的协议。依照施工合同，施工单位应完成建设单位交给的施工任务，建设单位应按照规定提供必要条件并支付工程价款。建设工程施工合同是承包人进行工程建设施工，发包人支付价款的合同，是建设工程的主要合同，同时也是工程建设质量控制、进度控制、投资控制的主要依据。施工合同的当事人是发包方和承包方，双方是平等的民事主体。

（二）建设项目施工合同的特点

由于建筑物的形态千差万别、功能特定、种类繁多；建设项目的体积庞大、消耗的人力、物力、财力多，一次性投资额大，施工周期都较长，工期少则几个月，长则几年等。以上的这些因素必须要体现在合同中，这些就决定了建设项目合同不同于其他经济合同。其特点包括：

1. 施工合同履行时间长。由于建筑产品体积庞大、结构复杂、施工周期都较长，工期少则几个月，长则几年。

2. 在合同实施过程中不确定影响因素多，受外界自然环境和条件影响大，合同的风险高难度大。

3. 施工合同变更多。当主观和客观情况变化时，有可能造成施工合同的变化，施工合同争议和纠纷也就比较多。

4. 施工合同的条款多。由于建设项目本身的特殊性和施工生产的复杂性，决定了施工合同涉及的方面多，条款也多。

5. 施工合同涉及面广

（1）签订施工合同必须遵守国家的法律、法规、行政管理规章制度。

（2）涉及监理单位、设计单位、供货商、劳务分包和专业承包单位、保险公司等多方。

（3）施工合同还会受工商行政管理部门、建设行政部门、环保部门、合同双方上级主管部门管理。

（4）遇到合同纠纷时还要与合同调解机关、仲裁机构或人民法院打交道。

6. 采用清单计价方法的建设项目合同是单价合同，它强调“量价分离”，即清单中的工程量与单价分开。清单中的工程量是预计量，工程竣工后要按实盘点结算；清单项目的每一项报价是固定的，除依据合同调价条件款规定调整外，是不能改变的。

二、建设项目施工合同管理

（一）合同管理的定义及目标和一般流程

合同管理是以合同文本为载体，以签约把关、履约监控为基础工作和基本目标，以合同风险防控、合同效益提升为核心价值的，风险与效益兼顾、商务与法务融合的复合型企业管理工作。合同管理是企业重要管理内容之一，其主要目标是优化合同管理流程、降低合同管理风险、提高合同管理效率，为实现更大效益提供保障。

合同管理流程：经过合同策划、调查、初步确定准合同对象、谈判、拟定合同文本、审核、正式签署、分送相关部门、履行、变更或转让、终止、纠纷处理、归档保管、执行情况评价等环节构成。可以将合同管理划分为四个阶段：合同准备阶段，包括合同策划、调查、初步确定准合同对象、谈判、拟订合同文本、审核等程序；合同签署阶段，包括正式签署合同、将合同分送相关部门等程序；合同履行阶段，包括合同履行、变更或转让、终止、处理纠纷等程序；合同履行后管理阶段，包括合同归档保管、执行情况评价等程序。合同管理流程图见图 1.6-1。

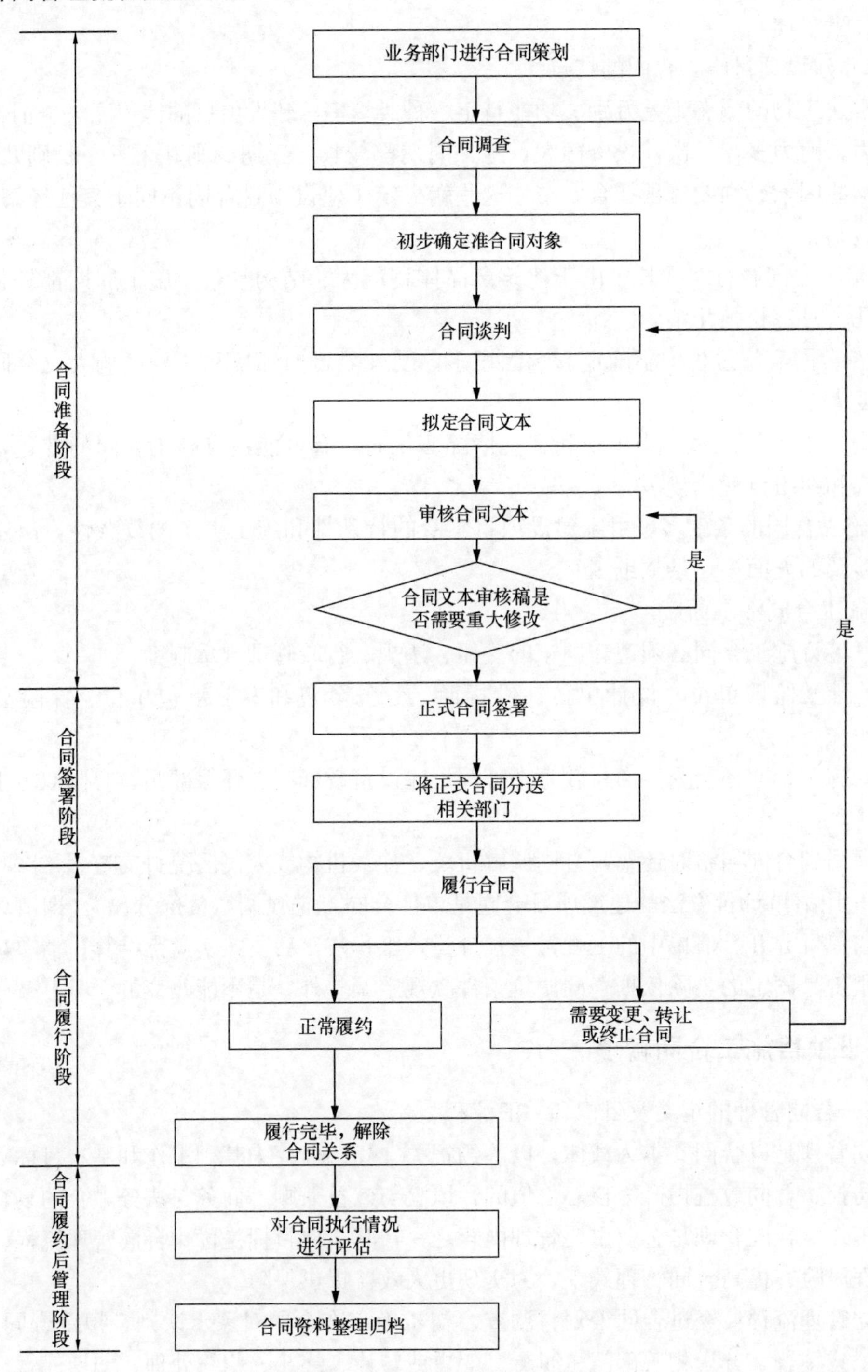

图 1.6-1　合同管理流程图

（二）合同管理的原则

（1）合法合规原则。合同的签订及履行应当合法合规，严格履行会同审核、审批和授权管理制度程序。

（2）诚信履约原则。企业及有关人员应遵守合同规定，恰当行使合同权利，诚信履行合同义务，重视和维护企业合法权益及信用。

（3）法人管合同原则。合同签订权集中在法人公司层面，签约主体法人单位负责签约审批和履约监控等方面的管理，属于上级单位管理权限的合同，下级单位未经申请授权或委托程序，不得越权签订。

（4）合同归口管理原则。各类合同由合同归口管理部门按统一的管理规范和程序进行签约、履约管理，合同事项业务主管部门、相关部门与合同归口管理部门分工配合，共同做好合同管理工作。

（5）全过程合同风险管理原则。按合同生命周期进行全面、持续、动态的风险管理。效益管理与风险管理结合，合同赢利点、亏损点、风险点管理结合，在过程中化解风险、提升效益。

（6）统一标准化原则。为了确保各环节有效运行，统一监督，统一考核，建议构建系统企业统一的业务标准体系。

（三）合同管理主要内容

合同管理主要内容包括招投标阶段合同管理、合同签订管理、合同履行管理、分包分供合同管理、合同资料管理、合同评价及合同信息化管理等。

1. 招投标阶段合同管理实施步骤

（1）项目分析任务书、招标书需求管理者确定；

（2）需求分析评估；

（3）项目规模估算；

（4）项目风险分析；

（5）项目初步实施规划；

（6）初步实施规划评审；

（7）需求分析报告、项目初步计划；

（8）需求分析报告、项目计划；

（9）技术能力、人力资源、环境资金、管理要求确定；

（10）企业能力判定；

（11）评估结果评审；

（12）能力评估结果；

（13）用户资金保证评估；

（14）可行性分析；

（15）项目决策；

（16）编写项目建议书；

（17）参加竞标。

2. 资信管理实施要点

（1）工程项目投标跟踪阶段，企业市场管理部门应当对发包人（业主）资信情况进行全面调查，法律事务等相关部门协助调查，合同管理部门汇总分析调查情况，进行资信等级评估，填写《发包人资信调查评估表》。

资信调查基本内容有：

1）基本身份情况：工商行政登记基本资料（企业全称、注册资本、法定代表人、住址等）；

2）资产状况：资金来源、其他（利润率、资产负债率、股东构成、投资结构、银行授信等）；

3）经营情况：是否正常营业、经营结构、其他（战略管理、核心层高管人员情况、财务管理状况、风险管理能力等）；

4）信誉情况：以往合作情况、社会评价（行业排名、地区影响力、依法纳税情况、环保、公益状况等）；

5）法律纠纷案件情况：是否发生过法律纠纷案件、重特大案件情况（案件类型、起应诉状况、被执行情况等）、其他（法务机构情况等）；

6）项目情况：建设行政审批手续情况、现场调查情况。

（2）资信调查采取资信调查途径：

1）现场考察；

2）发包人合作方调查；

3）发包人代表提供；

4）官方机构查询（如：工商局、税务局、土地局、规划局 发改委、建设项目主管单位等）；

5）非官方主体报告、证明（包括银行、会计师事务所、律师事务所、审计师事务所、行业协会等）；

6）媒体、报刊披露；

7）其他途径（包括网络、报刊等）。

（3）资信等级评估结论作为投标签约决策的重要依据

调查评价结论为一般的发包人，应当密切关注其资信能力变化，及时采取措施防范风险。调查评估结论表明资信状况差的，一般不得投标。二次评估结论仍为差的发包人，一般不得投标，因战略需要或开拓新市场要求。需要合作的，应当经报决策人批准后方可进行投标、合作。

资信评估：评价结论分为良好、一般、差三种情况。

具备下列因素中的一种或几种的，应当评价为“差”：

1）不具有独立的民事责任能力，没有签订合同的主体资格；

2）被吊销营业执照，或者因违法经营、未正常年检等原因可能被吊销营业执照的；

3）注册资本与合同标的额不相应，或者资产明显不足以保障履约的；

4）财务状况恶化或有明显恶化趋势；

5）进行过欺诈、单方毁约、恶意索赔、拖欠合同款项等不诚信行为且比较严重的；

6）法律纠纷案件比较多，且案件多为其过错引发的；由于诉讼、仲裁、欠缴税款，被法院、银行或税务部门查封、冻结，对其生产经营有较大影响的；

7）其他现象或行为足以表明其不具有履约能力，或有潜在信用危机。

（4）跟踪评价

在合同履行过程中，项目部应当动态跟踪发包人资信状况变化，及时收集相关信息。合同履行完毕或中止合同后，合同归口管理部门应根据合同履约情况对发包人资信状况进行合同总结评价，并将更新情况录入资信数据库。企业根据资信数据库动态变化情况，调整风险管理措施。

（5）资信数据库

资信数据库由市场管理部门管理，合同部门有查阅、监督权限。项目部提供发包人资信状况变化情况，收集资料，上报信息，市场管理部门更新。

（四）招标文件评审管理要点

1. 工程项目投标获取招标文件后，应当对招标文件进行评审。企业相关职能部门按职责分别提出评审意见，市场管理部门汇总综合意见，经授权人批准作为投标决策依据。

2. 建立招标文件评审责任机制，建立评审风险要素分级管理机制，风险问题分为红、黄、蓝等级，具体分险要素见表 1.6-1。

（1）红色级别为重大风险要素，如果存在，一般不得参与投标或后续合同签署。如因确实具备战略合作意义、市场标志性或拓展性意义等原因必须签约的，应当报企业董事长或总经理批准后，方可执行。

（2）黄色级别为重要风险要素，如果存在，应作出风险控制策划，在确认风险可控的前提下进行投标。

（3）蓝色级别为一般风险要素。

招标文件风险分级控制要素表　　**表 1.6-1**

序号	要素名称	易出现的问题或风险	风险控制级别
1	发包人资信	建设行政审批手续缺失、不齐全；发包主体不具备法人资格	红
2	工程承包内容和范围	工程项目内容描述不准确，存在模糊含混不清情况；或存在可凭推测和想象而导致范围扩大的成分	黄
3	技术风险	图纸未包含在招标文件中；施工工艺、工序、使用新技术、新材料与常规工程存在差异；工程所要求奖项过高	黄
4	合同价款	测算利润率低于企业规定标准	红
5	工程量确定方式	要求我方复核发包人提供工程量的准确性，但又不提供足够的复核时间；施工过程中施工方案不作为工程量的确定依据	黄
6	人工材料价格调整方式	缺少可调整价款的因素、缺少对于措施项目费调整，缺少清单特征描述与图纸不符的调整方式	黄
7	变更、洽商、签证计价方式、确认时间	未明确变更、洽商、签证的计价方式及时间或约定为工程结算时结算	黄
8	垫资	明确要求施工方垫资；垫资额度超过企业规定标准；垫资期限不明确或无限期垫资	红

续表

序号	要素名称	易出现的问题或风险	风险控制级别
9	工程进度款支付额度	工程进度款支付比例低于企业规定标准，且竣工验收合格后支付额度、支付比例低于企业规定标准	红
10	工程进度款支付时限	审批支付周期长；未约定审批及支付时限	黄
11	结算尾款支付时间	尾款的支付时间未明确或约定时间过长	黄
12	变更、洽商、签证计价价款支付时间	未明确变更、洽商、签证的支付时间或约定为在工程结算后支付	黄
13	保修款支付	保修款支付时限过长或在保修款扣留的条件中责任划分不清晰	黄
14	工期延误索赔	发包人对因自身原因导致的工期延误不给予承包商工期顺延及经济补偿	红
…	…	…	…

（五）投标商务策划管理要点

工程项目招标文件经评审，企业决定参与投标的工程项目，应当进行投标商务策划。

1. 投标商务策划主要内容：

（1）工程量清单差异分析；

（2）投标项目成本分析；

（3）投标项目盈亏分析；

（4）投标项目风险分析；

（5）项目资金预算分析。

2. 投标商务策划具体工作

（1）对工程所在地市场、业主资信情况、合作伙伴等进行调查，并对拟建项目情况和工程特点、难点及自身综合优劣势进行分析。

（2）核对工程量清单，根据市场询价、投标施工方案、招标文件等分析投标成本，找出项目盈亏点并提出相应措施。

（3）结合投标当地市场行情及企业资源，对劳务、物资、设备等进行询价。根据招标文件和施工场地条件，编制切实可行的投标施工组织设计。

（4）根据项目调查分析、投标评审等内容，对项目实施风险进行评估，并制定相应措施。

（5）结合招标文件中有关保证金、预付款、工程款、保修款等规定及工程投标成本与进度安排，分析项目现金流量，制定相应投标策略及实施策略。

（六）投标文件评审

工程项目投标文件递交前，应当对投标文件进行评审。企业相关职能部门在业绩资信、财务资金、商务经济、施组技术四个方面分别审核把关。评审注意内容及要点为：

（1）投标策略是否明确；

（2）投标工作范围是否明确；

(3) 重要项目的单价分析是否正确；

(4) 技术方案的可行性；

(5) 公司的资源配备能力是否能够满足要求；

(6) 对分包分供商或供应商合理附加条件的考虑；

(7) 特殊施工内容的考虑；

(8) 技术及管理人员的考虑；

(9) 市场情况及竞争对手的分析等；

(10) 投标文件的编制是否符合招标要求。

(七) 合同签订管理

(1) 具体实施步骤

1) 合同文本准备、采购资料；

2) 合同草案制定、评审、修订确认；

3) 谈判日程确定；

4) 合同草案提交；

5) 合同条款协商；

6) 合同签署文本确定；

7) 合同签署文本审阅；

8) 合同签署文本。

(2) 其核心要点

1) 企业应争取合同起草权，合同管理部门负责合同文稿的草拟、修改，法律事务部门、工程管理部门等其他部门予以协助。

2) 合同文本由发包人提供的，合同管理部门应与国家、行业示范文本对比，对合同履行有实质性影响的，应当以附件的形式明示在评审意见中。

3) 工程项目中标后，应当对合同文本进行评审。企业相关职能部门按职责分别提出评审意见，合同管理部门汇总提出综合意见，作为进行合同谈判策划的依据。

(3) 合同评审资料

1) 立项审批表；

2) 发包人资信调查评估表；

3) 中标通知书；

4) 签约文本；

5) 合同实施单位评审意见；

6) 项目预期利润分析表；

7) 招、投标文件评审等有关资料；

8) 其他。

(4) 合同谈判管理要点

1) 成立合同谈判小组，小组成员由合同商务、工程技术、市场开发、法律等相关专业人员组成。编制《合同谈判策划书》，对经济商务、技术等各方面的风险分别提出谈判目标。

2）合同谈判小组成员根据合同评审意见，确定谈判方案及谈判策略，并编制内容包括风险说明、谈判重点及建议、谈判目标的策划书。

3）谈判目标

底线目标：应当坚持的目标；

争取目标：尽量争取修改条款以达到对我方有利的目标；

策略目标：可在合同谈判中提出并做策略性放弃的目标。

4）谈判准备：合同管理部门组织合同洽谈准备会，谈判小组成员根据营销的策略和意图、招标文件的评审意见、报价交底资料制定谈判原则和方案。

谈判前，谈判小组成员要熟悉招标文件、投标书、中标书、会议纪要、往来函件等文书，并全面分析项目场地情况、技术条件、运输方式、供需情况等，抓住利弊因素，积极争取谈判主动权。

合同谈判过程中，填写《合同谈判记录表》。谈判须有完整的记录，且准确无误。谈判结束后立即形成书面记录或纪要，双方签字认可，及时锁定谈判成果。

（5）合同签署及用章的管理要点

实行合同专用章管理，严格用印审核，未经规范审核会签、授权批准等管理程序，不得用印。加强合同文本管理，严格实行联签、文本借阅使用等程序。

签署用印条件：

1）已完成合同审核、报签审批管理程序；

2）采用书面形式签订；

3）按规定时限报签；

4）签约人身份及授权已核实；

5）进行了全面的资信调查评估，有资信调查评估资料；

6）已执行联签规定。

（八）合同履约管理

1. 实行两级交底，企业对项目部进行一级交底

（1）交底人：合同管理部门、同法律事务、项目管理、科技质量、安全监督部门，投标报价人员、合同谈判人员。

（2）接受交底人：项目经理、项目商务经理、项目技术负责人等项目部主要管理人员。

（3）交底依据：发包人的资信情况、招标文件及答疑、现场踏勘记录、投标文件、谈判策划书、合同评审记录以及总包合同等。

（4）交底要点

发包人的资信状况、承接工程的出发点、项目背景情况。

采用的投标策略以及投标报价时分析、预计的主要盈亏点；不平衡报价策略中不平衡报价的项目。

合同洽谈过程中考虑的主要风险点和双方洽商的焦点条款，谈判策划书的重点及其洽商结果。

合同订立前的评审过程中提出的主要问题或建议，特别是评审报告中明确要求进行调

整或修改、但经洽商仍未能调整或修改的条款。

合同的主要条款，包括质量、工期约定、工程价款的结算与支付、材料设备供应、变更与调整、违约责任、总分包与分供责任划分、履约担保的提供与解除、合同文件隐含的风险以及履约过程中应重点关注的其他事项等。

交底应形成书面交底记录，即合同交底书，参加交底会的人员在交底书上签字。

2. 项目内部进行二级交底

项目经理和项目合约商务经理接受合同一级交底后，再深入理解合同文件，结合施工组织设计和现场具体情况，进行合同二级交底。

交底人：项目商务经理。

接受交底人：项目全体管理人员。

（1）交底依据：合同文件、经发包人和监理批准的施工组织设计、监理合同、一级交底记录、现场具体条件和环境及《项目管理目标责任书》等。

（2）二级交底要点

总包合同关于承包范围、质量、工期、工程款支付、分包许可、人员到位、内业资料管理、往来函件处理、违约等方面的约定，重点说明履约过程中风险点应对时间、措施以及落实的责任人。

结合《项目管理目标责任书》，向项目部全体管理人员说明除了应当满足总包合同约定外，项目部应实现包括满足质量、环境、职业健康安全管理体系运行要求在内的及总包合同未涉及的各项管理目标。

可主张工期、费用索赔的事项和时限，确定合适的索赔时机。交底说明发包人、监理方代表的权限，重点交底说明各类签证办理的时间要求、审批权限规定、格式及签章要求，以确保在履约过程中形成的签证单的有效性。

特别说明在合同谈判和评审时主张进行调整或修改但经洽商仍未能调整或修改的条款，及在履约管理过程中针对这类条款的适时主张调整或变更的时机和方法。

合同交底应当全面、具体，突出风险点与预控要求，具有可操作性。

3. 项目商务策划

项目商务策划应以合同为依据，以有利于工程、保障合同履约为前提，按照“整体策划、动态管理、阶段调整、重在落实”的原则，围绕“两线（化解风险、降本增效）三点（赢利点、亏损点、风险点）”开展工作，做到“开源与节流”。

具体工作事项：

（1）成本对比分析：将合同预算收入与目标责任成本进行对比分析，重点分析投标清单的盈利子目、亏损子目、量差子目。

（2）施工管理模式选择：根据施工合同条件，结合企业自身实际，选择合适的项目施工管理模式。

（3）施工方案经济分析：将投标方案与实施方案对比分析，结合经济技术分析，选择科学合理方案。

（4）分包分供管理策划：包括发包人指定分包分供和劳务分包分供单位的资格预选、招投标、沟通和对接、效益等策划。

(5) 现场成本控制策划：重点控制材料的损耗、零星人工的使用、材料及机械设备的及时停租、退租等方面。

(6) 资金管理策划：财务部门结合施工组织设计以及各项资源配置方案，测算出各阶段现金流及资金使用计划。主要包括项目资金收入计划、支出计划以及与实现计划相关的其他资金方面的行为。

(7) 合同风险识别：针对合同主要条款进行识别、分析和策划，包括：工程质量、安全、工期、造价、付款、保证金、保修、结算、维修等，制订风险对策和目标，落实责任人。

(8) 签证索赔策划：结合风险识别和项目潜在盈利点、亏损点、索赔点分析，围绕经济与技术紧密结合展开，通过合同价款的调整与确认、认质认价材料的报批、签证方式等进行策划。

(9) 法律风险与防范：项目本身及其与各相关方过程文件的合法有效性、合同风险的前期控制、施工合同履约规范性、分包分供及物资采购规范性等进行策划。

项目经理组织项目管理人员完成策划并分解到管理人员。

4. 合同变更与解除

当发生合同变更与解除情形的，项目应向企业合同管理部门报告，合同管理部门组织法律事务等相关部门进行评审，合同变更与解除应及时签订补充协议等合同文件。

(1) 合同变更

1) 合同的主体发生变更；

2) 合同额或工程量的变更；

3) 合同的计价方式或价款变更；

4) 合同的工期或工程地点变更；

5) 合同中约定的质量标准发生变更；

6) 合同中约定的施工工艺和技术发生较大变更；

7) 合同的违约责任或解决争议的办法发生变更；

8) 业主强行指定分包分供商等。

(2) 合同解除

1) 发包人原因导致的合同解除；

2) 承包人原因导致的合同解除；

3) 不可抗力因素导致的合同解除；

4) 第三方原因导致的合同解除；

5) 双方协商同意的合同解除等。

当合同变更和解除时应当签订书面的材料，如变更补充协议、解除协议等。

5. 签证索赔管理

针对签证索赔要遵循“勤签证、精索赔”原则；先签证，若签证不成再进行索赔，且签证不成即应进入索赔程序；努力以签证形式解决问题，减少索赔事件发生；坚持单项索赔，减少总索赔。梳理完善签证索赔流程，明确各相关岗位及人员责任机制。

项目内业技术负责人、现场施工人员等有责任发起提出签证索赔，项目技术部门计算索赔工期，造价部门计算量、价，签证索赔经造价部门审核，项目经理批准，重大索赔需报企业合同管理部门审核。常见的签证索赔有：

（1）发包方未严格按约定交付设计图纸、技术资料、批复或答复请求；

（2）非我方过错，发包方指令调整原约定的施工方案、施工工艺、附加工程项目、增减工程量、变更分部分项工程内容、提高工程质量标准；

（3）由于设计变更、设计错误、数据资料错误等造成工程修改、返工、停工、窝工等；

（4）发包方在验收前使用已完或未完工程，保修期间非承包方造成的质量问题；

（5）发包方未严格按约定交付施工现场、提供现场与市政交通的通道、接通水电、批复请求、协调现场内各承包方之间的关系等；

（6）工程地质情况与发包方提供的地质勘探报告的资料不符，需要特殊处理的；

（7）非承包人过错，发包方指令调整原约定的施工进度、顺序、暂停施工、提供额外的配合服务等；

（8）发包方未严格按约定的标准和方式检验验收；

（9）合同约定或法律法规规定之外的额外检查；

（10）发包方未严格按约定的标准或方式提供设备材料；

（11）发包方指定规格品牌的材料设备市场供应不足，或质量性能不符合标准；

（12）发包方违反约定，指令调换原约定的材料设备的品种、规格、质量等级、改变供应时间等；

（13）发包方未严格按约定支付工程价款的；

（14）非承包方过错而发包方拒绝或迟延返还保函、保修金等。

6. 费用签证索赔计算

由项目按照合同约定的方式或者业主与承包人认可的其他方式计算。

7. 工期签证索赔的计算

（1）若延误未发生在关键线路上，且此延误并没有改变原进度计划的关键线路，未对工程进度造成实质延误，只是对非关键线路的进度造成一定影响，不影响工程整体进度，则可不纳入工期签证索赔计算。

（2）若延误未发生在关键线路上，但此延误改变了原进度计划的关键线路，使得由于此延误的发生，影响了工程进度计划，则将此延误事件的进度放入项目整体进度计划中，计算由此带来的延误，从而计算出延误工期。

（3）若延误发生在关键线路上，则直接将此延误放入项目整体进度计划图中，计算整体工期受到影响的天数，从而计算出工期延误天数。

项目经理、商务经理作为工程签证、索赔的第一责任人与直接责任人，特别是对低于成本支出底线的签证、索赔、未执行工程签证、不能在索赔报送规定时限内完成审批而又未发工程签证、索赔确认催告函、对事实不明、资料不全、事由不充分、费用计算不明确、对工程签证、索赔资料的收集、保管责任人因责任心不强，故意或过失造成基础资料不全、毁灭，影响工程签证、索赔办理的，可以对相关责任人进行一定程度的处罚。

对于单项签证、索赔办理及时有效，经济效益突出的应当根据实际情况对相关人员予以相应奖励。

8. 结算管理

(1) 建立结算策划管理机制，项目具备竣工结算后，项目部负责编制结算策划书，指导结算工作。

(2) 建立结算目标责任机制。项目部依据结算策划编制结算书确定结算目标，企业与项目部签订结算责任状。

(3) 建立中间结算机制的项目，中间结算如确定为竣工结算依据，结算书需报企业审核（合同工期超过一年的工程，施工过程中应该争取进行中间结算；停缓建工程没有明确重新开工时间的，要及时办理中间结算）。

中间结算依据资料包括：

1) 招投标文件；

2) 合同及补充协议书；

3) 发包人确认的工程节点；

4) 月进度报表及其审批表；

5) 施工图预算书；

6) 施工图纸；

7) 图纸会审记录；

8) 施工组织设计或施工方案；

9) 设计变更；

10) 技术核定单；

11) 材料代用单；

12) 价格核定单；

13) 各类经济签证及索赔资料；

14) 发包人签署有效的其他经济文件；

15) 当地造价管理部门发布的有关政策性文件及规定、定额、计价办法及补充文件等相关资料。

中间结算内容包括：

1) 中间结算编制说明，包括工程进度、工程量计算依据、套用定额及计价文件等；

2) 合同内工程价款计算；

3) 合同外工程价款计算；

4) 变更价款计算；

5) 签证价款计算；

6) 索赔价款计算。

9. 结算策划

结算书编制前应先编制《结算策划书》。

(1) 结算策划书编制的内容：

1) 针对承包人在工程工期、质量方面的履约情况分析利弊，制定结算对策；

2) 再一次分析施工合同中的条款及用词对自身结算的利弊，制定对策；

3）从工程量计算的角度出发，制定对自身有利的计算方法；

4）分析现行的政策法规，结合发包人审批的施工组织设计、设计变更、签证等，确定对我方有利的套价方法与计价程序；

5）检查索赔资料的完整性与说服力，确定索赔的谈判方式；

6）研究如何处理好与结算初审、复审、审计等审核经办人的关系；

7）安排公司与发包人的对接时机与对接层次；

8）明确工程结算策划书的落实部门与责任人；

9）中间结算与中间计量可根据工程实际情况召开结算策划会。

（2）结算书的编制依据

1）招投标文件及答疑资料、工程施工合同、补充协议及与经济有关的会议纪要；

2）竣工图纸、设计变更、技术核定单、现场签索赔、各种验收资料、发包方对材料设备核价资料、施工方案等；

3）政府部门发布的政策性调价文件及有关造价信息；

4）结算策划书。

（3）竣工结算书内容

1）按合同约定竣工图纸范围内工程造价；

2）设计变更及签证索赔造价；

3）争议及其他未解决事项造价。

（4）竣工结算书编制机构人员

项目经理牵头协调各专业结算书编制工作，合约商务经理和预算员具体负责结算书编制和汇总工作，相关部门配合。

（5）竣工结算书的评审

结算书初稿由项目部进行初审，完善后的结算书按照分级授权原则上报企业进行评审和审批。

项目部根据评审意见对结算书进行修改完善，在规定时间内向发包人递交经批准的竣工结算报告及完整结算资料。

10. 合同履行需建立月度经济活动分析机制

项目部经济活动分析会由项目经理按月召集，项目部主要管理人员参加。相关职能部门参与分析、协调、解决企与项目的商务问题。会议内容有：

（1）总结、检查上次会议安排工作的完成情况，提出问题的落实情况；

（2）分析和研究解决工作中存在的问题，提出应对和整改措施，明确目标、期限和责任人；

（3）分析当期项目成本管理、成本分析、合同履约、风险防范、进度款报送、签证索赔和结算等工作的进展情况；

（4）协调职能部门关联工作，部署下阶段工作内容；

（5）宣传、贯彻最近出台的相关制度文件。

11. 分包分供合同履行管理

（1）确立分包分供招标管理机制。规范分包分供招标管理各环节工作。企业合同管理部门编制招标文件，相关部门进行评审，合同管理部门根据评审意见最终修订后发放招标文件，招标小组组织开标、评标，提出最终评标建议，报授权批准人决策确定中标人。

（2）对投标人资格审查，只有合格分包分供商名录中的投标人方可参加投标；企业和项目均可推荐投标人参与投标，一般不少于三家。提交投标文件的有效投标人少于三家的，应当重新招标。

（3）对投标文件评审采用综合评估法或最低投标价法，确定中标候选人名次。

（4）工作小组根据中标候选人名次先后组织投标人进行工作范围、价格、技术水平、质量保证措施、施工执行标准、安全等问题的再次议标，落实在投标或评标会议上提出的修改意见。

（5）根据议标情况工作小组推荐1～3个排序合格的中标人，报授权批准人决策后，确定中标单位及中标价格。合同管理部门向中标人发出中标通知书，并同时将中标结果通知所有未中标的投标人。

（6）零星工程等可由项目部进行招标。

（7）建立分包分供合同二级评审机制，项目部和企业相关职能部门按职责分工全面评审，填写《分包分供合同评审表》。项目部作为分包分供合同管理主体，认真填写《工程（分包/供应商/租赁方）合同汇总表》，并在规定时限内提交企业合同管理部门备案存档。

（8）采用合同标准文本的，就签约文本与标准文本差异性部分进行审核。均需经项目部、实施单位两级评审。合同评审意见未经落实，不得用印。

（9）经最终评审并修改完善的合同报送经授权的企业负责人签署。

（10）分包分供商预付款应按合同约定执行。

（11）建立完善合格分包分供方名录管理机制，建立严格规范的进入审核和退出除名机制。未进入合格分包分供商名录的，原则上不得参与投标。分包分供商履约评价为差的，应当在名录中除名，并登录不合格分包分供商名单，在企业范围内通报。

（12）对分包分供商动态管理，建立定期考核机制，从工程质量、进度、安全文明管理、现场配合、劳务管理等方面进行考核，并作为合同总结评价依据。

（13）分包分供工程结算管理分别规定中间预结算和最终结算管理流程：对分包分工方的中间预结算，项目在企业批准的月度资金使用计划预算范围内办理结算支付；中间预结算签署完工项目任务书时，应当注明分包分供单位本阶段完成的形象进度及截至本阶段末完成总形象进度，完工项目的工程量按实际完成计量，原则上该工程量不能大于设计图纸工程量。

（14）分包分供工程按合同规定完工后，分包分供单位应将书面的最终结算申请报现场负责人，由其审核确认后报项目经理审批。结算书经项目部相关部门审核，项目经理审批同意后交企业合同管理部门复核项目报送的结算书应当附有最终结算的审核说明及相应的计算、结算依据，便于企业复查核实以及领导审阅。

（九）合同资料管理

1. 合同资料采用书面形式的，要求文件为原件；采用电子形式的，要求文件未经过技术处理或人为编辑；照片和音像资料，要求保存最原始记录。

2. 采用直接送达方式发送或接收合同资料，须经相对方负责人或负责收发工作的职能部门人员签字并盖章。拟发送合同资料的内容应当具体、明确，确保达到足以实现发送合同资料的目的；预接收的合同资料，应当严格审核内容，慎重签收。发送或接收合同资料，对风险情况不能准确判断的，须由项目商务经理负责审核后方可实施。

3. 合同资料的收发，应当建立资料台账，台账中应当包含以下要素：编号、文件名称、内容、页数、签收（发）人、收发日期等。

4. 合同资料传递采用就近、授权原则，由具备授权权限的人员收发。

5. 合同资料与项目经济、风险、商务活动关联性确定收集范围。可参照《建设工程文件归档管理整理规范》GB/T 50328—2014 进行案卷的归档、排列和编目。

6. 合同资料未经许可不能传播、转让、复制。

（十）合同总结

1. 合同总结要求工程竣工后，项目部应进行合同总结评价，报企业合同管理部门存档，重大（风险）合同的总结评价，同时报企业法律事务部门存档。合同总结评价应在向发包人递交结算报告后的7个工作日内完成。

2. 针对合同签订情况

(1) 招（议）标文件分析和合同风险分析的准确程度；

(2) 该合同环境调查、实施方案、工程预算以及报价方面的问题及经验教训；

(3) 合同谈判中的问题及经验教训，以后签订同类合同的注意点；

(4) 各个相关合同之间的协调问题。

3. 合同执行情况

(1) 本合同交底是否全面细致，通过交底项目经理部成员对合同的理解和风险点的掌握程度如何；

(2) 本合同履行控制方案是否正确，是否符合实际，是否达到预期效果；

(3) 在本合同执行过程中出现了哪些特殊情况，采取了什么措施防止、避免或减少损失；

(4) 合同风险控制的利弊得失。

4. 合同条款分析

(1) 本合同的具体条款，特别对本工程有重大影响的合同条款的表达和执行利弊得失；

(2) 本合同签订和执行过程中遇到的特殊问题的分析结果；

(3) 具体的合同条款如何表达更为有利。

第7节　建设工程施工合同示范文本

一、建设工程施工合同示范文本优点

建筑产品在社会物资交换中是一种比较特殊的商品。它是非工业化生产的单件产品，生产周期长、耗费人力物力大、生产过程和技术复杂、受自然条件及政策法规影响大。这些特点决定了建筑工程施工合同的特殊性和复杂性。施工合同签订工作对于任何一个建设

单位或投资者来说，都不是一件经常性的、容易完成好的事情。

为了规范合同当事人的行为，完善市场经济条件下的建设经济合同制度，解决施工合同中文本不规范、条款不完善、合同纠纷多等问题，相关部门依据有关工程建设法律、法规，结合我国建筑市场及工程施工的实际状况，同时借鉴国际上施工合同成熟的经验和做法，制定和颁布了具有我国特色的施工合同示范文本。

标准化合同示范文本具有以下优点：

（1）保证合同内容的完整性和条款的完备性，从而减少双方履约过程中的争端；

（2）能够减少合同各方对履约的不合理性；

（3）避免投标人因不熟悉不同（非标准化）合同条件而需要作多方面的准备，以减少成本的增加；

（4）广泛地采用标准化合同文本，有利于培训合同管理人员，减少不断变化的合同条件。

二、施工合同示范文本及其组成（框架）

纵观历史，我国施工合同（示范文本）的制定、使用经历了一个发展的过程，也是一个不断完善的过程。从 GF—1991—0201 到 GF—1999—0201 ，从 2007 版施工合同条件再到 GF—2017—0201。除 GF—1991—0201 施工合同无示范文本外，无论何种示范文本，一般都由三部分内容及其附件组成。

协议书：协议书是施工合同示范文本中的纲领性文件。协议书不仅包含了合同的基本内容，如合同价款、工期、质量等，也是当事人应当签字盖章的文件，是合同成立和生效的形式要件。

通用条款：通用条款是依据法律、法规及建设工程的需要而制定，是一般建设工程所共同具备的共性条款，具有规范性、可靠性、完备性和适用性的特点，是合同文本的基本和指导性部分，并作为合同的组成部分而予以直接采用。

专用条款：专用合同条款是对通用合同条款原则性约定的细化、完善、补充、修改或另行约定的条款。合同当事人可以根据不同建设工程的特点及具体情况，通过双方的谈判、协商对相应的专用合同条款进行修改补充。在使用专用合同条款时，应注意以下事项：

（1）专用合同条款的编号应与相应的通用合同条款的编号一致；

（2）合同当事人可以通过对专用合同条款的修改，满足具体建设工程的特殊要求，避免直接修改通用合同条款；

（3）在专用合同条款中有横道线的地方，合同当事人可针对相应的通用合同条款进行细化、完善、补充、修改或另行约定；如无细化、完善、补充、修改或另行约定，则填写“无”或划“/”。

三、现代工程合同的特点及发展趋势

由于现代工程大型化、投资形式多元化，环境变化频繁导致风险加大，新的融资方式、承发包方式、管理模式不断出现等特点，要求合同管理逐步由传统合同向现代合同转变。纵观国际上以及我国合同的发展，都呈现出新的趋势，人们对工程合同提出了许多新的要求，建立起许多新的合同理念。

1. 力求使合同文本具有广泛的适应性

（1）适用于不同的融资方式及不同的承发包模式，如：PPP 工程、工程施工承包、EP 承包、管理承包、“设计——管理”承包、CM 承包等；

（2）适用于不同的专业领域，如：土木工程施工、电气和机械等；

（3）适用于不同的计价方式，如：总价合同、单价合同、目标合同及成本加酬金合同；

（4）适用于一个承包人或多个承包人的联营合同；

（5）适用于不同国家和不同的法律基础。

2. 合同反映出新的管理理念和方法

（1）促进良好的管理。保证业主能够实现项目的总目标；工程师可以有效地管理工程；加强承包人的合同责任，使承包人有管理和革新的积极性、创造性，能够通过发挥自己的技术优势节约成本，增加盈利机会。

（2）强调合作，而非制衡。工程的承发包首先是一种合作，促成相互的信任，实现共赢或多赢，建立合同中的预警机制、价值工程、科学和理性的分担风险以及透明度，以圆满实施、完成工程项目。

（3）提倡采用专业的方法解决工程问题。在保证法律的严谨性和严密性的前提下，更趋向于工程。建立设计良好的、具有适应性的管理程序以及争端评审机制，以快速、有效地解决合同履行过程中出现的纠纷。

（4）尽量使合同中的默示条款明示化。如：承包人对业主提供的数据的使用时应承担的责任；承包人对包括地质、水文和气象条件的调查责任；承包人对业主提供的资料的理解、实施方案和报价等方面所承担的风险程度等。

（5）尊重合同当事人自愿、协商的前提下，加强合同的指导作用，以促成良好交易习惯的形成。如：各种时效及比例的约定。

3. 合同的同化趋势

随着工程项目的国际化以及合同管理和工程项目管理的国际化，导致合同的制定的方法和内容等方面具有趋同和融合的一种趋势。表现在：

（1）各国的标准合同趋于 FIDIC 化。包括我国在内的许多国家的标准合同文本都以 FIDIC 为蓝本。

（2）FIDIC 合同又在吸收各国的优点。如引用英国 ECC 合同的 DAB 方法（争端裁定）、预警机制、缺陷责任期等；借鉴我国合同示范文本中对索赔时效的规定等。

四、建设工程施工合同（示范文本）（GF—2017—0201）及重点条文解读

（一）建设工程施工合同（示范文本）（GF—2013—0201）简介

住房和城乡建设部、国家工商总局于 2017 年 9 月 22 日联合颁布《关于印发〈建设工程施工合同（示范文本）〉的通知》，通知规定《建设工程施工合同（示范文本）（GF—2017—0201）》将于 2017 年 10 月 1 日起正式实施。2017 年版施工合同（示范文本）

(GF—2017—0201）与2013年版施工合同（示范文本）（GF—2013—0201）相比较，修改的重点见表1.7-1。

2017年版与2013年版建设工程施工合同示范文本条款对照表　　　表1.7-1

2013年版示范文本	2017年版示范文本
第二部分　通用合同条款	
1.1.4.4　缺陷责任期：是指承包人按照合同约定承担缺陷修复义务，且发包人预留质量保证金的期限，自工程实际竣工日期起计算	1.1.4.4　缺陷责任期：是指承包人按照合同约定承担缺陷修复义务，且发包人预留质量保证金（**已缴纳履约保证金的除外**）的期限，自工程实际竣工日期起计算
14　竣工结算 14.1　竣工结算申请 除专用合同条款另有约定外，承包人应在工程竣工验收合格后28天内向发包人和监理人提交竣工结算申请单，并提交完整的结算资料，有关竣工结算申请单的资料清单和份数等要求由合同当事人在专用合同条款中约定。 除专用合同条款另有约定外，竣工结算申请单应包括以下内容： （1）竣工结算合同价格； （2）发包人已支付承包人的款项； （3）应扣留的质量保证金； （4）发包人应支付承包人的合同价款	14.1　竣工结算申请 除专用合同条款另有约定外，承包人应在工程竣工验收合格后28天内向发包人和监理人提交竣工结算申请单，并提交完整的结算资料，有关竣工结算申请单的资料清单和份数等要求由合同当事人在专用合同条款中约定。 除专用合同条款另有约定外，竣工结算申请单应包括以下内容： （1）竣工结算合同价格； （2）发包人已支付承包人的款项； （3）应扣留的质量保证金。**已缴纳履约保证金的或提供其他工程质量担保方式的除外；** （4）发包人应支付承包人的合同价款
15.2　缺陷责任期 15.2.1　缺陷责任期自实际竣工日期起计算，合同当事人应在专用合同条款约定缺陷责任期的具体期限，但该期限最长最长不超过24个月。 单位工程先于全部工程进行验收，经验收合格并交付使用的，该单位工程缺陷责任期自单位工程验收合格之日起算。因发包人原因导致无法按合同约定期限进行竣工验收的，缺陷责任期自承包人提交竣工验收申请报告之日起开始计算；发包人未经竣工验收擅自使用工程的，缺陷责任期自工程转移占有之日起开始计算	15.2　缺陷责任期 15.2.1　**缺陷责任期从工程通过竣工验收之日起计算**，合同当事人应在专用合同条款约定缺陷责任期的具体期限，但该期限最长不超过24个月。 单位工程先于全部工程进行验收，经验收合格并交付使用的，该单位工程缺陷责任期自单位工程验收合格之日起算。**因承包人原因导致工程无法按合同约定期限进行竣工验收的，缺陷责任期从实际通过竣工验收之日起计算。**因发包人原因导致无法按合同约定期限进行竣工验收的，**在承包人提交竣工验收报告90天后，工程自动进入缺陷责任期**；发包人未经竣工验收擅自使用工程的，缺陷责任期自工程转移占有之日起开始计算
15.2.2　工程竣工验收合格后，因承包人原因导致的缺陷或损坏致使工程、单位工程或某项主要设备不能按原定目的使用的，则发包人有权要求承包人延长缺陷责任期，并应在原缺陷责任期届满前发出延长通知，但缺陷责任期最长不能超过24个月	15.2.2　**缺陷责任期内，由承包人原因造成的缺陷，承包人应负责维修，并承担鉴定及维修费用。如承包人不维修也不承担费用，发包人可按合同约定从保证金或银行保函中扣除，费用超出保证金额的，发包人可按合同约定向承包人进行索赔。承包人维修并承担相应费用后，不免除对工程的损失赔偿责任。**发包人有权要求承包人延长缺陷责任期，并应在原缺陷责任期届满前发出延长通知。但缺陷责任期**（含延长部分）**最长不能超过24个月。 **由他人原因造成的缺陷，发包人负责组织维修，承包人不承担费用，且发包人不得从保证金中扣除费用**

续表

2013年版示范文本	2017年版示范文本
15.3 质量保证金 经合同当事人协商一致扣留质量保证金的，应在专用合同条款中予以明确	15.3 质量保证金 经合同当事人协商一致扣留质量保证金的，应在专用合同条款中予以明确。 **在工程项目竣工前，承包人已经提供履约担保的，发包人不得同时预留工程质量保证金**
15.3.2 质量保证金的扣留 质量保证金的扣留有以下三种方式： （1）在支付工程进度款时逐次扣留，在此情形下，质量保证金的计算基数不包括预付款的支付、扣回以及价格调整的金额； （2）工程竣工结算时一次性扣留质量保证金； （3）双方约定的其他扣留方式。 除专用合同条款另有约定外，质量保证金的扣留原则上采用上述第（1）种方式。 发包人累计扣留的质量保证金不得超过结算合同价格的5%，如承包人在发包人签发竣工付款证书后28天内提出质量保证金保函，发包人应同时退还扣留的作为质量保证金的工程价款	15.3.2 质量保证金的扣留 质量保证金的扣留有以下三种方式： （1）在支付工程进度款时逐次扣留，在此情形下，质量保证金的计算基数不包括预付款的支付、扣回以及价格调整的金额； （2）工程竣工结算时一次性扣留质量保证金； （3）双方约定的其他扣留方式。 除专用合同条款另有约定外，质量保证金的扣留原则上采用上述第（1）种方式。 发包人累计扣留的质量保证金不得超过**工程价款结算总额的3%**，如承包人在发包人签发竣工付款证书后28天内提出质量保证金保函，发包人应同时退还扣留的作为质量保证金的工程价款；**保函金额不得超过工程价款结算总额的3%。** **发包人在退还质量保证金的同时按照中国人民银行发布的同期同类贷款基准利率支付利息**
15.3.3 质量保证金的退还 发包人应按14.4款（最终结清）的约定退还质量保证金	15.3.3 质量保证金的退还 **缺陷责任期内，承包人认真履行合同约定的责任，到期后，承包人可向发包人申请返回保证金。** **发包人在接到承包人返还保证金申请后，应于14天内会同承包人按照合同约定的内容进行核实。如无异议，发包人应当按照约定将保证金返还给承包人。对返还期限没有约定或约定不明确的，发包人应当在核实后14天内将保证金返还承包人，逾期未返还的，依法承担违约责任。发包人在接到承包人返还保证金申请后14天内不予答复，经催告后14天内仍不予答复，视同认可承包人的返还保证金申请。** **发包人和承包人对保证金预留、返还以及工程维修质量、费用有争议的，按本合同第20条约定的争议和纠纷解决程序处理**
第三部分 专用合同条款	
15.3 质量保证金 关于是否扣留保证金的约定	15.3 质量保证金 关于是否扣留质量保证金的约定： **在工程项目竣工前，承包人按专用合同条款第3.7条提供履约担保的，发包人不得同时预留工程质量保证金**

续表

2013 年版示范文本	2017 年版示范文本
附件三	
三、缺陷责任期 工程缺陷责任期为　个月，缺陷责任期自工程实际竣工之日起计算。单位工程先于全部工程进行验收，单位工程缺陷责任期自单位工程验收合格之日起算。 缺陷责任期终止后，发包人应退还剩余的质量保证金	三、缺陷责任期 工程缺陷责任期为　个月，**缺陷责任期自工程通过竣工验收之日起计算。**单位工程先于全部工程进行验收，单位工程缺陷责任期自单位工程验收合格之日起算。 缺陷责任期终止后，发包人应退还剩余的质量保证金

（二）建设工程施工合同（示范文本）（GF—2017—0201）合同要点及建议

1. 中标通知发出生效合同尚未成立（图 1.7-1）

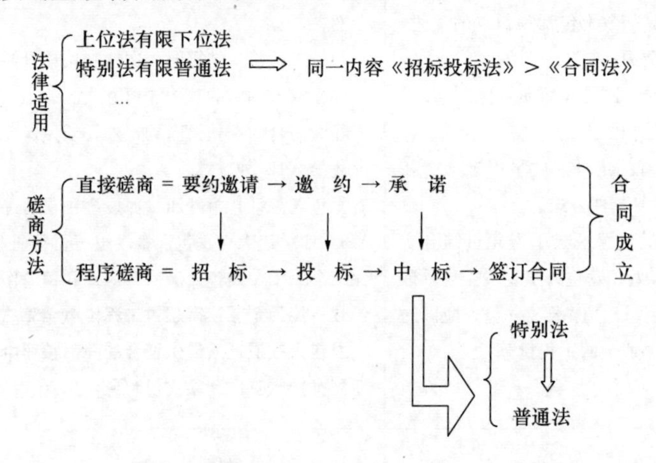

图 1.7-1　中标通知发出生效合同尚未成立流程图

通常认为，招标属于要约邀请，投标是要约，而中标是承诺。中标通知发出即生效，而合同法认为：承诺生效则合同成立，但是，招标法却要求：中标生效后仍要签订合同，由此产生：中标通知生效合同是否成立的问题？

中标属于承诺，发出即生效。但是，按招标法认为：此时合同尚未成立，合同成立仍需经签订后方可成立。即中标通知发出后到合同签署这段时间双方承担的缔约过失责任。

中标通知书在法律上属于承诺性质，且发出就生效。根据合同法的相关规定，承诺生效即合同成立。但合同法同时也规定：其他法律有规定的，按照其他法律规定。招标法属于合同法的特别法，其明确规定：作为承诺的中标虽然生效但合同尚未成立，双方只有签订书面合同后，合同才成立。若一方拒绝签订合同，应向一方承担缔约过失的法律责任。

同时，从这一角度而言，投标人支付的“投标保证金”法律性质定义“投标定金”更符合逻辑。从而防止“因招标人的过错导致中标人无法成为合同当事人”而无需承担相应责任的不公情形的出现。

《招标投标法》第 45 条第 1 款：中标人确定后，招标人应当向中标人发出中标通知书，并同时将中标结果通知所有未中标的投标人。中标通知书对招标人和中标人具有法律效力。中标通知书发出后，招标人改变中标结果的，或者中标人放弃中标项目的，应当依法承担法律责任。

《合同法》第123条：其他法律对合同另有规定的，依照其规定。

《招标投标法》第46条：招标人和中标人应当自中标通知书发出之日起三十日内，按照招标文件和中标人的投标文件订立书面合同。招标人和中标人不得再行订立背离合同实质性内容的其他协议。招标文件要求中标人提交履约保证金的，中标人应当提交。

2. 双方权利义务指向的就是实质性内容

招标发包中通常所称的“阳合同”是指实质性内容按招标合意所签署的合同，从而何为实质性内容就成了判断“阳合同”的前提。而事实上，业界对这个前提的认识是不够统一的。由此产生：施工承包合同中的实质性内容包括哪些？

承包人的主要义务是按时保质完成建设工程，发包人的主要义务是按时足额支付合同价款，因此，施工承包合同的实质性内容是指承包范围内承包内容涉及到的建设工期，工程质量，工程价款的内容。

所谓的实质性内容是影响当事人主要权利和义务的内容，即双方主要权利义务指向的内容就是实质性内容。而在施工承包合同中，承包人的主要义务是按时保质保量完成建设工程，发包人的主要义务是按时足额支付合同价款。因此，双方施工承包合同的实质性内容是指承包范围内承包内容涉及的建设工期、工程质量、工程价款的内容。

其实，实质性内容在《招标投标法》中提到过四次。第一次是招标文件的规定中，第二次是在投标文件的规定中，第三次是在评标的规定中，第四次是在关于签订合同的规定中，其实从这四次提出的实质性内容看，也均是表达是“实质性内容就是双方主要权利义务指向的内容”。

《招标投标法》第19条第1款：招标人应当根据招标项目的特点和需要编制招标文件。招标文件应当包括招标项目的技术要求、对投标人资格审查的标准、投标报价要求和评标标准等所有实质性要求和条件以及拟签订合同的主要条款。

《招标投标法》第27条第1款：投标人应当按照招标文件的要求编制投标文件。投标文件应当对招标文件提出的实质性要求和条件作出响应。

《招标投标法》第41条：中标人的投标应当符合下列条件之一：

（一）能够最大限度地满足招标文件中规定的各项综合评价标准；

（二）能够满足招标文件的实质性要求，并且经评审的投标价格最低；但是投标价格低于成本的除外。

3.“招标合意”的判断理应依据招投标文件

若行政单位对中标备案的施工承包合同未进行实质性审查，则教条执行《最高人民法院关于审理建设工程施工合同纠纷案件适用法律问题的解释》（以下简称《司法解释》）第21条可能出现违背招标合意的情况。因此，如何认定实质性内容符合招标合意就显得特别重要。由此产生：“招标合意”的判断的依据？

判断实质性内容是否符合“招标合意”应当根据招标文件和投标文件来判断，而不应以中标备案合同为依据进行判断。

法律要求行政单位对中标签署的备案合同进行实质性审查，若发现中标备案合同的实质性内容与招标合意不一致，不仅不予备案且应予以行政罚款。因此，理论上而言，备案

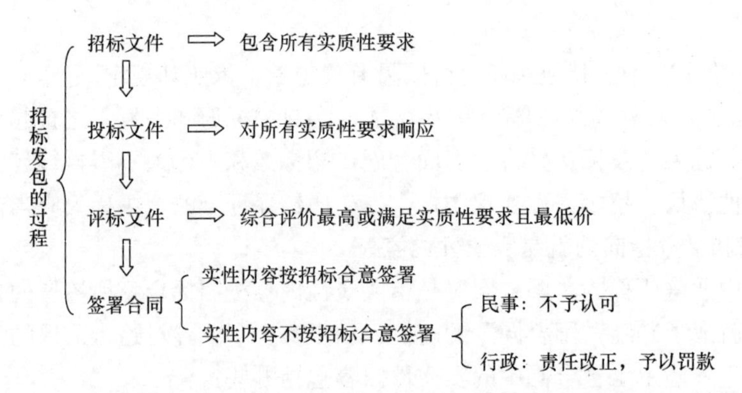

图1.7-2　双方权利义务指向就是实质性内容流程图

合同一定是“阳合同”，即实质性内容与招标合意一致的合同。故《司法解释》第21条的适用前提在于中标备案合同均是“阳合同”。但实务中，行政单位对中标合同进行备案时并非一定进行实质性审查，故中标备案合同有可能不是“阳合同”，而一个实质性内容违背招标合意而签订的施工承包合同并不会因为行政备案而合法，因此，“招标合意”的判断理应依据招投标文件。

《招标投标法》第59条：招标人与中标人不按照招标文件和中标人的投标文件订立合同的，或者招标人、中标人订立背离合同实质性内容的协议的，责令改正；可以处中标项目金额千分之五以上千分之十以下的罚款。

《司法解释》第21条：当事人就同一建设工程另行订立的建设工程施工合同与经过备案的中标合同实质性内容不一致的，应当以备案的中标合同作为结算工程价款的根据。

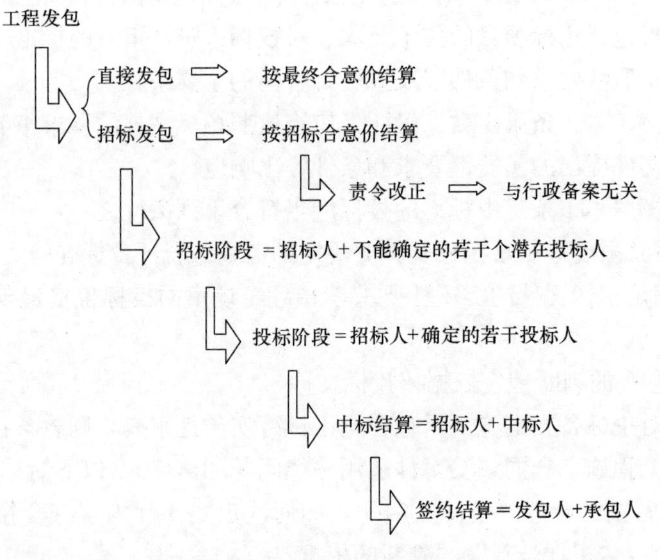

图1.7-3　“招标合意”的判断理应依据招投标文件流程图

4. 招标前提出的变化可按招标合意调整合同

若施工承包合同已签订，但招标的前提出现很大的变化，此时，若完全执行合同可能导致对一方的不公，由此产生：招标前提出变化施工承包合同的条款可否调整？

施工承包合同签订后，因规划发生调整，从而使招标前提发生很大的变化。发包人与承包人可以在遵循招标合意的基础上调整承包范围、建设工期、工程质量、合同价款条款的内容。

如果建设工程开工后，因规划指标调整造成承包范围调整的，则原合同双方的权利义务的行使前提已然发生变化，仍按原合同执行明显不妥。故双方可在调整后的承包范围下相应调整合同的实质性内容，但仍应当遵循招标合意时的原则。

设计变更原则上不应改变合同内容。因设计变更导致工程量或者质量标准发生变化的，合同有约定的应按约定执行。没有约定又无法协商一致的，可参照签订合同时当地建设行政主管部门发布的计价方法或者计价标准结算工程价款。

《招标投标法》第46条第1款：招标人和中标人应当自中标通知书发出之日起三十日内，按照招标文件和中标人的投标文件订立书面合同。招标人和中标人不得再行订立背离合同实质性内容的其他协议。

《司法解释》第16条第1款、第2款：当事人对建设工程的计价标准或者计价方法有约定的，按照约定结算工程价款。因设计变更导致建设工程的工程量或者质量标准发生变化，当事人对该部分工程价款不能协商一致的，可以参照签订建设工程施工合同时当地建设行政主管部门发布的计价方法或者计价标准结算工程价款。

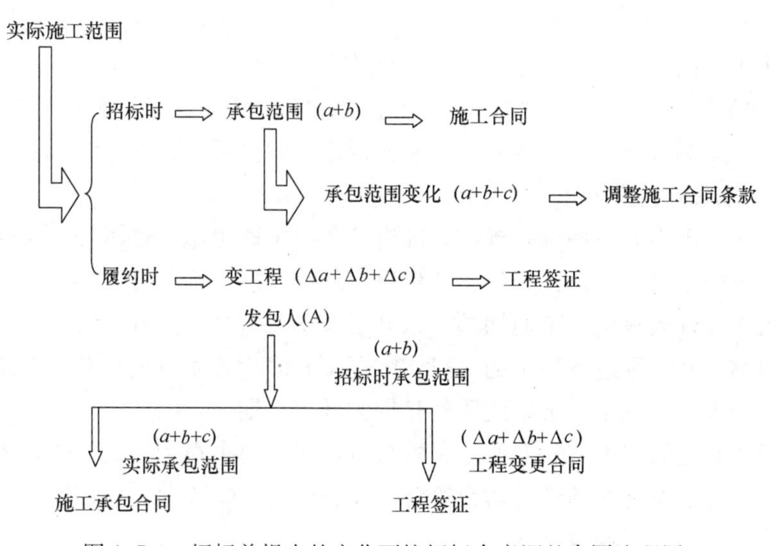

图1.7-4　招标前提出的变化可按招标合意调整合同流程图

5. 发包的前提是发包人具有合法发包权

若发包人未取得“三证”，即土地使用权证、建设用地规划许可证、建设工程规划许可证，而与承包人签订的建设工程合同的，由此产生：该合同属于哪个阶段或者是否属于无效合同？

发包的前提是发包人具有合法的发包权，而此时发包人无发包权，即作为合同组成的基本要素之一的标的承包权都不存在，因此，该合同不可能成立。但为了提高实务性，可以认定该合同是无效合同。

主体、标的和数量是合同成立的前提。而合同成立需要约方和承诺方至少就标的和数量达成一致，而无效合同（或条款）通常是因为成立的合同违背法律和行政法规中的效力性强制规定。

而建设工程合同的标的是承包权。若发包人未取得“三证”则意味着发包人没有承包权。因此，从理论上而言，合同存在的前提尚不具备，更谈不上成立和生效。但是，为了提高实务性，通常将这种情形以无效合同来认定的。

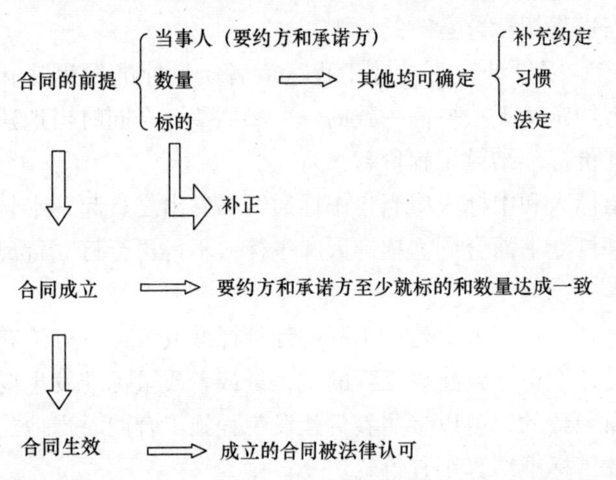

图1.7-5　发包的前提是发包人具有合法发包权流程图

《最高人民法院关于适用〈中华人民共和国合同法〉若干问题的解释（二）》第1条：当事人对合同是否成立存在争议，人民法院能够确定当事人名称或者姓名、标的和数量的，一般应当认定合同成立。但法律另有规定或者当事人另有约定的除外。

《最高人民法院关于适用〈中华人民共和国合同法〉若干问题的解释（一）》第4条：合同法实施以后，人民法院确认合同无效，应当以全国人大及其常委会制定的法律和国务院制定的行政法规为依据，不得以地方性法规、行政规章为依据。

《最高人民法院关于适用〈中华人民共和国合同法〉若干问题的解释（二）》第14条：合同法第五十二条第（五）项规定的“强制性规定”，是指效力性强制性规定。

6. 开工时间原则上按实施开工为准

开工时间法律现尚未有明确的规定，却有开工必须取得施工许可证的法律规定，实务中开工时的状态很是复杂，由此产生：如何确定作为民事行为的开工？

有发包人或监理人签发开工通知的，以开工通知载明之日为开工日期；若承包人在开工令通知发出前已经实际进场施工的，以实际开工时间为开工日期；若没有任何证据证明何时开工，原则上，以施工许可证载明的日期为开工日期。

开工时间是确定承包人何时开始施工的时点，属于民事行为，而施工许可证制度只是行政管理行为，为了对建筑活动的监督管理，维护建筑市场秩序，保证建筑工程的质量和安全，且不属于效力性强制规定。

若没有特别约定，管理行为不能作为民事行为是否生效的条件。因此，判断开工时间，原则上不以是否具有施工许可证为条件，即若发包人签发开工令，就标志着开工日期的确定。如果此时发包人尚未取得施工许可证，不影响开工日期。当然，若此时不具备开工条件的，发包人不仅要承担行政处罚的不利后果，还需要承担工期顺延的民事责任。

《建筑法》第1条规定，为了加强对建筑活动的监督管理，维护建筑市场秩序，保证建筑工程的质量和安全，促进建筑业健康发展，制定本法。

《建筑法》第8条规定，申请领取施工许可证，应当具备下列条件：

（一）已经办理该建筑工程用地批准手续；

（二）在城市规划区的建筑工程，已经取得规划许可证；

（三）需要拆迁的，其拆迁进度符合施工要求；

（四）已经确定建筑施工企业；

（五）有满足施工需要的施工图纸及技术资料；

（六）有保证工程质量和安全的具体措施；

（七）建设资金已经落实；

（八）法律、行政法规规定的其他条件。建设行政主管部门应当自收到申请之日起十五日内，对符合条件的申请颁发施工许可证。

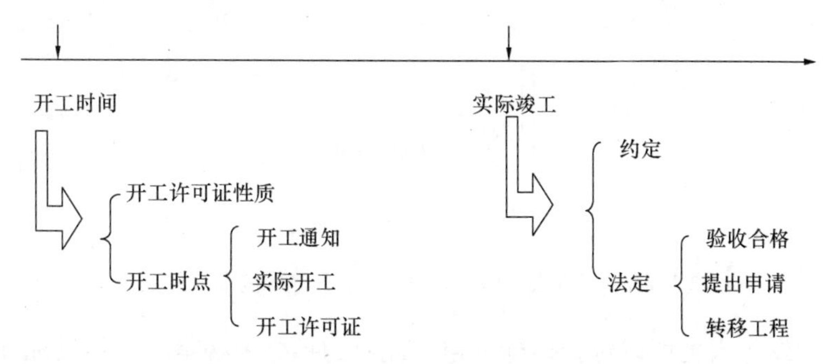

图 1.7-6　开工时间原则上按实施开工为准流程图

7. 举证证明工期顺延的责任是承包人

若工程未按计划竣工，不是承包人延误责任，就是发包人承担顺延责任，若发包人承担顺延责任，承包人不仅不承担延误的责任，而且有权向发包人要求延误造成的损失，由此产生：如何举证是工期顺延而非工期延误？

工期顺延是由发包人对未按时完成工程承担责任的工期，其主要来自发包人的违约，工程变更，发包人错误判断和承包人索赔等原因。原则上，工期顺延不以发包人同意为前提，但是，举证责任是承包人。

由于按时保质地完成建设工程是承包人的主要义务，因此，对于实际竣工时间与计划竣工时间之差所造成的责任首先默认由承包人承担。只有承包人能够证明该责任应由发包人承担的，方由发包人承担。若承包人不能够证明该责任应由发包人承担的，则由承包人承担。通常将发包人承担的叫“工期顺延”责任，承包人承担的叫“工期延误”责任。

应当由发包人承担，但由于承包人举证不能而承担工期延误责任的后果是：不仅无权要求发包人承担工期顺延的损失，反而要向发包人承担工期延误的责任。因此，承包人在合同履行过程中如何收集工期顺延的证据就显得特别重要。另外，工程顺序是否以发包人同意为前提也是在实践中很令人困惑的问题，事实上，只要举证属于工期顺延的，发包人就应当承担责任，则不存在同意的问题，关键在于承包人提出的理由和证据是否充分。

《合同法》第 283 条：发包人未按照约定的时间和要求提供原材料、设备、场地、资金、技术资料的，承包人可以顺延工程日期，并有权要求赔偿停工、窝工等损失。

《司法解释》第 15 条：建设工程竣工前，当事人对工程质量发生争议，工程质量经鉴定合格的，鉴定期间为顺延工期期间。

8. 自愿招标是否存在“阴阳合同”的问题

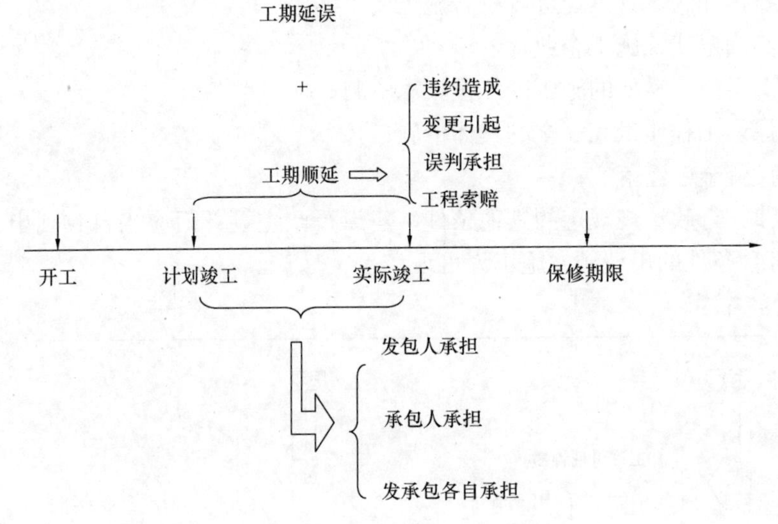

图1.7-7 举证证明工期顺延的责任是承包人流程图

直接发包的发包人也可以选择招标发包。此时的招标未必是经过招投标办的，评标委员会成员为也未必从专家库中选择的，其所签订的合同也未必经过行政备案。由此产生：自愿招标是否存在“阴阳合同”?

若招标人对所有投标人事前告知招标标准且评标标准对所有投标人均是相同的，则应当认定其为招标投标行为。而招投标行为，无论是必须招标还是自愿招标，无论是公开招标还是邀请招标，均应遵循招投标法的相关规定。

工程项目的发包有招标发包和直接发包。除了《招标投标法》第3条规定的工程项目必须招标发包外，其他均可由发包人自行选择发包方式。选择发包的项目，发包人可以选择自行发包，也可以选择招标发包。

《招标投标法》明确规定，凡是在中华人民共和国境内进行的招标投标活动，均适用本法，即只要是招标发包，无论是必须招标还是自愿招标，无论是公开招标还是邀请招

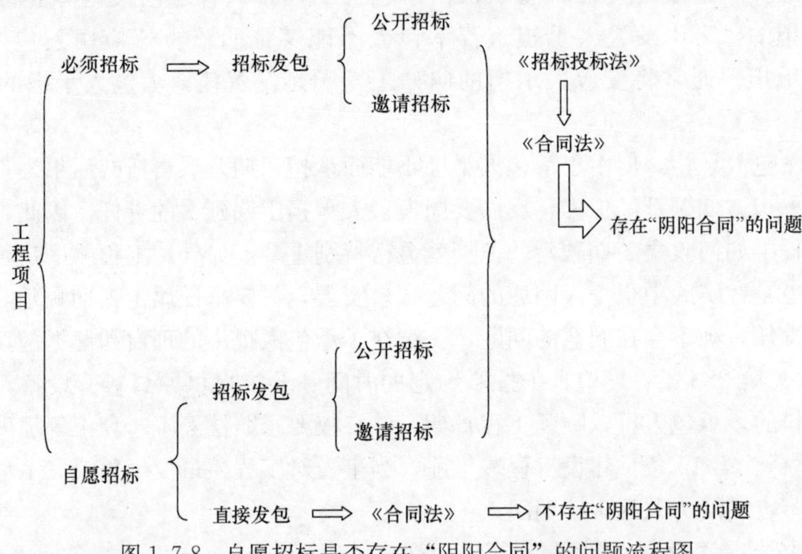

图1.7-8 自愿招标是否存在“阴阳合同”的问题流程图

标，均应遵守《招标投标法》，因此，自愿招标同样存在“阴阳合同”的问题。而判断该行为是否是招投标行为，与其是否经过招投标办、评标委员会成员是否来自专家库、所签订合同是否行政备案等无关。关键在于该行为对所有的投标人是否有统一投标标准和统一的评标标准。

《招标投标法》第 2 条：在中华人民共和国境内进行招标投标活动，适用本法。

《招标投标法》第 10 条：招标分为公开招标和邀请招标。公开招标，是指招标人以招标公告的方式邀请不特定的法人或者其他组织投标。邀请招标，是指招标人以投标邀请书的方式邀请特定的法人或者其他组织投标。

9. 按招标合意结算价款才是招标法的本意

《司法解释》第 21 条规定，以“备案中标合同”作为结算工程价款的根据。若实践中没有，如果合同没有经过备案，由此产生：是否一定按“中标备案合同”结算价款？

按招标合意结算价款才是《招标投标法》的本意，因此，招标发包所签订的施工承包合同中的实质性内容而言，“招投标文件中的合意”优先于“备案中标的合同”，其实与是否备案无关。

合同的成立在于要约方和承诺方就标的和数量等内容达成一致，而书面形式的本质是记录双方合意的内容。若已达成合意但未记录，而双方用行为反映双方合意的，则该合同成立。因此，合同成立的关键在于合意而非形式。

招标形成合意的，所签订的合同中的实质性内容应按招标合意签署。由于建设工程施工合同通常需要备案，因此，从理论上而言，备案的建设工程合同应当按照招标合意进行签署的。而由于建设工程施工合同示范文本中的合同组成不包括招标文件等原因，不能保证备案的建设工程合同的实质性内容是按招标合意签署。同时，也可能存在逃避备案，因此，仅合同中的实质性内容而言，招投标文件中的“合意”优先于“备案中标的合同”。

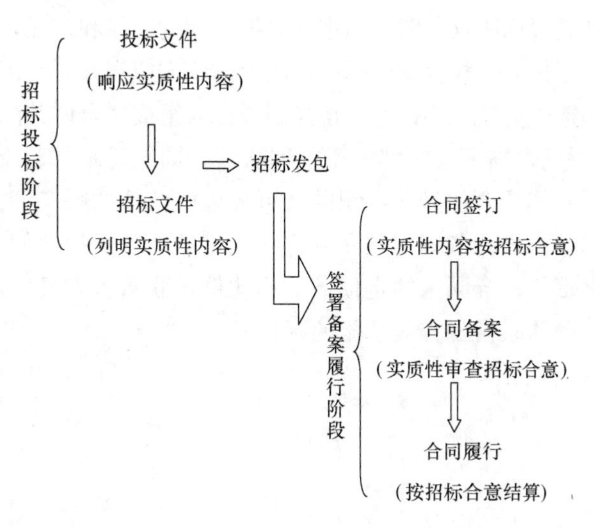

图 1.7-9 按招标合意结算价款才是招标法的本意流程图

《合同法》第 36 条：法律、行政法规规定或者当事人约定采用书面形式订立合同，当事人未采用书面形式但一方已经履行主要义务，对方接受的，该合同成立。

《招标投标法》第 46 条第 1 款：招标人和中标人应当自中标通知书发出之日起三十日内，按照招标文件和中标人的投标文件订立书面合同。招标人和中标人不得再行订立背离合同实质性内容的其他协议。

10. 合作开发成员对工程款承担连带责任

合作开发房地产中的一方欠付工程款时，若承包人向其他合作开发方主张权利，其他成员往往以合同相对性理论予以抗辩，从而使工程款不能得到主张。由此产生：合同开发成员可否以合作协议抗辩拒绝付款?

合作开发房地产合同一方作为发包人与承包人订立建设工程施工合同的，承包人请求合作开发房地产合同的其他合作方对建设工程施工合同债务承担连带责任的，合作方不得以合同相对性理论和合作开发协议进行抗辩。

合作开发房地产的形式主要有两种，即：成立具有独立法定资格的项目公司和不成立项目公司而以联合体协议形式进行。若是前者，合格者根据其出资额为限向公司承担责任，公司以注册资金为限向外承担责任。若是后者，联合体的本质是为了某一事项而以联合体协议成立的合伙组织。因此，各方对外理应承担连带责任。

由于合伙形式进行房地产开发的，各方是以协议书的形式来约定各自的责任和义务的，但该协议仅属于内部协议而不能对抗外部的第三人。故虽然与承包人签署合同的一方是某一成员，但其本质是该成员代表联合体与该承包人签订的。因此，各成员对承包人的欠款理应承担连带付款的义务，这与合同相对性理论并不矛盾。除非该成员与承包人所签订的建设工程施工承包合同的标的物不是联合体协议中约定合作开发的房地产项目。

《招标投标法》第31条规定：两个以上法人或者其他组织可以组成一个联合体，以一个投标人的身份共同投标。联合体各方均应当具备承担招标项目的相应能力；国家有关规定或者招标文件对投标人资格条件有规定的，联合体各方均应当具备规定的相应资格条件。由同一专业的单位组成的联合体，按照资质等级较低的单位确定资质等级。联合体各方应当签订共同投标协议，明确约定各方拟承担的工作和责任，并将共同投标协议连同投标文件一并提交招标人。联合体中标的，联合体各方应当共同与招标人签订合同，就中标项目向招标人承担连带责任。招标人不得强制投标人组成联合体共同投标，不得限制投标人之间的竞争。

《最高人民法院关于审理联营合同纠纷案件若干问题的解答》第9条第（二）项规定：联营体是合伙经营组织的，可先以联营体的财产清偿联营债务。联营体的财产不足以抵债的，由联营各方按照联营合同约定的债务承担比例，以各自所有或经营管理的财产承担民事责任；合同未约定债务承担比例，联营各方又协商不成的，按照出资比例或盈余分配比例确认联营各方应承担的责任。

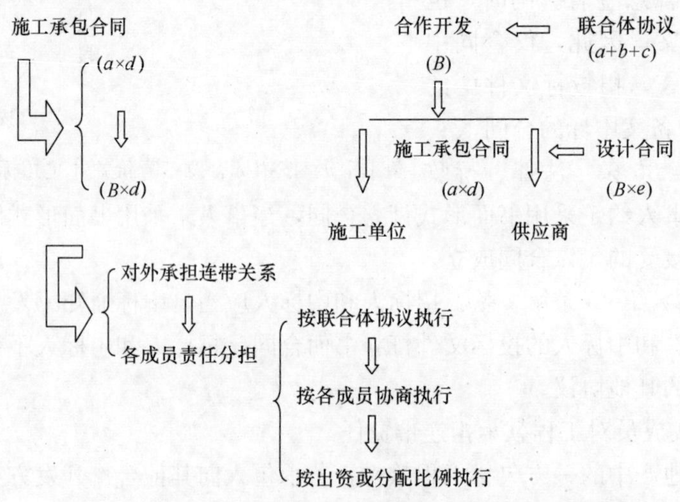

图1.7-10 合作开发成员对工程款承担连带责任流程图

11. 合同无效质量合同按成本价支付

若承包合同无效而工程合格的，由于建设工程质量优先原则的原因，承包人可以要求发包人参照合同约定支付工程价款。但若出现几份无效合同，该无效合同该如何结算？

建设工程施工合同无效但工程质量合格的，由于建设工程质量优先原则的原因，属于不能（或者不适宜）恢复原状的情形，因此，应当予以折价，即以实际施工人的成本价予以结算。

从法理而言，无效合同自始无效，其处理方式首先是原物返还。只有在不宜、不能返还或者没有必要返还的情况下，才考虑折价补偿。建筑法的宗旨之一是保证工程质量，故对于施工承包无效但工程质量合格的，采取的是退而求其次的折价补偿处理办法。参照合同约定支付工程价款，则计价方式仍以双方合意为基础，这明显与法理不符。

施工合同无效但质量合格的，发包人对承包人的折价补偿理论上应当以返还承包人实际花费为根本目的。因此，发包人支付给承包人应当是成本价。然后，再以承发包双方对该施工合同无效责任的多少为标准分担造成的损失，这不仅符合法理，而且解决了数份无效合同如何操作的问题。

《最高人民法院关于审理建设工程施工合同纠纷案件适用法律问题的解释》第 2 条：建设工程施工合同无效，但建设工程经竣工验收合格，承包人请求参照合同约定支付工程价款的，应予支持。

《合同法》第 56 条：无效的合同或者被撤销的合同自始没有法律约束力。合同部分无效，不影响其他部分效力的，其他部分仍然有效。

《合同法》第 58 条：合同无效或者被撤销后，因该合同取得的财产，应当予以返还；不能返还或者没有必要返还的，应当折价补偿。有过错的一方应当赔偿对方因此所受到的损失，双方都有过错的，应当各自承担相应的责任。

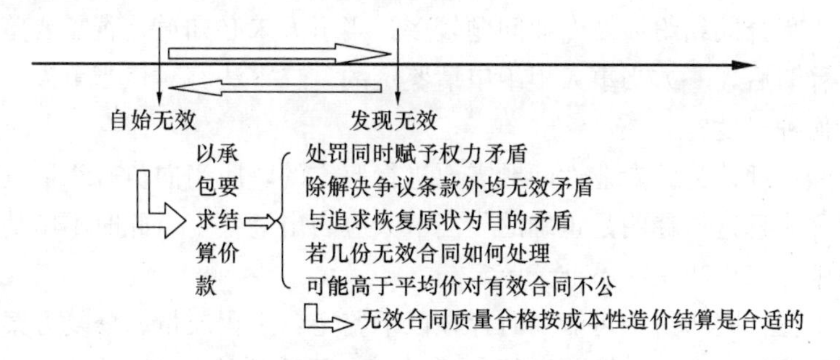

图 1.7-11　合同无效质量合同按成本价支付流程图

12. 合同价款形成合意不得进行鉴定

承发包人已就合同价款达成一致或诉讼前双方共同委托就合同价款作出了司法鉴定结论，若一方不接受以上结论进行诉讼并要求进行合同价款的鉴定，法庭是否应当同意其申请？

承发包人双方已就合同价款达成一致的，只要该合意合法，法庭不应当准许鉴定。若诉前承发包双方共同委托的鉴定人已对合同价款出具了鉴定意见的，原则上法庭也不应当准许鉴定。

工程价款属于市场价，当事人双方完全可以就工程价款结算形成合意。因此，只要合意形成的结算是合法有效的，双方均应予以遵守。但是，若仅就合同价款中的部分价款形成合意。对于其中未形成合意的部分，一方要求鉴定的，应当准许。若诉前承发包双方共同委托的鉴定人已经对合同价款出具了鉴定意见，只要该鉴定意见是符合证据规则的，一方要求重新鉴定，法庭原则上应不予准许。

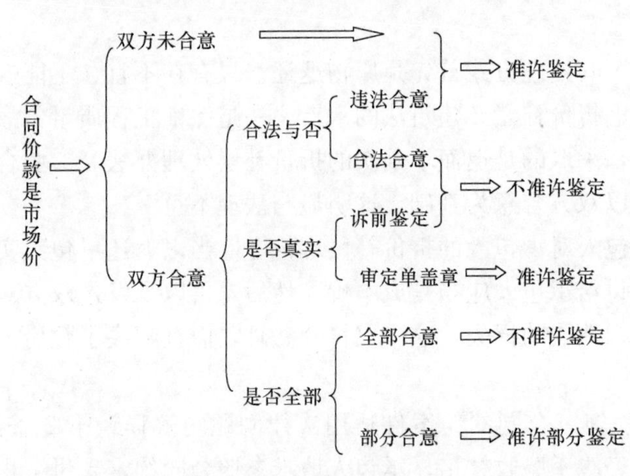

图1.7-12 合同价款形成合意不得进行鉴定流程图

此外，造价咨询单位往往会在出具审价报告前要求承包人和发包人在审定单上盖章予以确认。在诉讼过程中，一方申请就工程价款进行鉴定，一方以已在《工程审定单》上盖章确定为由要求法庭不准许申请，法庭应当同意鉴定。因为这种确认不应认定为双方就工程价款结算形成合意，其只是造价咨询单位出具报告的程序要求。

《价格法》第3条第1款：

国家实行并逐步完善宏观经济调控下主要由市场形成价格的机制。价格的制定应当符合价值规律，大多数商品和服务价格实行市场调节价，极少数商品和服务价格实行政府指导价或者政府定价。

《司法解释》第23条：当事人对部分案件事实有争议的，仅对有争议的事实进行鉴定，但争议事实范围不能确定，或者双方当事人请求对全部事实鉴定的除外。

13. 释明后不申请鉴定二审不予鉴定

由于建设工程合同纠纷涉及专业问题较多，当事人未必知道是否需要鉴定。因此，若一审法庭予以释明后，一方当事人拒绝申请鉴定的，二审法庭对该当事人在二审中提出的鉴定申请应持何种态度？

人民法院经审理认为就专业性问题需要进行鉴定的，应当向负有举证责任的当事人释明。若经法庭释明且这一释明是正确的，当事人应当申请鉴定。此时不申请而在二审中提出申请的，原则上二审法院应不准予鉴定。

由于建设工程合同纠纷中可能同时存在以下鉴定：工程质量、修复方案及修复方案费用的鉴定、工程价款鉴定、工期鉴定等。同时，合同价款的鉴定又包括工程造价的鉴定、索赔款的鉴定、违约赔偿金的鉴定以及其他费用的鉴定。工期鉴定也包括合理工期的鉴定、工期责任的鉴定以及工期顺延影响造价的鉴定等。

由于上述鉴定种类繁多，且之间存在一定逻辑顺序关系。因此，法庭应当向当事人释明哪些专门性问题需要鉴定，应当由哪个当事人申请。经法院释明后，负有举证责任的当事人应当申请鉴定。若不申请鉴定的，理应承担不利的法律后果，其中包括在二审中提出不被准许的可能。若人民法院予以准许，不仅不符合二审提供新证据的要求，也是对对方当事人权益的侵犯。

《最高人民法院关于民事诉讼证据的若干规定》第41条：

“《民事诉讼法》第 125 条第 1 款规定的‘新的证据’，是指以下情形：

（一）一审程序中的新的证据包括：当事人在一审举证期限届满后新发现的证据；当事人确因客观原因无法在举证期限内提供，经人民法院准许，在延长的期限内仍无法提供的证据。

（二）二审程序中的新的证据包括：一审庭审结束后新发现的证据；当事人在一审举证期限届满前申请人民法院调查取证未获准许，二审法院经审查认为应当准许并依当事人申请调取的证据。

《最高人民法院关于民事诉讼证据的若干规定》第 27 条第 1 款：

当事人对人民法院委托的鉴定部门作出的鉴定结论有异议申请重新鉴定提出证据证明存在下列情形之一的人民法院应予准许：

（一）鉴定机构或者鉴定人员不具备相关的鉴定资格的；

（二）鉴定程序严重违法的；

（三）鉴定结论明显依据不足的；

（四）经过质证认定不能作为证据使用的其他情形。

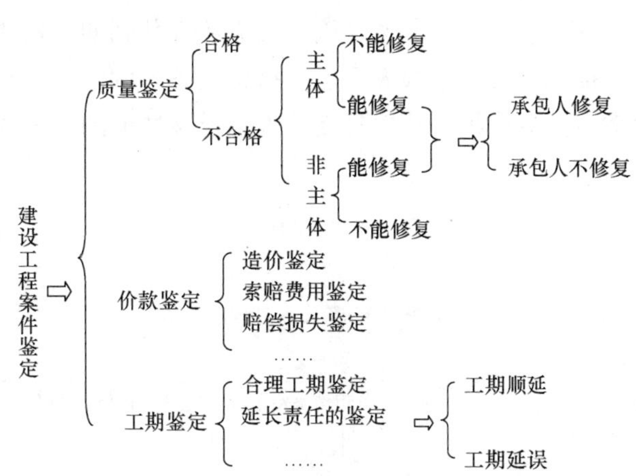

图 1.7-13　释明后不申请鉴定二审不予鉴定流程图

对有缺陷的鉴定结论，可以通过补充鉴定、重新质证或者补充质证等方法解决的，不予重新鉴定。

14. 工程价款鉴定过程需经二次质证

涉及工程价款鉴定的案件，法庭往往会首先进行司法鉴定再进行实质性审理，且除了向法庭提交基本证据材料外，还可能有由鉴定单位开列的延伸证据材料，由此产生：是否需要先对基本证据和延伸证据进行质证的问题。

工程价款鉴定过程需要经过二次质证。第一次质证是对提交的证据材料和延伸证据材料就“三性”（真实性、合法性和关联性）进行质证；第二次质证是对出具的正式鉴定报告就“三性”进行质证。

首先应当明确的是，无论当事人提交，还是由鉴定单位开列目录而由申请人直接提交鉴定单位，或者由鉴定单位提交给法庭的鉴定报告，凡未经质证都只能称为“证据材料”。只有经过法庭就“三性”进行质证后，其方可成为法律意义上的“证据”，方能作为判定法律事实的依据。

其实，基本证据材料和延伸证据材料本质是供鉴定单位进行司法鉴定的“检材”，只有该“检材”经过质证符合“三性”才可作为鉴定的基础证据。待正式报告出具后，还需对正式报告进行“三性”质证，只有这样才符合证据规则。

《最高人民法院关于民事诉讼证据的若干规定》第 27 条第 1 款：

当事人对人民法院委托的鉴定部门作出的鉴定结论有异议申请重新鉴定，提出证据证明存在下列情形之一的人民法院应予准许：

（一）鉴定机构或者鉴定人员不具备相关的鉴定资格的；

（二）鉴定程序严重违法的；

（三）鉴定结论明显依据不足的；

（四）经过质证认定不能作为证据使用的其他情形。

对有缺陷的鉴定结论，可以通过补充鉴定、重新质证或者补充质证等方法解决的，不予重新鉴定。

《合同法》第 74 条；因债务人放弃其到期债权或者无偿转让财产，对债权人造成损害的，债权人可以请求人民法院撤销债务人的行为。债务人以明显不合理的低价转让财产，对债权人造成损害，并且受让人知道该情形的，债权人也可以请求人民法院撤销债务人的行为。

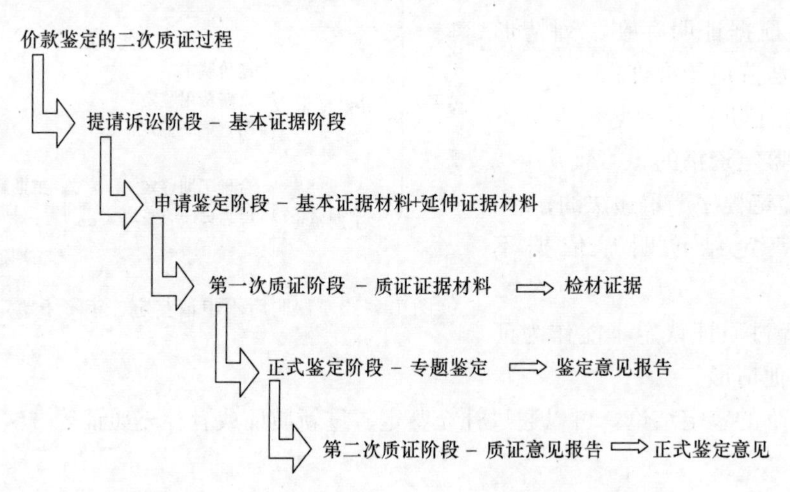

图 1.7-14　工程价款鉴定过程需经二次质证流程图

15. 应当专业地并且被动地进行鉴定

鉴定人往往会积极主动地就当事人责任分担明确态度、合同性质作出判断，甚至会本着实事求是的精神进行现场勘察，对鉴定人这种积极主动的工作态度应如何评价？

鉴定人应当是被动的，即委托什么鉴定什么。其应当完全根据委托范围和委托事项进行鉴定，没有必要也不可以积极主动。并且，鉴定人应仅就专业角度作出专业的鉴定结论，切忌就法律中的定性和责任表达自身观点。

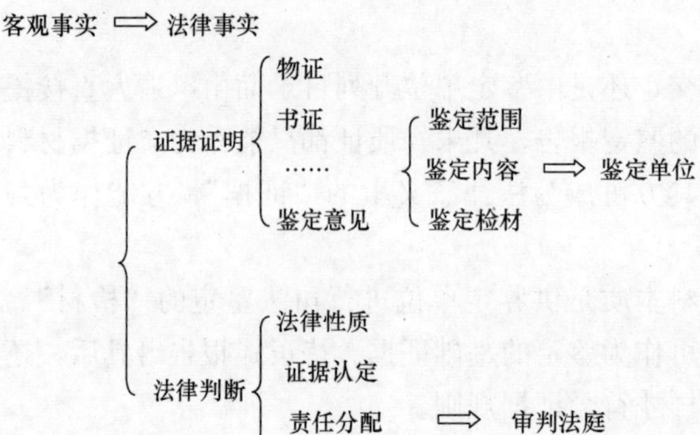

图 1.7-15　应当专业且被动鉴定流程图

诉讼请求是当事人在诉讼中最基本的权利，法庭应遵循“不诉不理”的原则，“诉什么，审什么”。而鉴定人对鉴定范围和鉴定事项也只能是被动接受，而不得增加或缩小鉴定范围或改变鉴定事项，否则就意味着增加或减少一方的诉讼请求，是对当事人诉讼权利的侵犯。并且也没有必要，也没有权利主动勘察现场，从而打破双方举证的责任分配。

责任分担、合同性质等法律性问题是法庭行使审判权需要解决的问题，鉴定人无权也没有能力就其法律问题作出意见，而将双方计价的合意通用专业达到最终的鉴定结论则是鉴定人的本职工作，否则就是对法庭审判权的干涉。

《最高人民法院关于民事诉讼证据的若干规定》第 28 条：一方当事人自行委托有关部门作出的鉴定结论，另一方当事人有证据足以反驳并申请重新鉴定的，人民法院应予准许。

《民事诉讼法》第 64 条：当事人对自己提出的主张，有责任提供证据。

第 8 节　施工合同案例分析

一、案例一：合同的成立与合同的有效——没有实质内容的协议

（一）案情与审判

某房地产开发商于 1986 年 8 月致函某建筑公司，表示要委托其承包建造一家星级宾馆，总建筑面积约 20000m^2。开发商询问建筑公司是否有能力并且愿意自行筹措工程启动资金，函中提议合同计价将采取工程净成本加管理费再加 5%的利润；付款将按月进度执行。

建筑公司当即复函表示他们有能力、也愿意自筹资金启动工程，同意按开发商提议的计价方式承包该工程。

双方随后签署了工程承包协议书，协议中约定了关于计价方式、进度款支付等内容，同时还规定：一旦建筑公司筹集到足够的启动资金，双方即签署正式的承包合同。

一个月后该建筑公司筹齐了资金并书面告知开发商，要求尽快签署工程承包合同。但开发商却已将工程委托给另一家承包商。

该建筑公司遂提出索赔，要求支付按市场同类建筑、同等规模和级别的工程造价 5%的利润。但开发商断然拒绝。该建筑公司遂向法院起诉。

判决结果：法庭认为双方签署的施工承包协议中对价格或对确定价格的方法没有达成任何意向，缺乏实质内容，协议不成立。驳回建筑公司的诉讼请求。

（二）法律问题

开发商与建筑公司之间签署的工程承包协议是否成立？

（三）案例评析

本案中法官断定该协议是一种不存在任何关于价格或价格计算方法的协议。虽然双方签署了工程承包协议书，而且协议书写明了合同总价是双方同意的工程净成本加管理费再加 5%的利润，但这一条款并不能说明合同总价款究竟是多少，也不能根据这一条款寻求出一种能计算出合同实际价格的具体办法，从而能计算出合同价格和利润。这份工程承包协议只能反映双方准备进行协商以达成公平、合理的合同价格的一种意向，不能证明已经存在双方同意的估算成本或确切的合同价格，协议书上只能反映双方打算待今后商定成

本，且协议书中未曾考虑可以由第三方裁定成本或合同价格，如果考虑其结果将会不一样。

（四）法律知识

1. 什么是合同的成立？它与合同的有效有何区别？

合同的成立是指当事人之间客观上产生了合同关系，也即就合同的必要条款达成了协议，或者说，合同成立是指合同是否已经产生或存在，是回答有没有合同的问题。

合同的有效是指业已成立的合同因符合有效要件而具有法律约束力，是回答合同内容和形式是否符合法律规定，从而是否受法律保护的问题。

区别与联系：

合同成立是合同有效的前提，合同有效是依法成立的结果。

合同成立属于事实判断，着眼于合同关系事实上是否存在，只有当事人之间就合同的内容达成合意，就产生了事实上的合同关系。

合同的有效属于法律的价值判断问题，是对业已成立的合同是否具有法律约束力的一种法律价值衡量，着眼于当事人订立的合同是否符合法律的要求，法律是肯定还是否定合同的效力。

2. 合同的成立应具备哪些条件？

依据《中华人民共和国合同法》（后简称《合同法》）有关规定的精神，合同成立的法律要件是：

（1）合同具有双方或多方当事人；

（2）合同具有必要的条款；

（3）当事人通过要约和承诺方式达成合意。

3. 合同的成立有什么意义？

（1）合同成立是确定合同是否有效的前提和基础；

（2）合同成立是合同生效的标志，《合同法》第44条规定："依法成立的合同，自成立时生效"；

（3）合同是否成立是确定不同责任的依据，合同不成立，除符合缔约过失责任的要求，存在缔约过失责任外，一般不存在法律责任问题，更不会发生合同责任。合同成立后，则存在着有效合同的合同责任和无效合同的法律责任。

4. 合同成立的时间如何断定？

（1）承诺生效时合同成立；

（2）签字或盖章时合同成立；

（3）签订确认书时合同成立。

5. 合同效力的类型？

我国《合同法》规定了以下四种合同效力类型：

（1）合同生效：合同生效是指已经成立的合同符合法律所规定的效力要件，从而在当事人之间产生法律约束力。法律根据自己的价值趋向规定一系列的条件和要求，对符合这些条件和要求的合同赋予完全的法律约束力，使当事人能够实现其订立合同所期望的目的。

(2) 合同无效：合同无效是指已经成立的合同不符合或违反了法律所规定的效力要件，从而不能在当事人之间产生预期的法律约束力。

关于建设工程施工合同的无效可以分为以下几种情形：

1)《合同法》规定的关于一般合同无效的情形：

① 一方以欺诈、胁迫的手段订立的损害国家利益的合同；

② 双方恶意串通，损害国家或集体或第三人利益的合同；

③ 以合法的形式作为掩盖其非法目的而订立的合同；

④ 损害社会公共利益而订立的合同；

⑤ 违反法律、行政法规的强制性规定的合同。

2)《最高人民法院司法解释》规定的关于违反建筑法强制性规范而无效的情形：

① 承包人未取得建筑施工企业资质而签订的建设工程施工合同；

② 承包人承接的建设工程项目超越其资质等级所签订的建设工程施工合同；

③ 没有资质的实际施工人借用有资质的建设施工企业名义所签订的建设工程施工合同；

④ 建设工程必须进行招标而未招标所签订的建设工程施工合同；

⑤ 根据招标投标法认定中标无效而签订的建设工程施工合同。

《招标投标法》根据无效的中标结果所签订的施工承包合同而无效的情形：

① 招标代理机构泄露应当保密的与招标投标有关的情况影响中标所签订的建设工程施工合同；

② 招标代理机构与招标人、投标人串通损害国家利益、社会公共利益或者他人利益并影响中标结果所签订的建设工程施工合同；

③ 依法必须进行招标的项目的招标人向他人透露标的等情况影响中标结果所签订的建设工程施工合同；

④ 投标人相互串通、投标人与招标人相互串通、投标人以向招标人或评标委员会成员行贿而中标所签订的建设工程施工合同；

⑤ 投标人以他人名义投标或者以其他弄虚作假方式骗取中标所签订的建设工程施工合同；

⑥ 依法必须进行招标的项目招标人违反规定与投标人就实质性内容进行谈判影响中标结果所签订的建设工程施工合同；

⑦ 招标人在评标委员会推荐的中标候选人以外确定中标人所签订的建设工程施工合同；

⑧ 合同的效力待定。

二、案例二：合同的明示条款和默示条款——是否存在默示条款

(一) 案情与审判

总承包商 PA 建筑工程公司与 LB 房屋发展局签署了一项房屋工程总承包合同，任务是建造 375 套住宅，合同工期为 36 个月。应业主要求，该工程的全部模板部分交由 GR 模板公司分包，但 GR 并不作为指定分包商，而是按 PA 选定的分包商对待。为此，业主

与总承包商签订了一份协议，规定按总承包商的投标书、总承包合同、规范、工程量表、总承包合同的基本条件均作为分包合同组成文件。

总承包合同中关于工期延误的处理如下：

(1) 因不可抗力因素造成的工期延误可顺延工期，但不予经济补偿。

(2) 由于监理工程师未能按时下达指示、未能按时提供图纸和设计造成的工期延误，总承包商可以顺延工期并补偿经济损失。

按业主的意图，总承包商PA公司与分包商GR公司及时签订了模板部分施工的分包合同。合同工期规定为103周。关于分包商的义务，合同规定如下：

1) 分包商应负责提供所需的全部材料、人工、设备和模板；执行和完成总承包商根据总包合同规定的全部义务。

2) 分包商应及时准确地按照总承包商的要求完成工程，在任何情况下均不应妨碍或拖延该工程或工程的某些部分的实施，并做到全部工程使总承包商满意。

合同履行过程中，由于工程变更内容较多，导致计划工期延误了18个月，模板部分自然也随之延误。监理工程师批准总承包商工期延长18个月，并给予300万元的费用补偿，但总承包商却不给分包商延误补偿。分包商向总承包商索赔150万元及工期顺延18个月的要求，却遭到总承包商的拒绝。理由是分包合同中没有规定费用及工期延误的补偿条款。

分包商随后向法院提出诉讼，要求获得相应索赔。理由是：尽管分包合同中没有明文规定费用及工期延误的补偿条款，但分包合同自然有一种默示，即："总承包商应尽量为分包商提供条件，使其能够保证工期的合理进度，并以高效和经济的方式完成分包工程。分包商在实施分包合同工程中，总承包商不应干扰或妨碍其工作。"

判决结果：驳回分包商的诉讼请求。法官认为：分包合同中并没有分包商所认为的默示条款，法律的基本原则也没有默示在建立双方相互关系的分包合同中应有这种条款。总包合同中明文规定了索赔条款，但分包合同中却没有这类规定。分包商在签署分包合同时已经了解总包合同的内容，也明知如果总包工期延期，分包工程自然也要延期，但分包商却没有要求分包合同赋予索赔的权利，这只能是一种遗憾。

(二) 法律问题

分包商是否有权索赔及索赔的依据？

(三) 案例评析

1. 合同的权利与义务

工程承包是一种法律行为，无论是总承包商还是分包商，他们履行的义务、享有的权利都应当以法律文件为依据。这种法律文件必须是以明文规定或是根据明示条款自然推理而得出的，而不能单凭一方的逻辑推理。本案例中分包商根据分包合同确立的与总承包商之间的法律关系，推理出其应享有索赔权利的默示条款，这是不成立的。分包商明知履行合同期间存在工期的延误及费用增加的风险，而且这种风险是自己无法驾驭的。加之，分包商已从总包合同中知道总包商在总包合同中争取到风险防范条款，但自己却没有争取本应该属于自己的合法权利，这是很不明智的。

合同是一种严肃的法律文件，默示条款不是随一方当事人的推理而成立的，承包商应努力争取明示条款赋予的权益，而不能凭推理认定其应享有的合法权利。

2. 合同的明示条款与默示条款

合同的明示条款是指合同中明文规定的各项条款；而默示条款则是指合同中虽未明文规定，但由默示条款推理的必然含义或必然引申的，即不言而喻的内容。

但也应该认识到，默示条款在许多情况下并不需要从文字的行间或逻辑上推理，而是从某种职业行为或合同含义即可认定。例如"工程承包合同"一词即可认定有关材料的默示条款的效力，承包商应保证工程所使用的材料必需良好且合适，并未要求一定要使用优良材料，但绝不能使用有害或有危险的材料。

（四）专业知识

关于"默示索赔"：在专业上，按索赔所依据的理由可分为：明示索赔和默示索赔。

明示索赔：是指发生索赔事件后，依据合同中所明确规定的条款作为索赔的理由。

默示索赔：是指发生索赔事件后，合同中虽未明确规定具体的条款，但可以按相应条款推理，以此作为索赔的理由。

如：FIDIC（1988 年第四版）条件，第 12.2 条［不利的外界障碍或条件］规定：在工程施工过程中，承包商如果遇到了现场气候条件以外的外界障碍或条件，在他看来这些障碍和条件是一个有经验的承包商也无法预见到的，则承包商应立即就此向工程师提出有关通知。收到此类通知后，如果工程师认为这类障碍或条件是一个有经验的承包商也无法合理预见到的，在与雇主和承包商适当协商之后，应决定：

1）按第 44 条规定，给予承包商延长工期的权利。

2）确定因遇到这类障碍或条件可能使承包商发生的任何费用额，并将该费用额加到合同价格上。

FIDIC（1999 年第 1 版）条件，第 17.3 款［雇主的风险］规定：在下述第 17.4 款谈到的风险是指：不可预见的，或不能合理预期一个有经验的承包商应已采取适当预防措施的任何自然力的作用。

第 17.4 款［雇主风险的后果］规定：如果上述风险造成对承包商的损失，承包商应立即通知工程师，承包商有权根据第 20.1 款［承包商的索赔］的规定，要求：

1）根据第 8.4 款［竣工时间的延长］的规定，如果竣工已或将受到延误，对任何此类延误给予延长期，以及工程师收致此通知后，应按照第 3.5 款［确定］的规定，对这些事项进行商定或确定。

2）任何此类费用应计入合同价格，给予支付。

值得注意的是，随着我国合同管理制度的不断完善和日臻成熟，在借鉴和吸收国际工程合同管理经验的基础上，也增加了此类条款的规定并将其明示化，如 2007 版合同条件第 4.11 款［不利的物质条件］规定：

1）不利物质条件，除专用合同条款另有约定外，是指承包人在施工场地遇到的不可预见的自然物质条件、非自然的物质障碍和污染物，包括地下和水文条件，但不包括气候条件。

2）承包人遇到不利物质条款时，应采取适应不利物质条件的合理措施继续施工，并及时通知监理人。监理人应当及时发出指示，指示构成变更的，按第 15 条约定办理；监理人没有发出指示的，承包人因采取合理措施而增加的费用和（或）工期延误，由发包人承担。

三、案例三：分包与指定分包——承包人对指定分包的义务

（一）案情与审判

某AB公司作为总承包商通过招标获得一家医院的施工总承包，业主指定SP公司作为指定分包商。按照业主与指定分包商达成的协议，SP公司负责提供医院工程的采暖设备并负责安装，分包工程价款583万元。业主要求AB公司按照次价与指定分包商签署合同，业主同意总承包商收取指定分包价款5%的管理费。

施工总承包文件中，由总承包商负责实施的全部工程都有详细的工程量清单和图纸，但有关采暖设备的供货和安装部分由于考虑有指定分包商承担，因而未提供详细资料。由于这部分工程内容将由业主提供价格，由总承包商以暂估价方式汇入总价，因此总承包商在报价时对这一部分的工程内容和费用并不关心。

总包合同相关条款规定：

承包商应根据本条件实施并完成合同图纸、合同工程量清单以及本条件描述的工程，并在各方面使工程师满意。

总包合同关于指定分包商规定：

本条件的以下规定适用于工程师对他们指定的人员提供材料、货物或实施工程时的基本费用项目和工程师指示承担的其他临时工程。

（1）凡指定的专业承包商或其他人员在此均称为受雇于总承包商的分包商，在本条件中称为指定分包商。

（2）指定分包商实施和完成的分包合同应在各个方面使总承包商和工程师满意并且符合总承包商所有合理的指示和要求。

（3）指定分包商应遵守、履行、满足总包合同中要求总承包商。

应遵守、履行和满足的全部规定。

（4）在分包合同工程中，指定分包商将对总承包商承担与总包合同中总承包商对业主承担的相同义务。

AB公司按照业主的要求与SP公司签署了分包合同。但开工不久，SP公司就破产了。SP公司的清算人拒绝履行由SP公司签署的分包合同。为此业主和总承包商协商由总承包商承担SP公司未完成的分包工程。总承包商同意，且未提出其他要求。然而，在分包工程实施期间，AB公司发现该工程部分工程的实际造价大大高于SP公司接受的分包总价，即583万元，遂提出增加费用的要求。业主给予拒绝，称总包商只能采用SP公司的价格。总包商遂拒绝实施这部分工程。指出："当SP公司倒闭时，业主应该指定新的分包商并按新的分包合同价款付款。因业主未能指定新的分包商，为不影响整个工程的进度，我们只好勉为其难，所以业主应按照合理的价格支付分包工程价款。"

由于双方在分包工程价格问题上争执不下，采暖设备工程长时间得不到落实，由此而导致总包工程严重拖延。业主借此发出延误罚款通知，扣发总承包商的工程进度款，总包商则告上法庭。

业主在抗诉时称：总包商既然签署了分包合同，说明他已接受了分包商，已保证分包商将完成工程任务。分包合同终止，总包商自然有权利也有义务按照终止的分包合同价格亲自实施该部分工程。

总包商辩护律师指出：采暖工程系指定分包。分包商破产业主有义务指定新的分包商。如果没有新的指定分包商，业主可以下达变更指令，与总包商协商，并按照变更内容确定新的价格。如果制定了新的分包商，就必须与指定新的分包商达成具体条件，并指示总包商按此条件与新的分包商订立分包合同。如果新的分包合同价格高于原来的分包合同价，业主必须承担超出部分的费用。

判决结果：法官支持总包商的观点，反对业主的辩解，并指出：

由于业主未能指定新的分包商，从而妨碍了总承包商执行自己的工程，构成违约，应赔偿总承包商的全部损失。

（二）案情评析

指定分包商是业主选定的，价格是由业主与指定分包商达成的，在整个过程中，总承包商没有任何权力介入，没有参与任何意见。如果一切总承包商按照业主与他人达成的且自己不能参与任何意见的价格实施工程，就违反了合同的公平的原则。

总承包商虽然与指定分包商签订了合同，但这是按业主的要求与业主指定的分包商签订的。指定分包合同对总包商构成的约束只是表现在管理业务方面。

总包商的义务是按时接收竣工工程。如果他未能如此，便是违约。如果错误属于总包商，他应承担损失责任；如果错误是由于指定分包商的责任造成，他可以起诉，要求分包商向业主支付赔偿金。

（三）法律问题

《建筑法》第 28 条、第 29 条以及《合同法》第 272 条对承包人的分包规定：

（1）建筑工程总承包单位可以将承包工程中的部分工程发包给具有相应资质条件的分包单位；

（2）禁止承包单位将其承包的全部建筑工程转包给他人；

（3）禁止承包单位将其承包的建筑工程分解以后以分包的名义分别转包给他人；

（4）禁止总承包单位将工程分包给不具备相应资质的单位，禁止分包单位将其承包的工程再分包；

（5）除总承包合同约定的分包外，必须经建设单位认可；

（6）施工总承包的，建筑工程主体结构的施工必须由总承包单位自行完成；

（7）总承包单位按照总承包合同的约定对建设单位负责；分包单位按照分包合同的约定对总承包单位负责，总承包单位和分包单位就分包工程对建设单位承担连带责任。

（四）专业知识

1. 指定分包与非指定分包

指定分包与非指定分包在与总承包商及业主的关系方面有重大的区别。通常讲的分包商即非指定分包商，是指总包商自己选定的，他只与总包商建立合同关系，与业主没有合同关系。非指定分包商只对总包商承担合同义务，其合法权利也只能对总承包商行使。

指定分包商虽然也是分包商，也与总承包商订立合同，但在承担合同义务及行使合法权利方面却有很大区别：

（1）指定分包合同的价格不是同总承包商商谈，而是与业主直接商谈；

（2）在履行合同义务方面，虽然要受与之签约的总承包商约束，但在合同价款及支付等关键问题上不一样，指定分包商直接与业主发生关系。

2. 指定分包工程时，总承包商的责任

（1）协调与指定分包商之间的关系；

（2）为指定分包商提供有限的服务；

（3）对指定分包商的工期、质量实施监督；

（4）收集、整理和编制工程资料；

（5）按时接收竣工工程。

3. 指定分包工程管理费

由于总承包商因承担有限范围内的责任，同时也要履行一定的义务，因此在报价时，规定总包商可以计取一定数额的总承包管理费作为合同价款的一部分。

4. 指定分包存在的问题

（1）总承包商在与指定分包商合作时，常常处于尴尬的境地；

（2）要向业主承担对分包商协调、服务及监督的责任；

（3）要承担与指定分包商签订的分包合同中规定的合同义务；

（4）由于分包商与业主之间的特殊关系，对总承包商的指令常常不予重视；

（5）分包商出现问题时，业主难以立即处理；

（6）指定分包商缺乏诚信，工程质量、工期易出现问题等；

（7）如果总包商不能及时发现问题，轻易接受工程，其责任就会转移到自己身上。

因此 FIDIC 合同条件 5.2 款规定了总包商反对指定分包的权利：

任何以下认为是合理的，除非雇主同意承包商免受这些事件的影响：

（1）有理由相信，该分包商没有足够的能力、资源或财产。

（2）分包合同没有明确规定，指定的分包商应保障承包商不承担指定的分包商及其代理人和雇员疏忽或误用货物的责任。

单元2　建筑工程质量管理

第1节　建筑工程质量管理概述

一、建筑工程质量相关概念

建筑工程质量是指反映建筑工程满足相关标准规定和合同约定的要求，包括其在安全、使用功能及其耐久性能、环境保护等方面所有明显和隐含能力的特性总和。

建筑工程质量管理，是指在工程项目的质量方面指挥和控制组织的协调活动。建筑工程质量管理的目的是为项目的用户（顾客、项目的相关者等）提供高质量的工程和服务。衡量建筑工程质量管理好坏的标准，主要看建设工程项目系统质量管理的好坏。建设工程项目系统质量管理，从主体看是由建设单位质量管理、设计单位质量管理、施工单位的质量管理和供应商的质量管理组成，从过程看是由前期质量管理、设计质量管理和施工质量管理组成。

质量成本是指为保证和提供建筑产品质量而进行的质量管理活动所花费的费用，或者说与质量管理职能管理有关的成本。在建筑施工的总成本中，虽然质量成本一般只占5%左右，但在建筑材料及其人工成本市场趋于均衡的情况下，它对建筑施工企业的市场竞争和经济效益有着重要的影响。加强对质量成本的控制是建筑施工企业进行成本控制不可缺少的工作之一。

建筑施工质量成本是将建筑产品质量保持在设计质量水平上所需要的相关费用与未达到预期质量标准而产生的一切损失费用之和。在建筑施工中，它是建筑施工总成本的组成部分。建筑施工质量成本由施工过程中发生预防成本、鉴定成本、内部故障成本和外部故障成本构成。

建筑施工质量成本控制是对建筑产品质量形成全过程的全面控制，其主要目的是在保证施工项目质量达到设计标准的情况下，使其经济效益达到最佳。建筑施工质量成本控制是一项涉及施工生产各方面的综合性工作。在实际工作中，必须将质量成本的“四大构成”以系统的思想进行整合，对工程项目的材料、人工等成本项目进行事前和事中目标成本控制，促进企业的质量成本在工程进程中始终处于最佳的状态。

二、建筑工程质量管理的主要内容

（一）质量方针

质量方针是企业经营管理总方针的重要组成部分，是企业总的质量宗旨和方向，由企业的最高管理者（如集团总裁、企业总经理）批准并正式发布。

企业通过建立并实施质量方针可以统一全体员工的质量意识，确定企业质量管理体系的方向和原则。质量方针是检验企业质量管理体系运行效果的最高标准。质量管理体系运行的各方面是否符合要求，运行效果是否达到预期的目的，都可以用质量方针进行分析和评审。

（二）质量目标

质量目标是企业经营目标的组成部分，是企业在质量方面所追求的目的，由企业管理层依据质量方针制定，质量目标通常根据企业的相关职能和层次分别进行规定。

质量目标可以体现企业的质量水平。企业的质量目标可以为员工提供其在质量方面的关注焦点，可以帮助企业合理地分配和利用资源。通过对质量目标完成情况的考核、评审，企业可以发现质量管理中的问题并进行改进。通过调整质量目标，企业可以达到改进质量管理体系的目的。

（三）质量职责

质量职责是企业岗位职责的组成部分，是企业对从事与质量有关的管理、执行和验证人员规定的责任、权限和相互关系。质量职责通常由企业管理层制定并按部门和岗位分别进行规定。

质量职责可以作为人员招聘、调配和考核的依据，可以规范操作行为，有效防止因职务重叠而发生的工作扯皮现象的出现，提高工作效率和工作质量，减少违章行为和违章事故的发生。

（四）质量策划

质量策划是质量管理的一部分，致力于制定质量目标并规定必要的运行过程和相关资源以实现质量目标。

企业通常针对质量目标、质量管理体系、工程项目和质量管理过程进行质量策划。质量策划是实施质量控制、质量保证和质量改进的前提和基础。质量策划在高品质、低碳化、低成本和短工期的条件下，其作用十分重要。策划不仅是保证质量目标实现的基础，而且是实现持续创新的核心手段。因此，质量管理的可持续关键在于质量策划的水平。

（五）质量控制

质量控制是质量管理的一部分，致力于满足质量要求。

质量控制活动主要是企业内部的生产管理，是指为达到和保持质量而进行控制的技术措施和管理措施方面的活动。质量检验从属于质量控制，是质量控制的重要活动。

（六）质量保证

质量保证是质量管理的一部分，致力于提供质量要求会得到满足的信任。

质量保证多用于有合同的场合，是在企业质量管理体系内实施并根据需要进行证实的全部有计划、有系统的活动，其主要目的是使顾客确信产品或服务能满足规定的质量要求。

（七）质量改进

质量改进也是质量管理的一部分，致力于增强满足质量要求的能力。

质量改进是在企业范围内所采取的提高活动和过程的效果与效率的措施，是对现有的质量水平在控制的基础上加以提高，使质量达到一个新水平、新高度。

三、建筑工程质量管理体系

（一）“ISO 9000族标准”

针对质量管理体系的要求，国际标准化组织的质量管理和质量保证技术委员会制定了ISO 9000族系列标准（ISO 9000不是指一个标准，而是一族标准的统称），以适用于不同类型、产品、规模与性质的组织，该类标准由若干相互关联或补充的单个标准组成，其中为大家所熟知的是《质量管理体系要求》ISO 9001，它提出的要求是对产品要求的补充，经过数次的改版。

“ISO 9000族标准”指由ISO/TC176制定的所有国际标准。TC176即ISO中第176个技术委员会，全称是“质量保证技术委员会”，1987年更名为“质量管理和质量保证技术委员会”。TC176专门负责制定质量管理和质量保证技术的标准。为此，ISO/TC176决定按上述目标，对1987版的ISO 9000族标准分两个阶段进行修改：第一阶段在1994年完成，第二阶段在2000年完成。

1994版ISO 9000标准已被采用多年，其中如下三个质量保证标准通常被用来作为外部认证之用：

1.《质量体系设计、开发、生产、安装和服务的质量保证模式》ISO 9001：1994，用于自身具有产品开发、设计功能的组织。

2.《质量体系生产、安装和服务的质量保证模式》ISO 9002：1994，用于自身不具有产品开发、设计功能的组织。

3.《质量体系最终检验和试验的质量保证模式》ISO 9003：1994，用于对质量保证能力要求相对较低的组织。

2000年12月15日，2000年版的ISO 9000族标准正式发布实施，2000年版ISO 9000族国际标准的核心标准共有四个：

（1）《质量管理体系——基础和术语》ISO 9001：2000；

（2）《质量管理体系——要求》ISO 9001：2000；

（3）《质量管理体系——业绩改进指南》ISO 9004：2000；

（4）《质量和环境管理体系审核指南》ISO 9011：2000。

上述标准中的《质量管理体系——要求》ISO 9001：2000通常用于企业建立质量管理体系并申请认证之用。它主要通过对申请认证组织的质量管理体系提出各项要求来规范组织的质量管理体系。主要分为五大模块的要求，这五大模块分别是：质量管理体系、管理职责、资源管理、产品实现、测量分析和改进。其中每个模块中又分有许多分条款。

ISO 9001：2000标准遵循以下八大质量管理原则：①以顾客为中心；②领导作用；③全员参与；④过程方法；⑤管理的系统方法；⑥持续改进；⑦基于事实的决策方法；⑧互利的供方关系。

2008年12月30日最新发布，2009年3月1日正式实施了《质量管理体系　要求》GB/T 19001—2008，等同采用《质量管理体系—要求》ISO 9001：2008。GB/T 19001—2008没有引入新的要求，只是更清晰、明确地表达了GB/T 19001—2000的要求；对GB/T 19001—2008标准主要是进行增补、修订；不作技术上的修订，只作编辑上的变更；在认证时，使用修订后的标准不会改变双方（认证机构及获证方）的结果；变更的程度较小，特别是在结构上未作任何变更。

（二）ISO 9001 质量管理体系的局限性

1. 行业差异

ISO 9001 是主要针对制造行业制订的质量管理标准，不能完全适用于建筑行业。

2. 国情差异

ISO 9001 是以欧美国家的质量管理理念为基础制订的质量管理标准，未能充分考虑和体现中国建筑行业质量管理的实际需求。

3. 条款差异

ISO 9001 标准时各行业通用的质量管理标准，管理要求多为原则性的要求，未能有效地识别出施工企业的主要管理过程，不能有效指导建筑施工企业建立和保持质量管理体系。

4. 法规差异

ISO 9001 标准的管理要求不易充分体现建筑行业必须遵循的法规要求。

（三）ISO 9001：2015 新版标准的一些重要变化

（1）更加强调构建与各个组织特定需求相适应的管理体系。

（2）要求组织中的高层积极参与并承担责任，使质量管理与更广泛的业务战略保持一致。

（3）对标准进行基于风险的通盘考虑，使整个管理体系成为预防工具并鼓励持续改进。

（4）对文档化的规范要求简化，组织现在可以决定其所需的文档化信息以及应当采用的文档格式。

（5）通过使用通用结构和核心文本与其他主要管理体系标准保持一致。

（四）换版时间节点

以下是几个关键的时间节点：

1. 2014 年 5 月，ISO 9001：2015 DIS 版发布。

2. 2014 年 10 月，新标准进入 FDIS 阶段。

3. 2015 年 1 月，IAF 正式发布《ISO 9001：2015 版转换实施指南》。

4. 2015 年 5 月，ISO 9001 最终国际标准草案（FDIS）版出台。

5. 2015 年 7 月，ISO 9001 最终国际标准草案（FDIS）发布。

6. 2015 年 9 月，新版 ISO 9001：2015 正式发布。

7. 2018 年 9 月，三年体系转换周期，所有的 ISO 9001：2008 证书都将作废且失效。

（五）《卓越绩效评价准则》GB/T 19580—2012

卓越绩效模式（Performance Excellence Model）是当前国际上广泛认同的一种组织综合绩效管理的有效方法。

该模式源自美国波多里奇奖评审标准，以顾客为导向，追求卓越绩效管理理念。包括领导、战略、顾客与市场、资源、过程管理、测量分析与改进、结果等七个方面。该评奖标准后来逐步风行世界发达国家与地区，成为一种卓越的管理模式，即卓越绩效模式。它不是目标，而是提供一种评价方法。

"卓越绩效模式"是 20 世纪 80 年代后期美国创建的一种世界级企业成功的管理模式，其核心是强化组织的顾客满意意识和创新活动，追求卓越的经营绩效。

《卓越绩效评价准则》GB/T 19580—2012，借鉴国内外卓越绩效管理的经验和做法，为组织追求卓越提供了自我评价的准则，也可作为质量奖的评价依据。

卓越绩效模式建立在一组相互关联的核心价值观和原则的基础上。核心价值观共有 11 条：追求卓越管理；顾客导向的卓越；组织和个人的学习；重视员工和合作伙伴；快速反应和灵活性；关注未来；促进创新的管理；基于事实的管理；社会责任与公民义务；关注结果和创造价值；系统的观点。

企业推行卓越绩效模式具有以下几方面的重要意义：

（1）对更新管理理念、步入现代优秀企业行列具有重要意义。

卓越绩效模式是世界成功企业管理经验的结晶和我国优秀企业的共同追求，也是企业实现管理现代化的重要途径。通过对于卓越绩效模式的导入，可实现公司与世界一流的管理模式迅速接轨，成功借鉴世界一流公司的管理经验。

（2）对实现公司战略目标具有重要意义。通过推行卓越绩效模式，建立完善的标杆管理体系并实施推进，对提升公司综合竞争力将起到积极的作用。

（3）对优化内部管理流程、整合管理方法、提升管理效率、完善绩效评价具有重要意义。

（4）争创全国质量管理奖，树立卓越品牌形象，具有重要意义。

四、建筑工程质量管理方法

（一）六西格玛（Six Sigma），质量管理

1. 六西格玛质量管理的背景

1）六西格玛管理最先由 MOTOROLA 于 1987 年提出并实施；后由通用电气、ABB、西门子等商业机构采用并发展，到现在已是国际上炙手可热的管理模式；

2）现在，20%以上的财富 500 强已经实施或正在实施六西格玛管理法；

3）研究如何在中国有效的应用六西格玛，并把其本土化，已成为重要课题。

2. 六西格玛简介

六西格玛又称：6σ、6Sigma、6∑，是在提高顾客满意程度的同时降低经营成本和周期的过程革新方法，它是通过提高组织核心过程的运行质量，进而提升企业赢利能力的管理方式，也是在新经济环境下企业获得竞争力和持续发展能力的经营策略。它希望达到的目标为：每一百万个机会中只有 3、4 个错误或故障。

3. 六西格玛质量管理方法

六西格玛质量管理法是以质量为主线、以顾客需求为中心、利用对事实和数据的分析、改进提升一个组织的业务流程能力，从而增强企业竞争力，是一套灵活的、综合性的管理方法体系。

六西格玛要求企业完全从外部顾客角度，而不是从自己的角度来看待企业内部的各种流程。利用顾客的要求来建立标准，设立产品与服务的标准与规格，并以此来评估企业流

程的有效性与合理性。它通过提高企业流程的绩效来提高产品服务的质量和提升企业的整体竞争力。通过贯彻实施来整合塑造一流的企业文化、企业哲学。六西格玛模式的本质是一个全面管理概念，而不仅仅是质量提高手段。

4. 六西格玛与ISO 9000的共同点及差异点

（1）共同点

1）追求质量卓越；

2）注重流程。

（2）差异点

1）ISO系列认证使企业具备经营运作的基本能力；

2）六西格玛使企业追求高水平的绩效；

3）ISO系列认证的主要目标之一是取得企业外部的认可；

4）六西格玛管理的推行注重给企业带来持续改进和利益。

（二）精益质量管理

1. 精益质量管理概念

精益质量管理是对作业系统质量、效率、成本综合改善的方法，是在精益生产与六西格玛关于作业系统相关理论方法基础上，吸收其他关于作业系统综合改善的相关理论和方法形成的管理模式。

2. 精益质量管理来源

在20世纪80年代，在生产管理领域和质量管理领域分别基于企业实践进而理论总结形成了两个革命性的理论，即精益生产管理与六西格玛管理，这是分别发源于日本与美国的两种理论，随着中西方企业的竞争与合作，逐渐被我国企业重视并掀起了学习和应用的热潮。

由于中西方文化的差异，中西方管理基础的差距，重视程度及资源投入的差距，以及对理论内涵理解的偏差，精益生产与六西格玛在我国的应用仍处于曲高和寡的状态，表现为一方面是尝试应用的企业数量少，另一方面是多数应用效果不理想，尤其是资金和人才相对受限情况下的中小规模企业。

精益生产与六西格玛这两种理论在我国应用不理想除前述原因外，二者没有有效结合并找到更好的切入点是另一个重要原因。从二者各自核心思想看，精益生产强调减少浪费，强调生产效率的改进，六西格玛强调减少偏差或波动，强调质量的持续改进。质量、效率、成本在管理过程中尤其是生产过程中相互伴随密不可分的，因而改进过程中孤立改善某方面常会限制改进效果。

精益生产与六西格玛从理论看实际已有部分交叉。另外，二者在成本与浪费方面均有关注，只是角度有所区别。我们认为把精益生产与六西格玛中围绕作业体系和作业工序的方法提取出来，并结合其他相关方法，形成针对作业系统和作业工序的质量、效率、成本综合改善方法，并以此为总切入点，将有利于企业推行管理革新，此方法我们称为精益质量管理。

精益质量管理是综合精益生产和六西格玛的各自特定成果而形成的方法，而精益生产和六西格玛仍独自保持原有体系。我们认为，管理革新可先以针对作业系统和作业工序的质量、效率、成本综合改善为使命的精益质量管理为切入点，取得成效后再扩展到精益生产或六西格玛管理，将更利于企业实施应用精益生产和六西格玛管理成果，促进企业管理变革的推行，达到管理显著改善的最终目的。

3. 精益质量管理对象

精益质量管理研究对象是作业系统和作业工序，其中作业系统包含作业工序。

精益质量管理“精益”的研究重点是作业系统，重点是效率改善；“质量”的研究重点是作业工序，重点是质量改善。

“精益”与“质量”研究中均要综合促进成本的改善，并通过自身的改善达到成本的改善。

4. 精益质量管理模式

精益质量管理由五大子系统组成，分别为员工职业化、生产系统化、工序标准化、度量精细化、改进持续化，这五方面是企业推行精益质量管理的五大法宝。这五大法宝各自又由相关要素组成，从而使精益质量管理形成体系。

5. 精益质量管理基本工具介绍

我们把精益质量管理基本任务分为两个层次。精益质量管理基本任务是利用相关质量工具分析实际质量状况，及时发现异常，并消除质量异常；精益质量管理第二层次任务是持续改进质量水平，持续降低质量波动，即减少样本的标准差。第二层次任务的实现依托于第一层次任务。

结合精益质量管理两层次任务，对基本任务而言，支持工具重点是直方图和控制图，相关理论是统计过程控制，即SPC；对第二层任务而言，在前面工具基础上，重点是六西格玛管理理论和方法。

6. 精益质量管理与六西格玛管理的比较

比较发现，精益质量管理对六西格玛有较多借鉴，如关于人员、度量、改善。精益质量管理在借鉴六西格玛思想方法基础上，加入了精益生产管理的优秀成果，形成了综合改善生产与质量等方面的模式。

7. 精益质量管理与ISO 9000质量管理体系的比较

精益质量管理借鉴了ISO 9000质量管理体系的核心思想和原则，并结合精益生产管理、六西格玛管理进行了组合创新，以使精益质量管理具有较强的科学性和实用性。

五、建筑工程质量管理小组活动

（一）建筑工程质量管理（Quality Control，简称QC）小组的概念

在1997年3月20日由国家经贸委、财政部、中国科协、中华全国总工会、共青团中央、中国质量管理协会联合颁发的《印发〈关于推进企业质量管理小组活动意见〉的通知》中指出，QC小组是在生产或工作岗位上从事各种劳动的职工，围绕企业的经营战略、方针目标和现场存在的问题，以改进质量、降低消耗、提高人的素质和经济效益为目的组织起来，运用质量管理的理论和方法开展活动的小组。

这个概念包括了以下四层意思：

（1）参加QC小组的人员是企业的全体职工，不管是高层领导，还是一般管理者、技

术人员、服务人员，都可以组织QC小组；

（2）QC小组活动选择课题是广泛的，可以围绕企业的经营战略、方针目标和现场存在的问题来选题；

（3）QC小组活动的目的是提高人的素质，发挥人的积极性和创造性，改进质量，降低消耗，提高经济效益；

（4）QC小组活动强调运用质量管理的理论和方法开展活动，突出其科学性。

（二）QC小组的性质和特点

QC小组是企业中群众性质量管理活动的一种有效的组织形式，是企业员工参加企业民主管理的经验同现代科学管理方法相结合的产物。QC小组同企业中的行政班组、传统的技术革新小组有所不同。QC小组与行政班组的主要不同在于：

1. 组织的原则不同。行政班组一般是企业根据专业分工与协作的要求，按照效率原则，自上由下地建立的，是基层的行政组织；QC小组通常是根据活动课题涉及的范围，按照兴趣或感情的原则，自下而上或上下结合组建的群众性组织，带有非正式组织的特性。

2. 活动的目的不同。行政班组活动的目的是组织职工完成上级下达的各项生产经营任务与技术经济指标；而QC小组则是以提高人的素质，改进质量，降低消耗和提高经济效益为目的，组织起来开展活动的小组。

3. 活动的方式不同。行政班组的日常活动，通常是在本班组内进行的；而QC小组可以在行政班组内组织，也可以是跨班组、甚至是跨部门、跨车间组织起来的多种组织形式，以便开展活动。

4. QC小组与传统的技术革新小组也有所不同。虽然有的QC小组也是一种“三结合”的搞技术革新的组织，但传统的技术革新小组侧重于专业技术攻关，而QC小组的选题要比技术革新小组广泛得多，在活动中强调运用全面质量管理的理论和方法，强调活动程序的科学化。

从QC小组活动的实践来看，QC小组具有以下几个主要特点：

1. 明显的自主性

QC小组以职工自愿参加为基础，实行自主管理，自我教育，互相启发，共同提高，充分发挥小组成员的聪明才智和积极性、创造性。

2. 广泛的群众性

QC小组是吸引广大职工群众积极参与质量管理的有效组织形式，不仅包括领导人员、技术人员、管理人员，而且更注重吸引在生产、服务工作第一线的操作人员参加。广大职工群众在QC小组活动中学技术、学管理，群策群力分析问题，解决问题。

3. 高度的民主性

这不仅是指QC小组的组长可以是民主推选的，可以由QC小组成员轮流担任课题小组长，以发现和培养管理人才；同时还指在QC小组内部讨论问题，解决问题时，小组成员间是平等的，不分职位与技术等级高低，高度发扬民主，各抒己见，互相启发，集思广益，以保证既定目标的实现。

4. 严密的科学性

QC小组在活动中遵循科学的工作程序，步步深入地分析问题，解决问题；在活动中坚持用数据说明事实，用科学的方法来分析与解决问题，而不是凭“想当然”或个人经验。

（三）QC小组的分类

1. 现场型QC小组

它是以班组和工序现场的操作工人为主体组成，以稳定检修工序质量，提高电能产品质量，降低消耗，改善生产环境为目的，活动的范围主要是在生产现场。这类小组一般选择的活动课题较小，难度不大，是小组成员力所能及的，活动周期也较短，比较容易出成果，具有一定的经济效益。

2. 服务型QC小组

这种QC小组类型，原本是指企业中不从事基本生产劳动的职工组成的QC小组，即是由企业中的辅助人员和服务人员组成的QC小组；后来由于QC小组由工业企业逐步推广至服务行业、旅游业等，服务型QC小组是专门指那些由从事服务工作的职工群众组成的，以推动服务工作标准化、程序化、科学化，提高服务质量和经济、社会效益为目的，活动范围主要是在服务现场。这类小组与现场型QC小组相似，一般活动课题较小，围绕身边存在的问题进行改善，活动时间不长，见效较快。虽然这类成果经济效益不一定大，但社会效益往往比较明显。

3. 攻关型QC小组

攻关型QC小组通常是由管理人员、技术人员和运行、检修人员三结合组成，它以解决技术关键为目的，课题难度较大，活动周期较长，需投入较多资源，通常技术经济效果显著。

4. 管理型QC小组

它是由管理人员组成的，以提高业务工作质量，解决管理中存在的问题，提高管理水平为目的。这类小组的选题有大有小，如只涉及本部门具体管理业务工作方法改进的，可能就小一些；而涉及到全企业各部门之间协调的课题，就会较大，课题难度也不相同，效果差别也较大。

5. 创新型QC小组

创新型包括以上4种，小组类型课题方面的内容，主要在课题内容未有先例和别人做过的创新方面的课题。

把QC小组分为以上五类的目的，是为了突出小组活动的广泛性、群众性；是为了便于分类发表交流，分类进行评价选优，以体现“公平”，并照顾到各个方面，有利于调动各层人员的积极性。这种分类也不是绝对化。“现场型”QC小组，有时也可能是“攻关型”或“服务型”。

（四）QC小组成果案例

提高仿古建筑翼角观感效果

1. 工程简介

××工程是由40个单体工程组成的仿唐古建筑群，钢筋混凝土框架结构，总建筑面积12万m^2。其仿古屋面造型均通过翼角体现古建筑的特点，翼角数量多达120个，翼角观感直接影响建筑群的整体风格。××工程A地块鸟瞰图如图2.1-1所示。

图 2.1-1　××工程 A 地块鸟瞰图

2. 小组情况简介

小组情况简介见表 2.1-1。QC 小组活动情况统计见表 2.1-2。

小　组　简　介　　**表 2.1-1**

<table>
<tr><td>小组名称</td><td colspan="4">××QC 小组</td><td colspan="2">类型</td><td colspan="2">现场型</td></tr>
<tr><td>成立时间</td><td colspan="4">××××年×月×日</td><td colspan="2">注册号</td><td colspan="2">××</td></tr>
<tr><td>课题</td><td colspan="8">提高仿古建筑翼角观感效果</td></tr>
<tr><td>小组成员</td><td colspan="2">8 人</td><td colspan="3">活动时间</td><td colspan="3">2007 年 1 月 15 日～2007 年 8 月 28 日</td></tr>
<tr><td>序号</td><td>姓名</td><td>性别</td><td>年龄</td><td>学历</td><td>职务</td><td>小组职务</td><td>职责</td><td>TQC 教育时间</td></tr>
<tr><td>1</td><td>××</td><td>××</td><td>××</td><td>××</td><td>项目经理</td><td>组长</td><td>全面负责</td><td>48 小时</td></tr>
<tr><td>2</td><td>××</td><td>××</td><td>××</td><td>××</td><td>项目总工</td><td>副组长</td><td>技术负责</td><td>64 小时</td></tr>
<tr><td>3</td><td>××</td><td>××</td><td>××</td><td>××</td><td>生产经理</td><td>副组长</td><td>现场负责</td><td>56 小时</td></tr>
<tr><td>4</td><td>××</td><td>××</td><td>××</td><td>××</td><td>工长</td><td>组员</td><td>现场实施</td><td>56 小时</td></tr>
<tr><td>5</td><td>××</td><td>××</td><td>××</td><td>××</td><td>质量员</td><td>组员</td><td>现场检验</td><td>56 小时</td></tr>
<tr><td>6</td><td>××</td><td>××</td><td>××</td><td>××</td><td>安全员</td><td>组员</td><td>负责安全</td><td>48 小时</td></tr>
<tr><td>7</td><td>××</td><td>××</td><td>××</td><td>××</td><td>班组长</td><td>组员</td><td>现场实施</td><td>48 小时</td></tr>
<tr><td>8</td><td>××</td><td>××</td><td>××</td><td>××</td><td>资料员</td><td>组员</td><td>资料整理</td><td>64 小时</td></tr>
</table>

制表人：××　　　　时间：××年×× 月 ×× 日

QC 小组活动情况统计表　　**表 2.1-2**

序号	活动内容	活动次数	应出勤人次	实际出勤人次	出勤率（%）
1	课题研究	1	8	8	100
2	TQC 教育	4	32	30	94
3	原因分析	2	16	16	100
4	制定对策	3	24	24	100
5	组织实施	4	32	31	97
6	现场检查	3	32	30	94
7	效果评价	1	8	8	100
合计		19	171	163	98

制表人：××　　　　日期：××年××月××日

3. 选题理由

选题理由见框图 2.1-2。

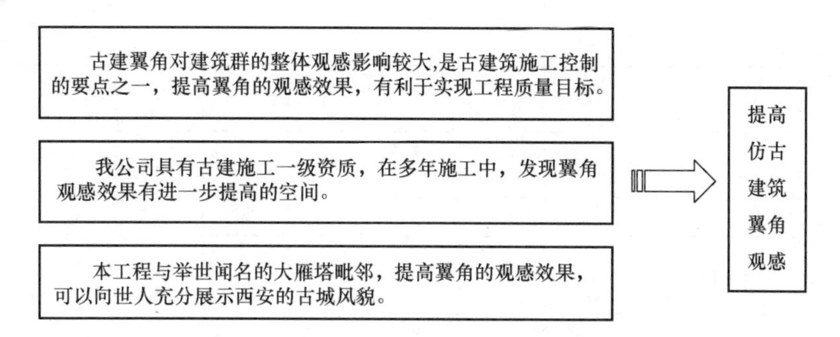

图 2.1-2　选题理由框图

4. 现状调查

(1) 2007 年 1 月 16 日，小组成员依据相关古建施工规范及我公司企业标准，对 A 地块 G 区施工完毕的翼角观感（图 2.1-3）进行现状统计调查，共抽查 336 点，合格率为 81%（表 2.1-3）。

图 2.1-3　A 地块 G 区施工完毕的翼角观感

翼角观感现状调查表　　**表 2.1-3**

检查项目 \ 翼角编号	1	2	3	4	5	6	7	8	检查点数	合格点数	合格率（%）
椽档间距（允许偏差±7mm）	8	9	10	8	6	5	5	9	80	30	81
	5	8	8	9	7	9	9	8			
	7	6	9	8	10	9	8	8			
	9	6	8	6	8	7	9	5			
	7	8	5	8	9	7	8	6			
	5	8	9	6	7	8	9	8			
	8	5	7	9	9	8	7	9			
	9	10	8	8	7	7	9	6			
	9	7	8	5	8	9	7	8			
	10	8	3	8	9	7	8	7			

续表

翼角编号 检查项目	1	2	3	4	5	6	7	8	检查点数	合格点数	合格率（%）
出、起翘弧线顺滑度(允许偏差±7mm)	3	5	8	6	8	5	9	3	16	10	81
	9	4	5	8	6	7	5	9			
椽头方正度（允许偏差±5mm）	3	4	3	5	2	4	3	4	80	76	
	2	4	2	3	5	5	6	3			
	3	3	2	5	2	2	3	5			
	2	4	3	4	2	5	3	6			
	2	4	4	4	3	2	3	3			
	3	3	3	4	3	3	5	3			
	2	3	4	2	3	2	5	2			
	2	3	4	3	5	3	6	4			
	2	5	6	2	5	3	2	2			
	5	4	2	3	5	2	3	3			
椽子顺直度（允许偏差±4mm）	0	2	0	1	0	0	2	0	80	78	
	1	0	2	0	3	2	4	0			
	2	0	1	2	0	3	5	2			
	1	1	1	0	2	0	2	3			
	1	3	2	2	1	2	0	1			
	2	0	1	5	2	1	1	1			
	3	2	1	2	2	3	2	2			
	2	1	2	3	1	2	3	2			
	2	1	2	1	0	1	0	2			
	1	0	1	1	2	1	0	1			
望板平整度（允许偏差±3mm）	0	1	0	2	0	1	1	0	80	78	
	1	0	2	3	1	0	2	0			
	3	2	1	1	2	2	2	2			
	0	1	2	0	3	4	0	0			
	1	0	2	2	3	3	3	0			
	0	1	4	1	2	2	0	3			
	0	0	1	2	3	0	1	2			
	2	1	2	0	0	0	1	0			
	1	2	0	0	1	0	3	0			
	3	2	2	1	2	3	2	3			
合计									336	272	

制表：×× 时间：××年××月××日

（2）2007年1月17日，QC小组成员对影响屋面翼角观感的各种质量缺陷进行了分析统计（表2.1-4），并绘制了翼角观感质量缺陷排列图（图2.1-4）。

翼角观感缺陷分析统计表　　**表 2.1-4**

序号	项目	频数（次）	累计频数（次）	频率（%）	累计频率（%）
1	椽档间距超标	50	50	78.1	78.1
2	起、出翘弧线不顺滑	6	56	9.4	87.5
3	椽头不方正	4	60	6.3	93.8
4	椽子不顺直	2	62	3.1	96.9
5	望板破损不平	2	64	3.1	100
合　计		64			

制表：××　　时间：××年××月××日

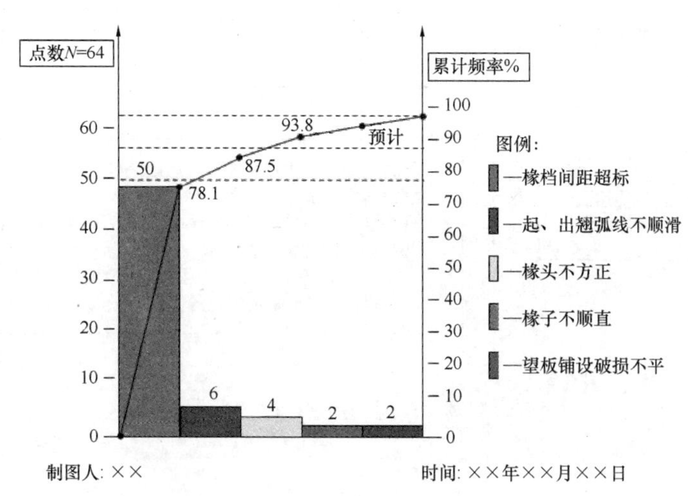

图 2.1-4　翼角观感质量缺陷排列图

结论：椽档间距不合理是影响古建翼角观感的主要质量问题。

5. 目标确定

(1) 设定目标通过 QC 活动，将翼角的合格率由 81%提高到 90%以上，从而提高古建翼角的观感效果。目标设定柱状图如图 2.1-5 所示。

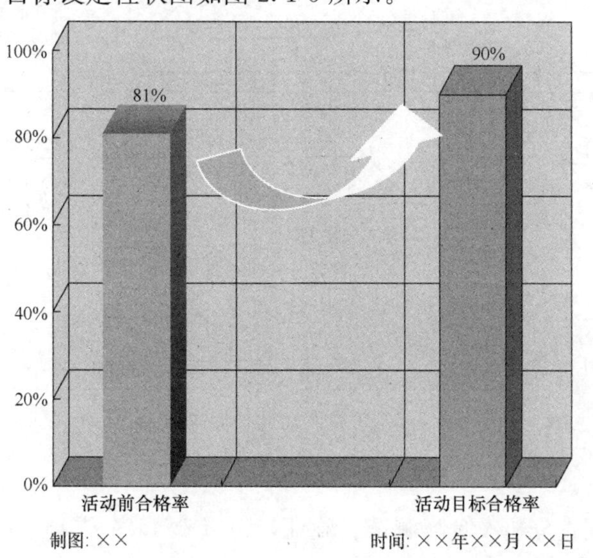

图 2.1-5　目标设定柱状图

（2）目标设定依据

目标设定依据如图 2.1-6 所示。

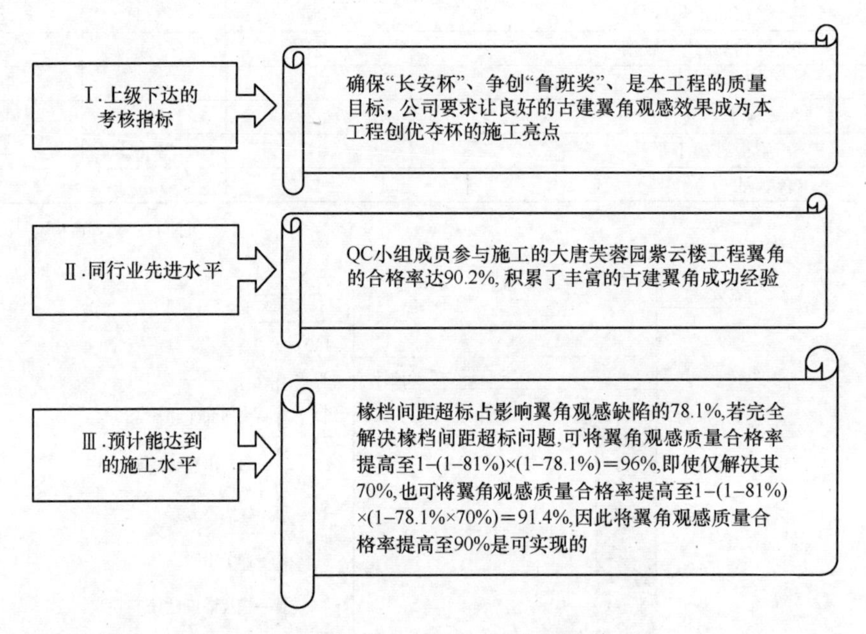

图 2.1-6　目标设定依据框图

6. 原因分析

小组成员根据调查结果各抒己见，从各种角度深入研究和分析了原因，并归纳绘制了因果分析图如图 2.1-7 所示。

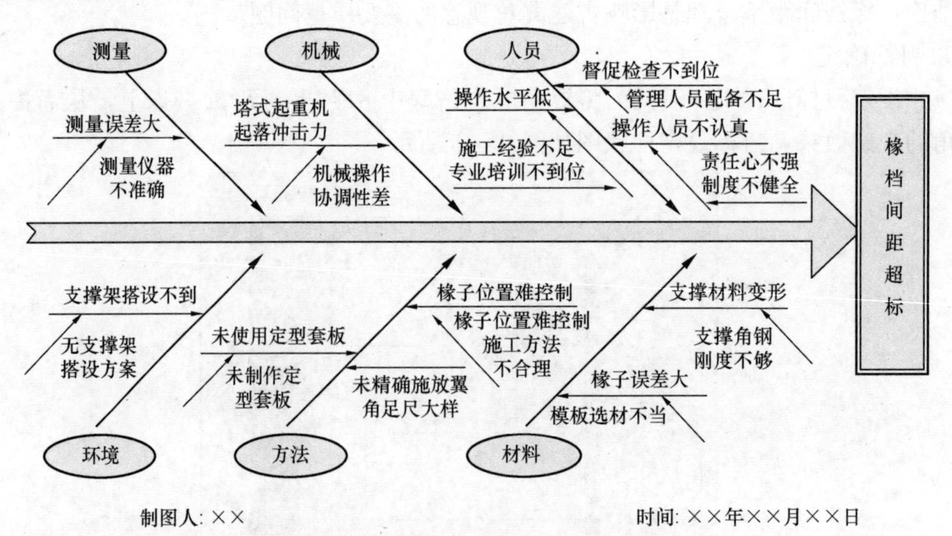

图 2.1-7　椽档间距超标因果分析图

7. 要因确定

我们小组通过调查分析及现场测试、验证，对以上 11 个末端原因进行要因确认（表 2.1-5）。

要因确认表　　　　**表2.1-5**

序号	末端原因	要因确认	确认方法	确认结果
1	管理人员配备不足	项目部管理人员配备充足，能各行其责	调查分析	否
2	制度不健全	项目部各项制度健全，贯彻落实良好	调查分析	否
3	专业培训不到位	经对相关人员进行理论知识和实际操作技能考核，合格率仅达78%，人员素质有待提高	现场测试	是
4	机械操作协调性差	机械操作及指挥均有专人负责，配合状况良好	现场测试	否
5	测量仪器不准确	经检测，测量仪器误差在允许范围内	调查分析	否
6	支撑材料刚度不够	经现场查验，支撑材料刚度满足施工要求	现场验证	否
7	模板选材不当	经现场对进场的模板进行验证，全部为优质镜面多层板，可保障椽子的成型效果	现场验证	否
8	施工方法不合理	经调查，工程设计为全现浇钢筋混凝土结构，而用现浇方法成型的翼角，有62.5%椽档间距不合理	调查分析	是
9	未制作翼角定型套板	现场未制作翼角定型套板，而常规方法难以控制翼角椽子位置，且无法保证起、出翘弧线的顺滑	调查分析	是
10	未精确施放翼角足尺大样	现场未施放翼角足尺大样，而古建翼角是既要出翘，又要起翘的三维空间圆弧线，普通方法难以确定椽子空间位置	调查分析	是
11	无支撑架搭设方案	现场无专项翼角椽子支撑架搭设方案，而支撑翼角椽子的架体直接影响翼角成型效果	调查分析	是

制表人：××　　　　时间：××年××月××日

结论：从要因确认表可以看出，造成椽档间距超标的主要原因是：施工方法不合理、专业培训不到位、未施放翼角足尺大样、未制作翼角定型套板和无支撑架搭设方案。

8. 制定对策

QC小组针对上述5项要因进行专门研究，制定对策表（表2.1-6）。

要因对策表　　　　**表2.1-6**

序号	要因	对策	目标	措施	地点	完成时间	负责人
1	施工方法不合理	调整施工方法	选择切实可行的施工方法	（1）召开方案研讨会，提出新方法，并申请设计变更；（2）编写古建椽子施工方案，经审批后实施；（3）分析评价对策方案	现场电教室	××.1.23至××.3.28	××
2	专业培训不到位	加强专业培训	全部相关人员培训，考核成绩达到85分以上	（1）邀请古建专家讲课，进行古建知识培训；（2）结合工程实际，对工人进行详细的技术交底；（3）对工人进行专业理论知识、实际操作技能考核	现场电教室其他工程	××.2.26至××.3.10	××

续表

序号	要因	对策	目标	措施	地点	完成时间	负责人
3	未精确施放翼角足尺大样	精确施放翼角足尺大样	对每一规格的翼角均施放足尺大样，与理论计算值比较，准确率达100%	(1) 由专人负责研读施工图，领会设计意图，精确计算翼角各部位详细尺寸； (2) 古建技术人员在现场用墨线施放翼角足尺大样； (3) 将翼角足尺大样与理论计算值对比验证	施工现场	××.3.3至××.3.18	××
4	未制作翼角定型模板	正确制作翼角定型套板	椽档间距误差不超过7mm	(1) 每一规格翼角制作2副套板； (2) 工人及质量员应用套板控制翼角施工； (3) 依据套板检验翼角成型效果	施工现场	××.3.20至××.5.20	××
5	无支撑架搭设方案	编制支撑架搭设方案	架子搭设符合安装椽子要求，合格率100%	(1) 开会研究翼角椽子支撑架搭设方案； (2) 编制《翼角椽子支撑架搭设专项方案》，绘制架体搭设简图； (3) 对架子工进行专项交底； 4. 组织翼角椽子支撑架体验收	施工现场	××.3.15至××.5.10	××

制表人：××　　　　时间：××年××月××日

9. 实施对策

根据对策表中的措施，由相应责任人负责，组长、副组长监督执行，并在预定日期内完成。

(1) 实施对策一：调整施工方法。

××年1月23日，QC小组在工地办公室对现场调查结果进行统计汇总，总结翼角施工掌控的难点、要点，讨论古建翼角施工方法。

原图纸设计：椽子与望板（屋面板）现浇在一起，即椽子应采用现浇方法。但经过分析、放样发现：翼角椽档距从正身到老角梁由大变小，最小的仅40mm，而且翼角椽由正身到老角梁之间椽子的上下面形成空间曲面，采用现浇方法难度较大。QC小组拟改用预制施工方法，并将现浇与预制施工方法从其有效性、可行性、经济性及时间性四方面进行对比分析，择优选取（表2.1-7）。

施工方法对比分析评价表　　　　**表2.1-7**

方法	对策	评估				综合得分	选定对策
		有效性	可行性	经济性	时间性		
古建翼角施工	现浇钢筋混凝土椽子	○	○	△	○	10	不选
	预制钢筋混凝土椽子	◎	◎	○	○	16	首选

注：◎—5分；○—3分；△—1分。

制表人：××　　　　时间：××年××月××日

1）有效性：采用现浇方法，椽子模板支设难度大，模板极易变形、位移，翼角椽档间距难以保证；若用预制方法，可在椽子预制和安装过程中分别采取加固措施，有效控制椽档间距。

2）可行性：采用现浇方法，椽子空间定位难度大，不易操作；若用预制方法，可在安装椽子时可以随时调整椽子位置，用电焊固定，操作简单易行。

3）经济性：采用现浇方法，一次模板投入大，人工费高；若用预制方法模板可以多次周转，人工费低，经济效益显著。

4）时间性：采用现浇方法，椽子支模难度大，钢筋绑扎困难，工期长；而预制方法可提早预制椽子，安装工期短，可缩短工期。

与监理、甲方及设计院沟通研究，确定将翼角椽子施工方法由现浇改为预制。由项目部于××年 2 月 26 日发出设计变更申请。

根据变更编制《古建椽子预制方案》及《古建椽子安装方案》，并经过监理审批、公司项目管理部审核后实施。

对策一实施效果验证：在 F 区二个仿古屋面翼角施工应用中，编制的《古建椽子预制方案》及《古建椽子安装方案》操作性强，能有效指导施工，切实可行，达到了对策目标。

（2）实施对策二：加强专业培训。

由 QC 小组带领古建作业队 31 人去其他工程参观、学习，增长古建知识。

××年 3 月 1 日，QC 小组邀请古建专家来工地电教室上课，讲解古建翼角相关知识、施工做法等方面的知识。

××年 3 月 6 日，QC 小组召开班组会议，进行详细技术交底，使作业人员对翼角的造型特点，特殊要求有明确的认识。×××根据本工程各种大小不同的翼角进行分类细化，针对各个类型特点做操作要点讲解。

××年 3 月 8 日，QC 小组组织在工程 2 段平屋面进行翼角操作现场培训，通过现场讲解提醒工人要注意克服的质量通病。

××年 3 月 9 日，QC 小组对 31 名操作工人进行古建知识和实际操作技能考核，考核结果见表 2.1-8。

工人考核结果统计表　　**表 2.1-8**

序号	姓名	理论成绩（分）	操作技能（分）	平均成绩（分）
1	××	90	87	88.5
2	××	89	93	91
3	××	88	90	89
4	××	91	87	89
5	××	92	91	91.5
6	××	95	88	91.5
7	××	89	86	87.5
8	××	92	93	92.5
9	××	94	88	91
10	××	93	88	90.5

续表

序号	姓名	理论成绩（分）	操作技能（分）	平均成绩（分）
11	××	90	89	89.5
12	××	89	86	87.5
13	××	85	92	88.5
14	××	89	92	90.5
15	××	86	90	88
16	××	91	92	91.5
17	××	90	90	90
18	××	95	90	92.5
19	××	86	89	87.5
20	××	93	88	90.5
21	××	90	91	90.5
22	××	89	91	90
23	××	86	93	89.5
24	××	90	85	87.5
25	××	88	92	90
26	××	91	92	91.5
27	××	90	89	89.5
28	××	87	88	87.5
29	××	86	95	90.5
30	××	86	86	86
31	××	88	91	89.5

制表人：××　　　　时间：××年××月 ××日

对策二实施效果检查：经过培训，翼角部位施工的操作工人考核成绩均达到85分以上，达到了对策目标。

（3）实施对策三：精确施放翼角足尺大样。

1）确定翼角曲线

施放翼角大样，首先要确定起、出翘曲线。方法有3种：一是传统法，放线时先确定起、出翘点和老角梁的交点，用弹性好的木杆或钢筋推压，观察曲线顺滑，画出曲线即可；二是计算法，通过圆弧曲线计算各点值，确定曲线上数点，然后连画成顺滑曲线；三是简易法，根据出、起翘值大小，将曲线等分成4段，每段按一定系数相乘，确定其出翘值，然后将各点连画成顺滑曲线。QC小组成员对这三种方法深入进行对比分析，择优选用（表2.1-9）。

翼角曲线确定方法对比分析评价表　　　　**表2.1-9**

方法方案	评估				综合得分	选定方案
	有效性	可行性	经济性	时间性		
传统法	○	○	△	△	8	不选
计算法	◎	△	◎	○	14	次选
简易法	○	○	◎	◎	16	首选

注：◎—5分；○—3分；△—1分。

制表人：××　　　　时间：××年××月××日

①有效性：采用传统法和简易法均可使翼角曲线达到较好的效果，但不如计算法准确、有效。

②可行性：采用传统法和简易法在实际操作中均可较好地运用，但计算法确定的数值点数多，较抽象，不易操作。

③经济性：传统方法需要优质木材加工成弹性好的木杆，浪费木材，而计算法和简易法仅需统筹计算就可以。

④时间性：简易法计算简便快捷，计算法准确、较快，而传统法则要加工木杆，现场推压测试，费时较长。

以理论计算法为基础，选用简易放线法确定翼角曲线，即确定各个翼角起、出翘曲线的弧度及尺寸。

2）确定翼角椽位置

QC小组成员深入研究翼角图纸要求，根据确定好的翼角曲线，先确定第一根起翘椽位和与老角梁相邻的椽子位置，然后确定其余各椽头位置，根据翼角整体是三维空间的特点，建立三维坐标系，利用空间解析法，分别求出该曲线在三个平面投影的函数表达式，精确确定每根椽子椽头、椽末空间坐标位置（x、y、z），准确计算出每根椽子的理论长度。

为便于施工，就翼角椽子位置绘制施工详图，注明各部位尺寸。

由××组织，××负责，于××年3月18日前将翼角的平面大样施放完毕（图2.1-8）。

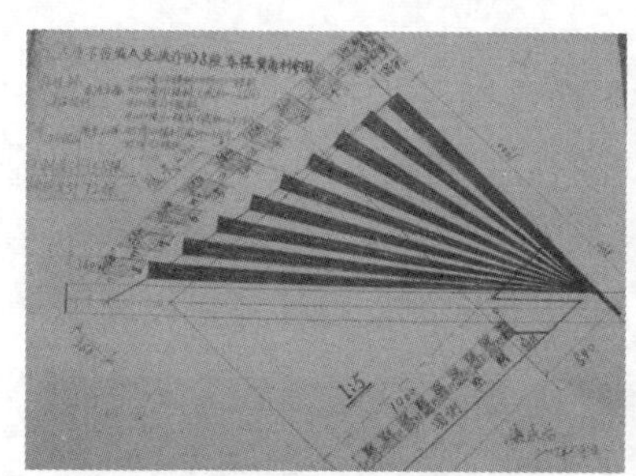

图2.1-8　翼角椽子位置施工详图及现场放样情况

对策三实施效果验证：通过精确施放翼角足尺大样，较直观地看出翼角成型效果，同时可准确地量取计算椽子长度、老角梁长度、椽头及椽尾档距等尺寸，为质量控制提供依据。将施放翼角足尺大样与理论计算值比较，椽头及椽尾档距误差不超过2mm，精确率达100%，达到了对策目标。

（4）实施对策四：正确制作翼角定型套板。

翼角定型套板（图2.1-9）是在翼角平面放样基础上控制翼角出翘、起翘及椽头档距的工具，每个翼角至少制作2副，1副2个分别控制起翘和出翘。经校核无误后，1副交给操作工人使用，另1副交给质量员用来检查翼角的成型效果。

从××年4月12日开始至××年5月15日翼角椽子安装期间，操作工人都能正确使用套板，同时质量员使用套板跟踪检查，保证翼角的成型效果（图2.1-10）。

对策四实施效果验证：翼角成型后检查36个翼角，椽档间距与套板上椽子定位线对

图 2.1-9　翼角定型套板

图 2.1-10　翼角成型效果图

比，误差不超过 7mm，达到了对策目标。

(5) 实施对策五：编制支撑架搭设方案。

××年 3 月 12 日，QC 小组成员开会研究翼角椽子支撑架搭设方案，该架子既要承受预制椽子、现浇混凝土等施工荷载，有足够的强度和刚度，又要根据翼角造型、坡度等搭设，搭设难度较大，因此必须编制《翼角椽子支撑架体专项方案》。

方案由××于 3 月 16 日编制完成，并由专业工长绘制支撑架体搭设简图（图 2.1-11）。

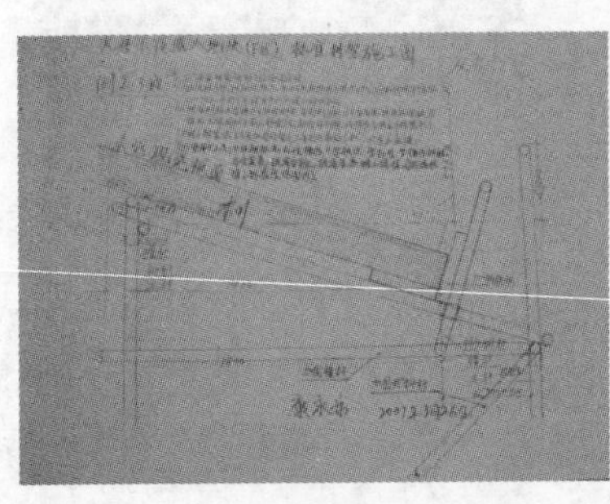

图 2.1-11　支撑架体搭设简图及施工效果图

××年 3 月 21 日 QC 小组成员××对架子工人进行专项交底，使工人明白每个杆件的作用，从而更好地发挥操作工人的能动性。

对策五实施效果验证：经对翼角椽子支撑架体进行检查，合格率达到 100%。架体稳定，满足安装椽子要求，达到了对策目标。

10. 效果检查

(1) 活动效果：通过本次 QC 小组活动，有效提高了古建翼角施工质量、观感效果，

××年 5 月 26 日通过抽查 F 区 8 个翼角，平均合格率达 93%，实现了活动目标，见表 2.1-10。

F 区工程翼角观感检查表　　**表 2.1-10**

检查项目 \ 翼角编号	1	2	3	4	5	6	7	8	检查点数	合格点数	合格率（%）
椽档间距（允许偏差±7mm）	4	5	5	5	9	5	3	4	80	70	93
	5	5	4	5	7	4	5	4			
	7	6	9	5	4	3	3	8			
	5	8	6	6	5	8	5	5			
	7	3	5	4	4	7	3	6			
	5	5	4	8	7	3	5	4			
	8	5	7	5	3	8	7	5			
	5	6	3	4	7	7	4	6			
	6	7	2	5	8	4	7	8			
	3	8	3	5	3	7	6	7			
出、起翘弧线顺滑度（允许偏差±7mm）	3	5	4	8	3	5	3	3	16	13	
	5	8	5	4	6	7	8	6			
椽头方正度（允许偏差±5mm）	2	4	3	5	2	4	3	4	80	76	
	3	6	2	3	5	5	4	3			
	3	3	2	6	2	2	3	5			
	2	4	3	4	2	5	3	3			
	3	4	4	4	3	2	3	3			
	3	3	3	4	3	3	5	3			
	2	3	6	2	3	2	5	2			
	4	3	5	3	5	3	6	4			
	2	5	3	2	5	3	2	2			
	5	4	2	3	5	2	3	3			
椽子顺直度（允许偏差±4mm）	0	2	0	1	0	0	2	0	80	78	
	1	0	2	0	3	2	4	0			
	2	0	1	2	0	3	5	2			
	1	1	1	0	2	0	2	3			
	1	3	2	2	1	2	0	1			
	2	0	1	5	2	1	1	1			
	3	2	1	2	2	3	2	2			
	2	1	2	3	1	2	3	2			
	2	1	2	1	0	1	0	2			
	1	0	1	1	2	1	0	1			

续表

翼角编号 / 检查项目	1	2	3	4	5	6	7	8	检查点数	合格点数	合格率（%）
望板平整度（允许偏差±3mm）	0	1	0	2	0	1	1	0	80	79	93
	1	0	2	3	1	0	2	0			
	3	2	1	1	2	2	2	2			
	0	1	2	0	3	2	0	0			
	1	0	2	2	3	3	3	0			
	0	1	4	1	2	2	0	3			
	0	0	1	2	3	0	1	2			
	2	1	2	0	0	0	1	0			
	1	2	0	0	1	0	3	0			
	3	2	2	1	2	3	2	3			
合　计									336	312	

制表人：××　　　　时间：××年××月××日

活动前后古建翼角合格率比较情况如图 2.1-12 所示。

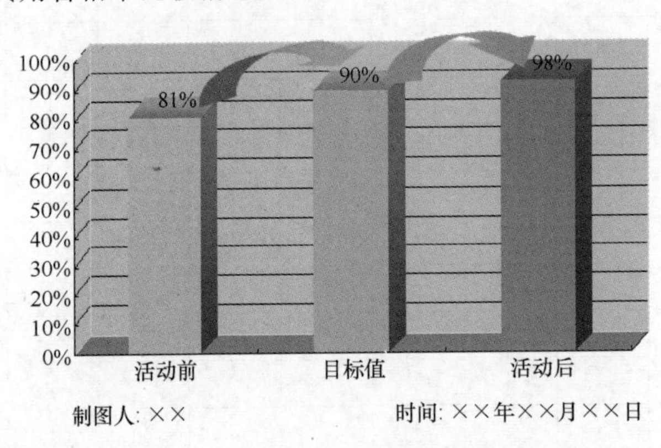

图 2.1-12　活动前后翼角合格率比较柱状图

活动后古建翼角观感效果如图 2.1-13 所示。

图 2.1-13　活动后古建翼角观感效果图

（2）社会效益：翼角观感效果的提高为工程争创陕西省“长安杯”奠定了基础，得到了业主和设计人员的好评，为公司赢得了赞誉。本工程已于××年 7 月和 11 月分别通过了“市级优质结构示范工程”和“省级优质结构示范工程”验收。

（3）经济效益：通过QC活动，以较少的投入改进施工方法，提高了观感，确保工程质量。直接经济效益265110元（表2.1-11），为顺利实现项目成本管理目标作出了贡献。

QC活动经济效益评价表 **表2.1-11**

项目 \ 评价内容	活动前（现浇方法）	活动后（预制方法）	节约量	节约率	单价（元）	经济效益（元）
材料（镜面板）	6480m^2	4465m^2	2015m^2	31%	42元/m^2	84630
人工	1800工日	840工日	960工日	53%	80元/工日	76800
抹灰	6480m^2	0	6480m^2	100%	16元/m^2	103680
合计						265110

制表：×× 时间：××年××月××日

11. 巩固与标准化

本次活动为仿古建筑施工积累了宝贵经验，项目部将预制椽子施工方法编制成《翼角椽子施工作业指导书》，并经公司曲江工程指挥部审定及公司项目管理部批准，编号为QB/Z10-1。从××年6月至8月在×××工程A区二期工程中推广应用。

12. 总结与今后打算

（1）活动总结

通过本次QC活动，小组成员依靠集体智慧实现了活动目标，增强了团队合作精神，个人质量意识，古建翼角的造型审美水平及综合能力都有了较大提高，掌握了运用QC活动解决问题的方法，增强了用QC方法解决问题的能力与信心。小组成员工作干劲和工作热情高涨，人员综合素质评价用雷达图表示，如图2.1-14所示。

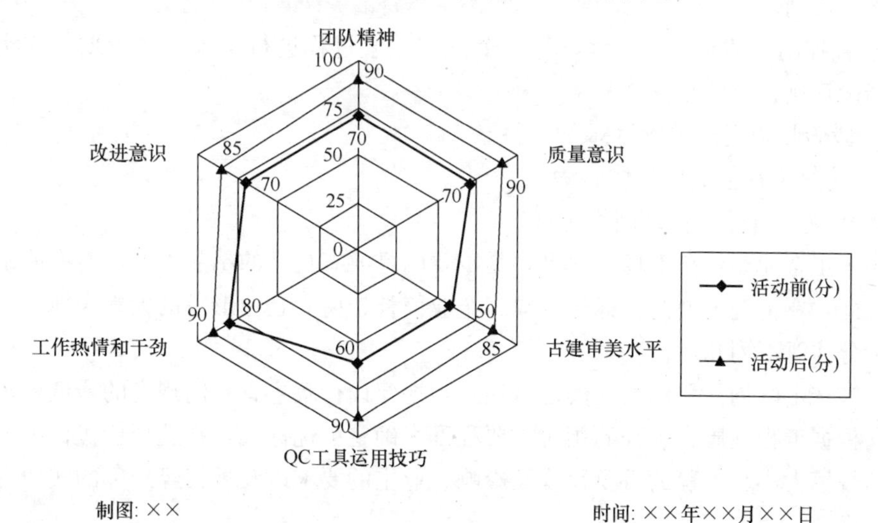

图2.1-14 综合素质评价雷达图

（2）今后打算

QC小组继续开展活动，下一活动题目为“仿古屋面瓦方法的改进”。

第2节 建筑工程质量管理实务

一、建筑工程创优管理

质量是企业的生命，这是众所周知的道理。在竞争激烈的市场经济中，企业持续发展的关键因素有两条：一是高素质人才及其掌握的高新技术；二是拥有优质的名牌产品和不断的开发新品。纵观国内外成功企业的经验，许多名牌产品成名的原因，关键是有颇高的产品质量。可以说，质量是产品的无形品牌，是企业兴衰的根本。因此，无论什么样的企业，质量创优是永恒的主题。

（一）建筑工程创优过程的要求

1. 要建立全面的管理目标；

2. 要明确创优的重点和要点；

3. 要进行过程控制，坚持一次成优；

4. 要注意资料的完整收集；

5. 精益求精，注意细节要符合规范要求。

（二）建筑工程创优管理程序

1. 明确“创优”质量目标；

2. 进行实现质量目标的可行性分析和工程施工的难点分析；

3. 制订分阶段目标，把质量目标层层分解，直至检验批、分项工程；

4. 创优质工程的过程策划，即如何解决工程质量通病，如何将难点通过施工向质量亮点转化的策划；

5. 过程控制，即对分项工程，每一个操作工艺过程进行实施、再策划、再实施，始终留下创优痕迹；

6. 分段验收来实现质量目标。

（三）建筑工程创优的具体做法

1. 制定创优目标，签订创优协议

作为施工企业要想在市场上立足，最重要的是要有自己的精品工程，要有明确的创优目标。因此，要把选定创优目标作为提高企业信誉、树立企业形象的大事来抓。在具体操作中应十分注意下列几点：

（1）被选定的创优目标的规模是否达到当地建设行政主管部门规定的最低要求。

（2）根据工程性质、工程的相对重要程度来确定创优标准，在选择创优标准时根据工程项目的规模大小、工程的重要程度及影响、业主的要求以及项目经理部的实力确定合理的创优标准。

（3）根据企业自身实力和市场实际情况确定，既不能不求进取也不能盲目冒进，优良品率只能逐年稳步提高，而精品工程各地区都有总数量限制，制定数量多了，最终实现不了目标计划，反而容易挫伤创优的积极性。

（4）创优目标在工程开工之前确定，杜绝创优的随意性和盲目性。

（5）创优目标确定后，接着就是明确责任，按管理权限逐级分别与项目部经理、班组长以上主要管理人员签订创优协议书，在协议书中明确各自职责和权限，使他们权责统一，充分发挥他们的积极性和创造性。

2. 健全质量保证体系，完善质量管理制度

创优目标确定之后，应根据目标等级首先选配相应的项目管理领导班子，成立以项目经理为组长的创优领导小组。让责任心、事业心较强且具有高度质量意识的同志担任项目经理。同时，选配质量管理人员，并明确规定：质量管理人员既要工作认真负责又必须具备一定的创优经验，尤其是关键工序的班组人员要具备较高的技术素质，中高级技术工人必须占有较高比例，项目技术负责人、质量负责人、施工现场“四大员”必须配齐，为工程创优奠定组织基础。其次，还要十分注重完善质量管理制度：

（1）完善岗位责任制。从项目经理到操作人员都制定相应的岗位责任，明确他们的职责权限，并使其权责统一，人人身上有压力、有动力。同时注重制度的可操作性，让人们有章可循、有矩可蹈。

（2）完善质量检查验收制度。严格实行“三检”制度。同时，一级抓一级，项目经理检查质量负责人的工作质量，质量负责人检查专职质量员的工作质量，专职质量员检查各班组兼职质量员和工人的工作质量，环环相扣、层层把关，逐级追究责任。

（3）分项工程样板引路制度。把创优工程作为重点，又把创优工程的某一单元工程作为样板，以此为标准，组织工人在现场交底再进行大面积施工。

（4）技术交底签认、发放制度。技术交底必须由各专业负责人各班组签认，报项目技术负责人审批，班组长以上质量技术管理员人手一份，重要单元工程要组织所有操作工人在现场进行培训交底后，再组织大面积施工。确保所有操作人员能够真正吃透技术交底要求并严格按交底要求施工。

（5）坚持质量例会制度。质量例会坚持每天一次，一般利用每天晚上的时间召开；班组长及所有质量管理人员全部参加，由专职质检员汇报当天各专业班组的质量情况，出现的质量和技术问题，群策群力共同研究，提出解决问题的方法和预防措施以及应注意问题，确保出现的质量问题及时克服避免质量失控。

（6）建立质量奖罚制度。应制定《施工项目管理办法》《创优工程奖惩细则》等规章制度，明确规定奖惩措施，要求做到奖罚分明；建立质量台账，专职质量员对工人每天完成工程量的质量情况作好记录，出现质量通病或超出规范要求立即责令翻工，同时对照《奖惩细则》的有关规定进行处理。

（7）严格施工组织设计的编审制度。应要求施工组织设计由项目技术负责人和项目经理共同编写，事前应召集各专业施工技术人员共同研究，先由各专业技术人员编制本专业各分项施工方案，项目部工程技术人员共同研究讨论通过，项目经理和项目技术负责人对各专业施工方案进行汇总，编制总体方案计划措施，经项目部讨论通过后再报公司审批，特别是创优计划和措施更应具体详细并切实可行，施工中发现施工组织设计不够完善的，要及时进行调整、补充、修改。

（8）建立材料质量把关制度。材料质量的优劣直接影响工程质量，作为创优工程必须使用合格的材料，各项工程主体结构材料必须严格按照规范规定取样验收合格后方可使

用，以保证工程质量。否则，就会使创优目标前功尽弃。

3. 克服质量通病，注意工程细部质量

（1）成立质量通病防治领导小组，由项目经理任组长，项目部施工技术人员及班组长均为领导小组成员，领导小组成员实行单元工程责任承包制，责任落实到人，哪里出现质量问题，由承包人承担其相关责任。

（2）制定科学的防治质量通病方案和措施，杜绝质量通病的发生。针对各工程容易出现的通病，分析产生原因，找出克服方法在方案措施中进行详细的叙述，把方案措施发放到班组，并由班组长在各工程施工前组织有关人员学习，在操作过程中严格按方案要求施工，尽量避免质量通病的发生。

（3）改变传统落后的操作方法，注重细部创造精品。通过改变传统的落后的施工工艺，采用先进的施工方法和操作工具，精心施工，使建筑工程的细部质量得到提高。

4. 加强质量监控，强化跟踪管理

管理出效益，管理出质量。这个“管理”，就包含了对工程的质量检查和监控。作为创优目标项目对其进行跟踪管理加强质量监控，是保证目标实现的一个重要手段。创优项目应从公司机关相关部门到分公司技术质量管理部门，再到项目经理部层层都应设有质量检查领导小组，建立健全可操作性很强的质量检查验收制度和奖惩制度，公司机关相关部门及分公司技术质量管理部门对创优目标项目应坚持定期或不定期检查，前者每月不少于一次，不定期抽查每月不少于二次；后者每周不少于一次，不定期抽查应经常；同时，检查不过场、发现问题当场签发整改通知书，限期整改，问题严重者责令停工整改，在全公司范围内通报批评，并给予经济处罚。这样，层层检查使工程质量始终处于受控状态，确保创优目标的顺利实现。

（四）创优过程中应注意的问题

1. 加强施工组织领导，是实现创优的关键

（1）健全组织机构。工程中标后，公司往往首先确定是否列为重点创优工程项目，凡列入的，成立由项目经理、项目总工及其他负责人组成的强有力工程创优领导班子，层层签订责任状，科学分解指标，为高标准建成优良工程提供了组织保证。

（2）加强计划管理，建立日计划、周计划、旬计划、月计划直到总计划的计划体系。通过统计、跟踪、反馈、对计划进行有规律、有衔接的全过程有效控制。

（3）制订完善的施工管理措施。在质量、工期、安全、科技进步、现场文明施工等目标的总体控制上，逐级签订责任书，突出奖罚力度，调动创优积极性。

（4）加强生产协调配合，实行项目经理对人、财、物的统一调整责任制，全力推行管理进程，确保实现工程创优目标。

（5）优化生产要素配置，优选专业施工队伍，发挥自身潜力，提高工作效率，同时，周密安排施工工期，尽量减少窝工、季节性停工现象。

（6）严格按施工技术规范要求精心组织施工，可根据工程具体情况采用不同的施工方法。如冬期施工时应用混凝土添加剂，采用必要的防冻措施，缩短混凝土的养护周期，加快工程进度，保证工程质量。

（7）在实施连续流水作业施工时，技术、质检人员积极配合业主和监理人员，对施工

过程中的各个分项、各工序监督检验，确保工程质量达到优良标准。

(8) 经常在施工现场开展质量评比、技术比武和劳动竞赛活动，适时进行质量评先，促进各项工作的顺利开展。

2. 狠抓安全生产，是实现创优的先决条件

安全生产至关重要，没有安全作先决，任何创优目标都会成为泡影。因此，应十分注重安全生产工作。

(1) 认真贯彻落实相关安全法规，始终坚持“安全第一，预防为主”的方针使安全检查和防护工作经常化、制度化、标准化。

(2) 建立健全安全生产责任制和三级教育网络，坚持特殊工种持证上岗，提高职工的整体安全意识；一旦责任事故发生，严格按照“三不放过”原则进行处理，使警钟长鸣。

(3) 积极参与和组织有利于全生产的活动，尤其是“安全生产周”活动，项目部领导人员充分利用每周晚上定期召开施工安全教育会，交流思想、沟通情况、发现隐患及时制止，杜绝安全事故的发生，创造良好的安全环境。

3. 科学的施工方法和严格的技术监督，是保证工程创优的纲领

(1) 编制详细的《施工组织设计》、《质量计划》，对各分部分项的工程质量标准和技术要求作出了明确的规定，并严格组织施工。

(2) 开展分公司、项目部和班组三级技术交底工作，在每个分部分项施工前均进行技术交底，做好记录，完善手续。

(3) 加强施工过程中的测量、技术复核工作，对分部工程各分项及时进行复核，确保达到技术标准。

(4) 坚持样板引路。每一分项工程开工前，做出样板标准，自检并报公司技术质量部、业主管理单位代表验收后方可展开下道工序施工。

(5) 严格工程报验认可制度。每一分项工程完工、填写工程报验单、提交业主和监理代表验收签发分项工程认可书后，再进行下道工序施工。

(6) 施工现场的各种技术资料，由项目资料员收集、整理，做好记录，并分类归档，做到技术资料与工程进度同步，确保资料齐全、及时、真实、准确。

4. 完善质量保证体系，是实现工程创优的保证

(1) 建立健全质量保证体系，确保质量目标

1) 项目部应建立以项目经理领导、总工程师中间控制、质量检查员基层检查的三级质量管理网络。同时建立以试验、技术管理、质量检查为中心的信息传输系统，及时调整施工部署，纠正质量偏差，确保实现工程优良。

2) 认真学习质量保证手册和质量体系程序文件，熟悉掌握岗位技能职责，严格按图纸和规范、规程组织施工，并坚持施工人员持证上岗制度，切实做到施工按规范，操作按规程，质量验收按标准的“三按工作制”，认真落实自检、互检、专检制度，保证工程质量。

3) 建立质量控制网络，强化“百年大计、质量第一”的宣传教育工作，提高职工整体素质，切实落实各工序之间的“三检制”和技术交底三级制，确保工程各环节始终处于

受控状态。

4）建立分部工程目标QC质量活动小组，对重要部位、关键工序、薄弱环节进行质量献策攻关。按照全面质量管理原则，运用施工质量预控法，随时掌握质量动态，追踪病"灶"，对症下药，提高产品优良率。

5）加强与业主监督员、监理人员、质检人员的相互配合，质量检查员对质量检查行使质量一票否决权、质量控制权、停工权、返工权和奖惩权，发现问题，及时制止。

（2）加强全员质量意识教育，提高质量管理水平

1）项目部经常利用工地板报、书面文件、班前交底会、每周例会和每月质量总结会等各种形式进行教育，工地所有明显处和重点部位均标有质量方针和目标，各种操作规程挂贴在各个部位，确保工程质量的提高。

2）严格学习制度，组织有关人员学习施工规范、操作规程及验收标准，每个分项工程施工前，组织专业班组进行详细的质量技术交底，使每个职工掌握技术要领和操作要求。从而提高各级施工人员的技术素质和操作能力。

3）组织质量攻关献策小组，充分发挥他们的聪明才智。

5. 严格工程资金及材料管理，是实现创优的基础

（1）按照公司资金管理规定，应对建设资金实行专户管理，及时上报资金使用情况，经公司审批后，办理支款手续，对于其他材料，严格按规定列支，坚持杜绝非生产性开支。

（2）健全材料质量责任制，严把材料质量验收关，杜绝不合格材料在工程上使用。进场前对所需材料进行仔细检验和复试。报监理工程师审核合理后，方可使用。

6. 开展文明施工活动是实现创优的前提

（1）严格执行文明施工各项规定。

（2）建立文明施工管理责任制，实行划区负责制，对施工机具、埋设临时管线及电器设施，未经主管人批准不得随意变更。

（3）现场材料堆放达到公司相关要求。工地现场设置"八牌二图"，所有安全标志、防火标志、文明标志明显醒目，防护措施严密周细。

（4）采取应急措施，减少施工噪声，控制作业时间，做到不扰民、不干扰其他正常工作，并定期检查验收，发现问题及时整改。

二、建筑工程质量创优细部做法

（一）桩头处理

1. 主要技术要点

（1）桩头钢筋外露部分严禁反复弯折；

（2）桩头与垫层接缝处用防水油膏密封或增设遇水膨胀止水条；

（3）桩顶及四周涂刷水泥基渗透结晶型防水涂料不少于两遍；

（4）防水层上干铺一层沥青油毡后再浇捣细石混凝土保护层。

2. 企业质量要求

桩头处理平整，防水涂料涂刷到位，卷材收口严密。

3. 标准做法

桩头处理的标准做法如图 2.2-1 所示。

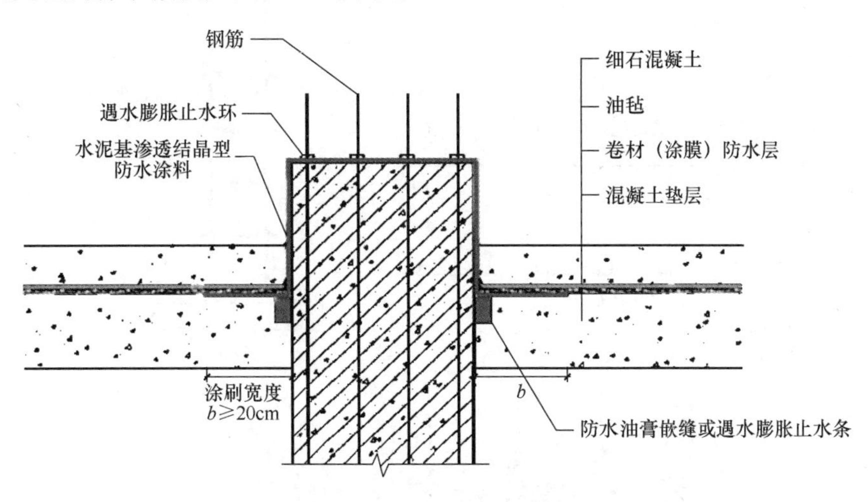

图 2.2-1 桩头处理示意

（二）钢筋

1. 墙钢筋

（1）主要技术要点

1）墙根部第一道水平分布筋距梁板混凝土面的距离不得超过 50mm，柱主筋距第一根竖向墙筋距离不得超过 1 个竖向墙筋设计间距值；

2）采用竖向“梯子筋”控制墙体水平筋的位置和保护层，间距 1.5m 左右，“梯子筋”直径宜高于设计直径一个型号，且大于等于 10mm；

3）在墙体上口设置一道水平定位卡，控制竖向钢筋的水平间距；

4）对于较长较高墙体，在墙体水平筋之间加撑铁，间距 1.5m 左右，呈梅花形布置，以确保水平分布筋保护层厚度。

（2）企业质量要求

钢筋间距允许偏差±10mm ，保护层厚度允许偏差±3mm。

（3）标准做法

墙钢筋标准做法如图 2.2-2 所示。

2. 柱钢筋

（1）主要技术要点

1）竖向粗直径钢筋宜优先采用机械连接，直径 20mm 以上的二级钢、三级钢严禁采用电渣压力焊竖向连接；

2）柱净高范围为最下一组箍筋距底部梁顶 50mm，最上一组箍筋距顶部梁底 50mm；

3）在梁柱节点核心区，柱子箍筋加密区最上一道排在梁纵筋上边，依次向下按箍筋间距排列，严禁数量不足及间距超标。

（2）企业质量要求

钢筋间距允许偏差±10mm，保护层厚度允许偏差±3mm。

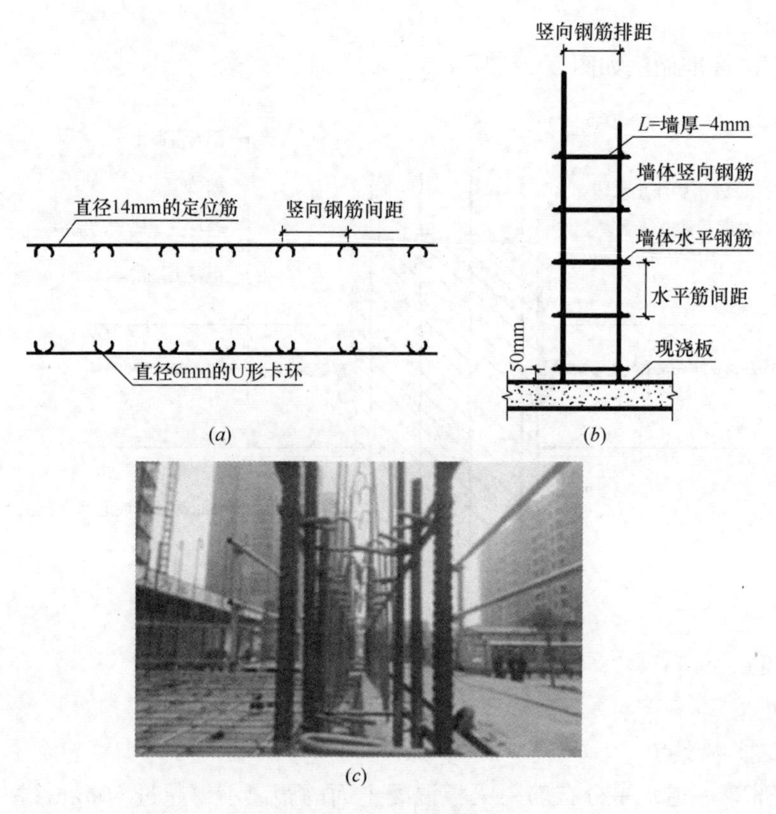

图 2.2-2　墙钢筋标准做法

(a) 水平定位卡示意；(b) 竖向梯子筋示意；(c) 水平定位卡效果

(3) 标准做法

柱钢筋标准做法如图 2.2-3 所示。

3. 梁钢筋

(1) 主要技术要点

1) 井字梁交叉点处的第一道箍筋距节点边缘 50mm，箍筋在下的交叉井字梁其箍筋在交叉点内建续设置，箍筋在上的交叉井字梁其箍筋在交叉点内可不设置；

2) 主旋梁交叉点处，旋梁上下主筋应置于主梁上下主筋之上；

3) 当梁高相同时，交叉点处纵向框架连梁下部主筋应置于横向框架梁下部主筋之上；

4) 当梁与柱（墙）侧平时，梁主筋应置于柱（墙）竖向主筋之内；

5) 梁纵向下部钢筋接头应在支座 1/3 范围内，上部钢筋应在跨中 1/3 范围内。

(2) 企业质量要求

1) 受力主筋间距允许偏差±10mm，箍筋间距允许偏差±20mm，保护层厚度允许偏差±5mm；

2) 梁上部纵向受力钢筋保护层厚度的合格点率应达到 90%及以上，且不得有超过 1.1 中数值 1.5 倍的尺寸偏差。

(3) 标准做法

梁钢筋标准做法如图 2.2-4 所示。

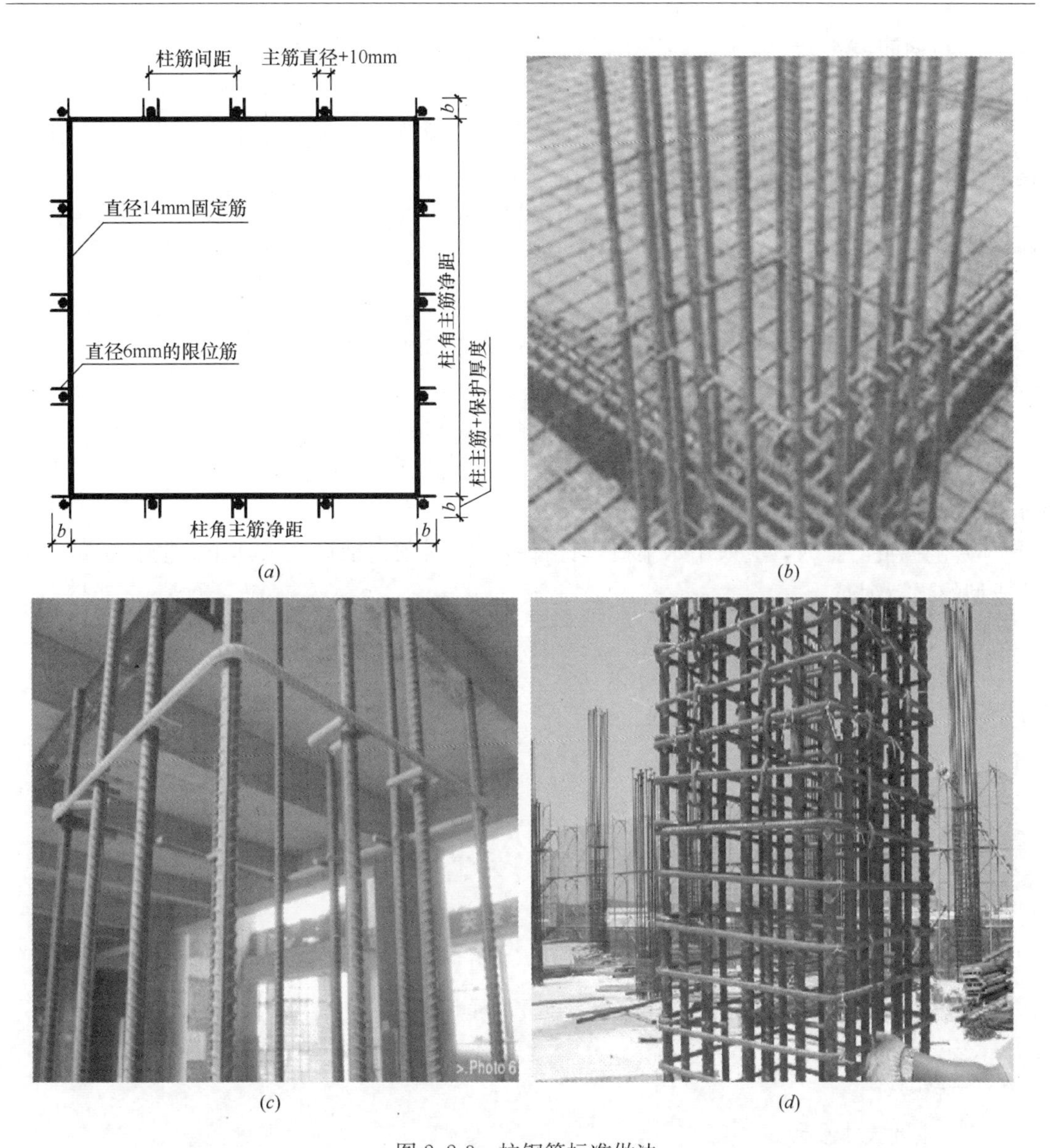

图 2.2-3　柱钢筋标准做法

(*a*) 柱筋定位卡示意；(*b*) 柱筋定位卡效果图一；(*c*) 柱筋定位卡效果图二；(*d*) 柱钢筋绑扎效果图

图 2.2-4　梁钢筋标准做法

(*a*) 梁钢筋保护层垫块设置效果图；(*b*) 主次梁交接处箍筋加密设置

4. 板钢筋

(1) 主要技术要点

1) 弹（画）线后再安装绑扎，板下部钢筋锚入梁支座长度不小于1/2支座宽，上部钢筋锚入梁支座长度须满足一个锚固长度；

2) 板底通长钢筋应在支座1/3范围内搭接，板上部通长钢筋应在跨中1/3范围内搭接，搭接长度按设计要求；

3) 板筋交叉点宜全部绑扎；

4) 双层双向板应设置马凳铁或成品垫块，确保上部钢筋位置准确。

(2) 企业质量要求

1) 钢筋间距允许偏差±10mm，保护层厚度允许偏差±3mm；

2) 板类构件上部纵向受力钢筋保护层厚度的合格点率应达到90%及以上，不得有超过1.1中数值1.5倍的尺寸偏差；

3) 浇捣混凝土时，应采用木架板或竹脚板等材料预先铺设上人通道，防止踩踏已绑扎成型的梁板钢筋。

(3) 标准做法

板钢筋标准做法如图2.2-5所示。

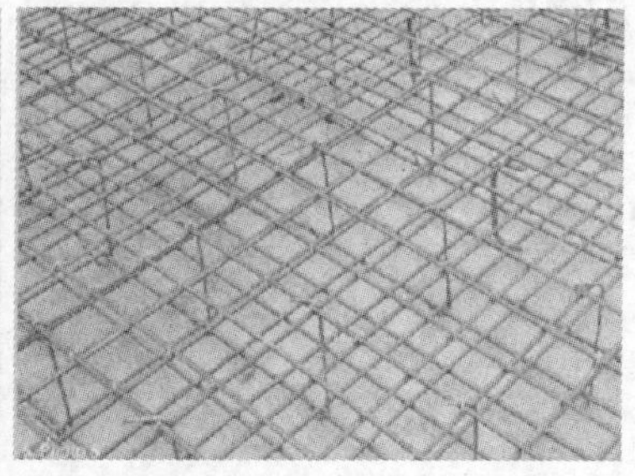

图2.2-5 板钢筋标准做法

(三) 模板

1. 墙模板

(1) 主要技术要点

1) 楼板要有足够的强度、刚度和稳定性；

2) 墙模安装前须放控制线，埋地锚钢筋环，安装后上口宜拉通线校正；

3) 墙模板优先采用大钢模板，凡外墙及楼梯间、电梯井的剪力墙须配置吊绑模板（即过渡带模板）；

4) 模板表面及钢大模板拼缝处应清理干净，隔离剂涂刷均匀到位，不得污染钢筋和混凝土；

5) 地下室外墙须采用止水螺杆，人防剪力墙须采用实心螺杆，其他墙体可采用可拆卸螺杆，外墙螺杆孔宜内高外低；

6) 钢大模板临时堆放应措施到位，确保施工安全和模板不变形。

(2) 企业质量要求

截面尺寸允许偏差−2～+4mm（宜为正误差），表面平整度允许偏差5mm，层高小于等于 5m（大于 5m）时，垂直度允许偏差 6mm（8mm）相邻两块板高低差不大于 2mm。

（3）标准做法

墙模板标准做法如图 2.2-6 所示。

(a)

(b)

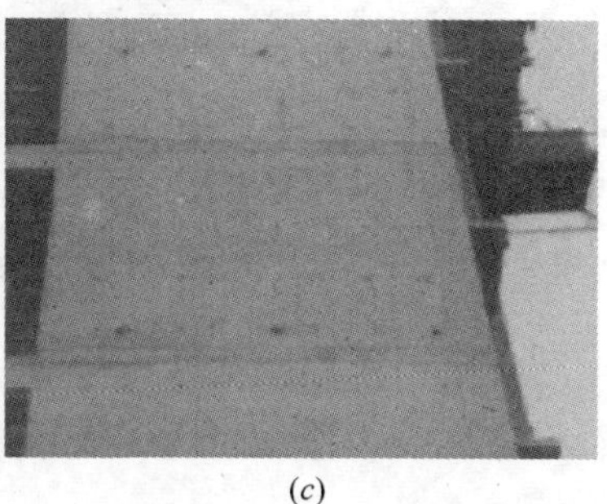

(c)

图 2.2-6　墙模板标准做法

(a) 钢大模板；(b) 吊绑模；(c) 外墙接槎处理

2. 柱模板

（1）主要技术要点

1）柱根部基层平整度应小于等于 3mm，模板安装到位后根部应封堵严密，防止漏浆、烂根；

2）柱模在阳角处贴双面腔带，确保阳角不漏浆；

3）梁柱模板接头应拼缝严密，平整，不漏浆、不错台、不胀模、不跑模、不变形；

4）按全高三面吊线或用经纬仪双向校正确保柱模垂直、上口一条线。

（2）企业质量要求

截面尺寸允许偏差－2～＋4mm（宜为正误差），表面平整度允许偏差 5mm，层高不大于 5m（大于 5m）时垂直度允许偏差 6mm（8mm）。

（3）标准做法

柱模板标准做法见图 2.2-7。

3. 梁模板

（1）主要技术要点

1）支撑架应有足够的强度、刚度和稳定性，立杆根部承载力不足时须设垫板。起拱时，起拱线要顺直，成型混凝土底部不得有明显的折线现象。

图 2.2-7 柱模板标准做法

（*a*）独立柱模板安装效果图；（*b*）独立柱模板安装效果图；（*c*）梁接头模板效果图

2）梁底两侧阳角处须设置双面胶带，拼缝严密确保不漏浆。

3）梁底口应采用步步紧或其他紧固工具加固牢靠，板底以下梁高尺寸超过 500mm 时须设置对拉杆加固，以防胀模。

4）多跨连续梁宜拉通线校正。

5）梁底口模板须平直，支撑加固牢靠，确保梁底混凝土水平，高度符合设计要求。

6）拆模前须查看同条件混凝土试块是否满足设计及规范要求。

（2）企业质量要求

截面尺寸允许偏差－2～＋4mm（宜为正误差），表面平整度允许偏差 5mm，相邻两板高低差不大于 2mm。

（3）标准做法

梁模板标准做法如图 2.2-8 所示。

图 2.2-8 梁模板支撑示意

4. 板模板

(1) 主要技术要点

1) 支撑架应有足够的强度、刚度和稳定性;

2) 立杆根部须设垫板，承载力应满足设计要求;

3) 模板拼缝严密、平整;

4) 起拱时，起拱线要顺直，不得有折线;

5) 模板上口标高控制须保证拆模后室内净高满足设计要求;

6) 高架模板支撑架须编制专项方案，按规定进行论证。

(2) 企业质量要求

表面平整度允许偏差5mm，相邻两板高低差不大于2mm。

(3) 标准做法

板模板标准做法如图2.2-9所示。

(四) 混凝土

1. 墙、柱

(1) 主要技术要点

1) 振捣密实，严禁漏振、欠振或过振;

2) 根部须铺设30～50mm的同强度等级的取掉石子的混凝土浆;

3) 一次下料不得超过50cm，下料高度超过2m时，须采取措施防止混凝土离散;

4) 下料要连续，严禁出现冷缝，墙混凝土上口标高要超过板底10～15mm;

图2.2-9　板模板支撑体系图

5) 墙柱混凝土与梁板混凝土非同时浇捣时，墙柱顶部浮浆须凿除并清理干净;

6) 高温、寒冷季节须特别加强混凝土养护与保温工作。

(2) 企业质量要求

截面尺寸允许偏差－5～＋8mm，层高不大于5m(大于5m)时垂直度允许偏差8mm(10mm)，表面平整度允许偏差8mm。

(3) 标准做法

混凝土墙、柱标准做法如图2.2-10所示。

2. 梁、板

(1) 主要技术要点

1) 梁柱接头处混凝土强度等级不同时须采取措施分别浇筑，严禁低强度等级混凝土侵入高强度等级区域;

2) 浇筑混凝土前须对接槎处原有混凝土面进行凿毛、湿润并刷水泥浆;

3) 采用泵送混凝土时，梁板处须采取两次振捣两次抹压、细拉毛收面的施工工艺;

4) 墙根、柱根处混凝土平整度须特别关注，确保平整度小于等于5mm;

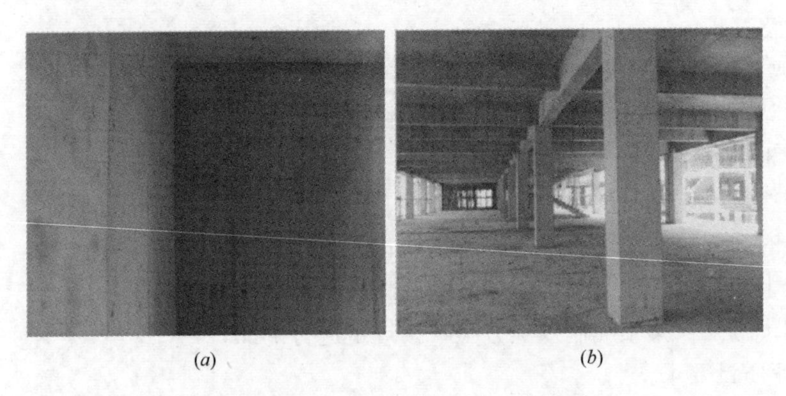

(a)　(b)

图 2.2-10　混凝土墙、柱标准做法

(a) 剪力墙效果图；(b) 混凝土柱效果图

5）混凝土板的厚度须符合设计要求。

(2) 企业质量要求

截面尺寸允许偏差－5～＋8mm，表面平整度允许偏差 8mm。

(3) 标准做法

混凝土梁、板标准做法如图 2.2-11 所示。

(a)　(b)

(c)　(d)

图 2.2-11　混凝土梁、板标准做法

(a) 刮尺刮平现浇板；(b) 二次机械收面；(c) 二次人工收面；(d) 混凝土板效果图

3. 楼梯踏步

(1) 主要技术要点

1）混凝土须两次振捣，两次收面，二次收面时以踏步踢脚模板上下边为准绳，确保

图 2.2-12　楼梯踏步效果图

踏步平整、阴阳角方正；

2）接茬处混凝土须凿毛、清理干净、湿润并刷水泥浆。

（2）企业质量要求

截面尺寸允许偏差－5～＋8mm，表面平整度允许偏差8mm相邻梯段踏步高度差及每个踏步两端高度差均不应大于10mm。

（3）标准做法

混凝土楼梯踏步标准做法如图2.2-12所示。

（五）后浇带

1. 主要技术要点

（1）施工组织设计或模板架方案中应体现对后浇带处模板架进行单独设计的内容，模板架应自成体系，在两侧混凝土浇捣前应与两侧模板架进行临时连接严禁未浇捣后浇带混凝土之前拆除或更换；

（2）后浇带处钢筋宜一次绑扎到位，纵向主筋不断开（除设计有特殊要求外）；

（3）在侧模板上，按设计钢筋间距开槽口，确保钢筋不位移；

（4）浇捣后浇带混凝土前，接茬处须凿毛、湿润并刷水泥浆；

（5）搁置时间较长时，后浇带两侧宜砌筑临时挡水台，钢筋须采取临时性防锈蚀保护措施。

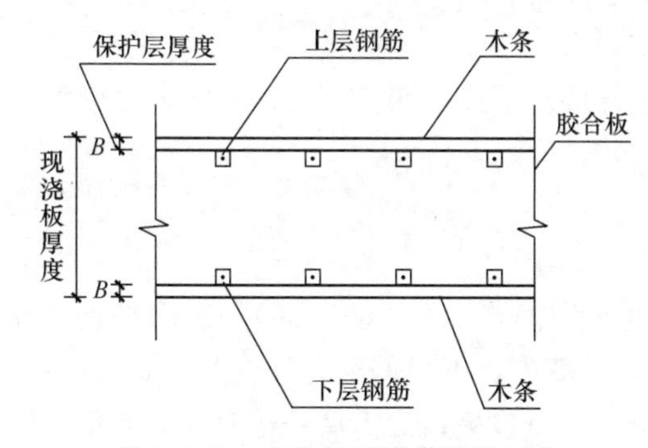

图 2.2-13　现浇板后浇带留置示意

2. 企业质量要求

钢筋的位置、数量、锚固长度须符合设计及规范要求，混凝土强度等级须符合设计及规范要求。

3. 标准做法

现浇板后浇带留置示意如图2.2-13所示。混凝土后浇带标准做法如图2.2-14所示。

（六）填充墙砌体

1. 主要技术要点

（1）组砌正确，灰缝饱满、平直，严禁留阴茬，砌块砌筑应绘制排版图并按图施工；

（2）墙度超过120mm时，墙外宜双面挂线砌筑；

（3）采用填浆等方法确保竖向灰缝饱满度不小于80%，杜绝瞎缝、假缝、通缝；

（4）门窗洞口处混凝土木砖（塑钢窗、铝合金门窗留混凝土预制块）留设到位，窗台压顶后采用现浇混凝土压顶；

（5）大于300mm的预留洞均设钢筋混凝土过梁，预制时提前留设线管槽孔（或套管），安装时须坐浆；

（6）墙顶斜砌砖在大墙面砌完至少14d后再收头，采用切割砖（或成品菱形砖）和三

图 2.2-14 混凝土后浇带标准做法

(*a*) 现浇板后浇带留置效果图；(*b*) 施工缝侧模支设效果图；(*c*) 后浇带梁钢筋封堵；(*d*) 后浇带收面效果图

角形混凝土预制块收口；

(7) 构造柱马牙槎沿墙高度方向先退后出，尺寸均为60mm，上下偏差小于等于10mm；

(8) 墙拉筋的数量及长度按设计及规范规定设置；

(9) 多水房间墙根部设置与墙同厚的混凝土导墙，强度等级大于等于C20，高度大于等于120mm；

(10) 架眼、线槽在粉刷之前应预先封堵。

2. 企业质量要求

(1) 层高不大于3m（大于3m）时，垂直度允许偏差5mm（10mm），表面平整度允许偏差8mm，门窗洞口高、宽允许偏差±5mm，外墙上、下窗偏移允许偏差20mm；

(2) 填充墙处的安装管道宜事先设置，砌筑时予以包裹；确需后开槽时，应采用机械开槽，严禁手工打錾剔槽，严禁开水平槽。

3. 标准做法

填充墙砌体标准做法如图2.2-15所示。

(七) 屋面

1. 上人屋面

(1) 混凝土面层

1) 主要技术要点

①无渗漏，无倒坡，无积水；

②细部构造严密牢靠，美观耐用；

图 2.2-15　填充墙砌体标准做法

(*a*) 填充墙样板；(*b*) 充墙勾缝；(*c*) 过梁上预留电线管槽（或留管套）实例；(*d*) 填充墙顶部斜砌砖；(*e*) 多水房间墙下现浇挡水台；(*f*) 内墙砖砌筑

③混凝土表面平整，无空鼓、裂缝、起砂等缺陷，分割缝布局合理，线条通直，宽缝间距须小于等于 6m，窄缝间距宜小于等于 2m；

④女儿墙、设备基础、屋面塔楼等突出物的根部泛水处须留置 25～30mm 宽缝；

⑤缝内填料应饱满，与周边平直，无污染。

2）企业质量要求

①缝宽允许偏差±2mm，直线度允许偏差 2mm；

②公司提倡在屋面防水工程施工之前，宜对屋面结构板上的裂缝、出屋面管道周边等处作预先防水处理，确保结构板不渗漏；最终确保屋面不渗不漏。

3）标准做法

上人屋面的混凝土面层标准做法如图 2.2-16 所示。

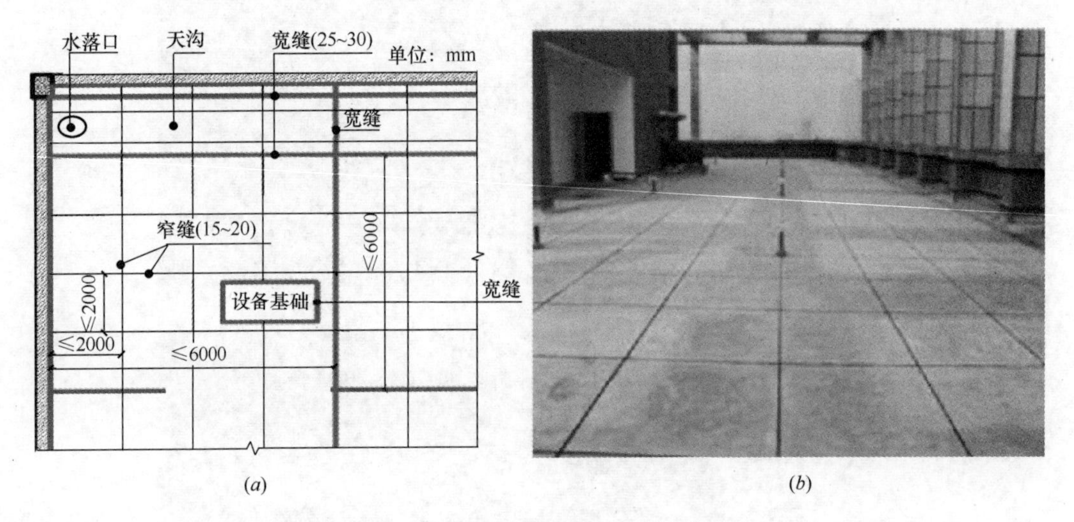

(a)　　(b)

图 2.2-16　上人屋面的混凝土面层标准做法

(a) 面层平面示意；(b) 混凝土分割排版效果

(2) 水泥砂浆面层

1) 主要技术要点

① 女儿墙内侧粉刷须留设分格缝，缝宽 8～12mm，竖向间距宜小于等于 3m，防止表面空鼓、裂缝；

② 女儿墙压顶坡向朝内，坡度不小于 5%；

③ 水泥砂浆的配合比、厚度应符合设计要求；

④ 水泥宜为同厂家、同批号，确保水泥砂浆表面颜色一致。

2) 企业质量要求

缝宽允许偏差±2mm，直线度允许偏差 2mm。

3) 标准做法

上人屋面的水泥砂浆面层标准做法如图 2.2-17 所示。

(3) 缸砖面层

1) 主要技术要点

① 排砖应整体策划，宜做到全部整砖镶贴，颜色均匀，图案清晰；

② 面层与基层须粘贴牢固，表面平整、无空鼓；

③ 缝宽宜 8～12mm，宽窄一致，勾缝饱满；

④ 屋面缸砖在女儿墙根部及构件周边宜采用不同块材处理，解决非整砖排版问题；

⑤ 女儿墙贴砖宜做到与屋面缸砖分隔缝对齐；

⑥ 屋面构架也应对缝施工，须注重滴水构造功能设计与施工；

⑦ 女儿墙、设备基础、屋面塔楼等突出物的根部泛水处须留置 25～30mm 宽缝；

⑧ 缝内填料应饱满，与周边平直，无污染。

2) 企业质量要求

平整度允许偏差 2mm，缝格平直度允许偏差 1mm，接缝高低差小于 0.2mm。

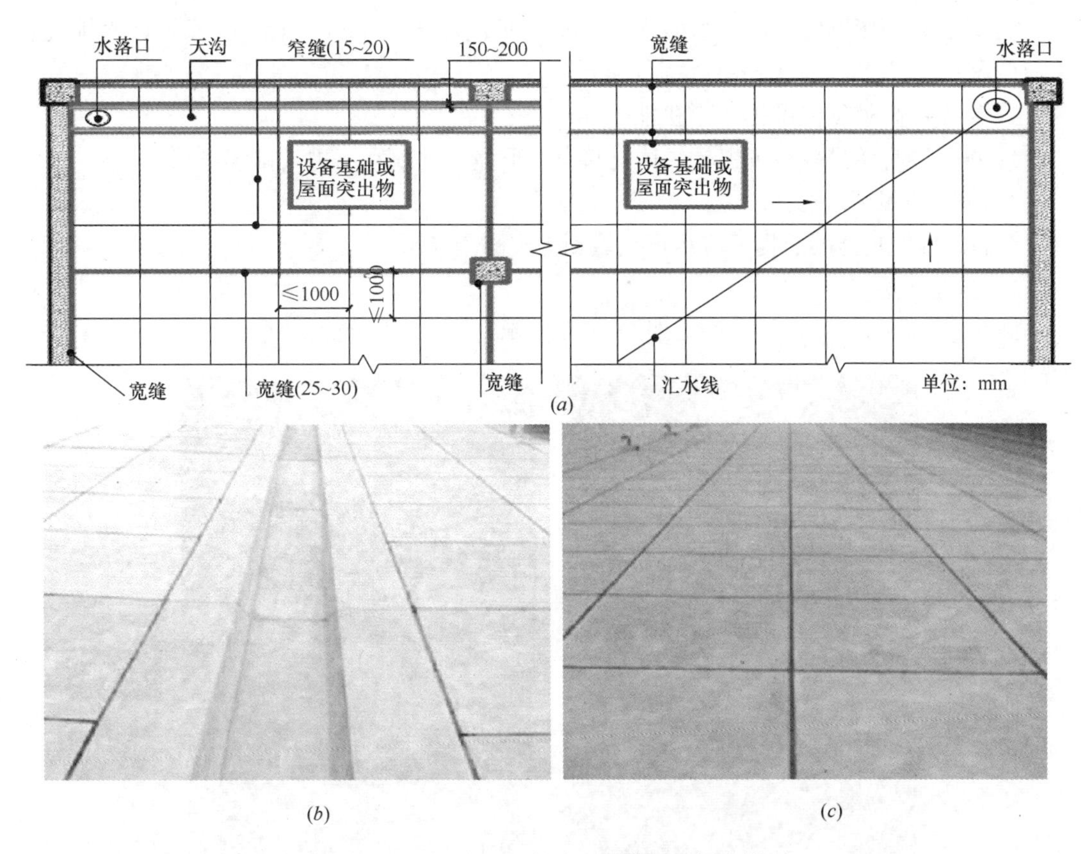

(*a*)

(*b*)　(*c*)

图 2.2-17　上人屋面的水泥砂浆面层标准做法

（*a*）分隔缝排版平面示意；（*b*）水泥砂浆天沟；（*c*）水泥砂浆分割排版效果图

3）标准做法

上人屋面的缸砖面层参考做法如图 2.2-18 所示。

(*a*)　(*b*)

图 2.2-18　上人屋面的缸砖面层参考做法

（*a*）缸砖铺砌；（*b*）饰面砖效果图

（4）排气管、排气口

1）主要技术要点

① 排气管须紧贴防水层，纵横贯通，管径不应小于 30mm，排气口管径宜比排气管的管径大一个型号；

② 屋面最高处须留设排气管和排气口；

③ 排气口宜明设（也可视具体情况暗设，但应保证雨水不进入排气口）。

2）企业质量要求

在满足排气功能的前提下应尽可能做到美观耐用。

3）标准做法

排气管、排气口的参考做法如图 2.2-19 所示。

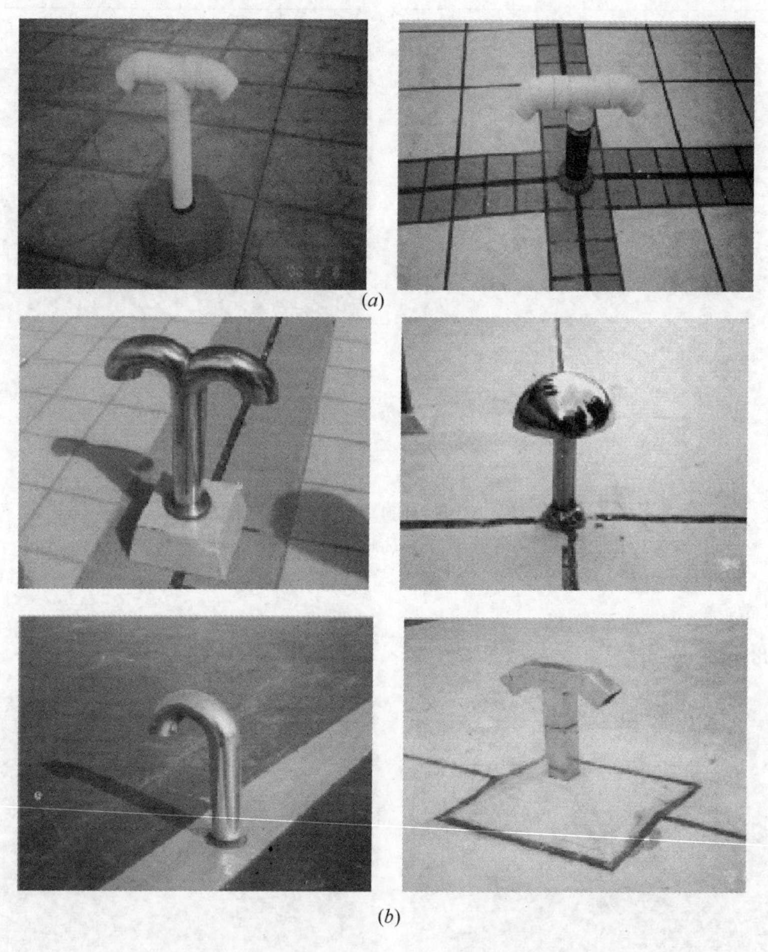

(a)

(b)

图 2.2-19　排气管、排气口的参考做法

(a) 塑料排气口；(b) 不锈钢排气口

2. 非上人屋面

(1) 自保护卷材屋面

1）主要技术要点

① 宜在屋面其他分项工程完工之后再施工，基层应平整，坡度、坡向符合设计要求：

② 卷材铺贴方向应符合设计或规范规定，卷材搭接宽度一致，收口严密。

2）企业质量要求

表面层与底面层之间、底面层与基层之间应粘结牢固，不得有空鼓、裂纹、脱皮等缺陷，面层保护砂不得脱落。

3）标准做法

非上人屋面的自保护卷材屋面做法如图2.2-20所示。

图2.2-20 自保护卷材屋面效果图

(2) 坡屋面

1）主要技术要点

① 平瓦、波形瓦（简称波瓦）的瓦头挑出封檐板的长度宜为50～70mm，波形瓦、压型钢板檐口挑出的长度不应小于200mm；

② 平瓦屋面上的泛水，宜采用水泥石灰砂浆分次抹成，其配合比宜为1∶1∶4，并应加1.5%的麻刀。烟囱与屋面的交接处在迎水面中部应抹出分水线，并应高出两侧各30mm；

③ 压型钢板屋面的泛水板与突出屋面的墙体搭接高度不应小于300mm，安装应平直；

④ 平瓦屋面施工时，挂瓦条应铺钉平整、牢固，上棱应成一条直线。

⑤ 平瓦铺设应整齐成行成列，彼此紧密搭接，并应瓦榫落槽，瓦脚挂牢；瓦头排齐，檐口应成一直线。靠近屋脊处的第一排瓦应用水泥砂浆窝牢。脊瓦搭盖间距应均匀；脊瓦与坡面瓦之间的缝隙，应采用掺有麻刀的混合砂浆填实抹平；铺瓦时，应由两坡从下向上同时对称铺设。

⑥ 波形瓦相邻两瓦应顺年最大频率风向搭接。

⑦ 波形瓦应采用带防水垫圈的弯钩螺栓固定在金属檩条或混凝土檩条上，或用镀锌螺钉固定在木檩条上；螺栓或螺钉应设在靠近波瓦搭接部分的盖瓦波峰上。

⑧ 在上下两排波瓦搭接处的檩条上，每张盖瓦的螺栓或螺钉应为两个；在每排波瓦当中的檩条上，相邻两波瓦搭接处的每张盖瓦上，都应设一个螺栓或螺钉。

⑨ 当屋面有天沟、檐沟时，波瓦伸入沟内的长度不应小于50mm；沟底防水层与波瓦间的空隙，宜用麻刀灰等嵌填严密。

2）企业质量要求

无渗漏、挂瓦须牢固。

3）标准做法（略）

(八) 楼梯

1. 水泥砂浆面层

(1) 主要技术要点

1）水泥砂浆配合比和强度符合设计要求，强度等级不小于M15，须留置砂浆试块；

2）各层之间须粘结牢固、表面平整、密实无色差；

3）踏步阳角宜设置钢筋、角钢或铜条等棱角保护措施，棱角保护条应平整一致；

4）踢脚线上口出墙一致，厚度不超过10mm；

5）挡水、滴水线条通顺、简洁美观。

（2）企业质量要求

相邻梯段楼梯踏步高差及每个踏步两端宽度偏差不大于5mm。

（3）标准做法

水泥砂浆面层楼梯的标准做法如图2.2-21所示。

图2.2-21　水泥砂浆面层楼梯的标准做法
（a）楼梯滴水线效果图；（b）踏步阳角加钢筋效果图；
（c）楼梯面层压光处理；（d）踏步阳角加钢筋效果图

2. 地砖面层

（1）主要技术要点

1）地砖应整体排版，宜做到对称、美观；

2）铺贴前应选砖、试铺；

3）非整砖宽度不宜小于整砖宽度的1/2；

4）大墙面粉刷时，踢脚线部位的刮槽宜后做，该部位应按实贴块材的厚度决定抹灰厚度，踢脚线出墙厚度宜小于踢脚高度的1/10；

5）楼梯踏步与休息平台处的地砖宜对缝铺设。

（2）企业质量要求

表面平整，拼缝严密，无空鼓；相邻梯段踏步高差及每个踏步两端宽度偏差不大于5mm。

（3）标准做法

地砖面层楼梯的标准做法如图 2.2-22 所示。

图 2.2-22　楼梯踏步效果图

三、建筑工程质量管理实例

（一）××厂房工程概况

工程位于××市××区××公司厂区内，单层厂房，总长 260m（由三跨 66m+118m+76m 组成），进深 80m，总建筑面积 $26966m^2$，建筑高度 35.20m，厂房内设飞机总装大厅和 $4040m^2$ 三层钢框架办公用附楼，局部地下一层为生产、设备辅助用房。××厂房南立面图如图 2.2-23 所示。

工程地基为钢筋混凝土灌注桩，基础为独立承台基础和筏板基础。主体结构为现浇钢筋混凝土柱、钢网架屋盖结构，网架下弦标高 26.00m。外墙面为金属三明治板和平钢板外墙板。屋面为压型钢板上铺 PE 膜隔气层、岩棉保温层和 PVC 卷材防水层。地面为 350 mm 厚地辐热采暖耐磨地面。

图 2.2-23　××厂房南立面图

安装工程主要有给水排水及采暖、建筑电气、智能建筑、通风与空调、电梯五个分部工程。设有变配电室、空调机房、设备舱冷气间、冷冻水泵间、液压源间。工程设施齐备，功能齐全。

工程于 2006 年 5 月 26 日开工，2009 年 8 月 28 日竣工验收并交付使用。

本工程各项报建手续齐全、合法，图纸审查合格。

在施工过程中未发生重大安全质量事故，无拖欠农民工工资情况。

工程建安工程决算造价 1.14 亿元。

（二）质量目标和质量控制措施

1. 质量目标：中国建设工程鲁班奖

2. 质量控制措施

(1) 工程开工前，公司进行了项目“创优夺杯”策划，明确了工程质量目标，成立了“鲁班奖创优领导小组”，制定了《质量创优计划》、《技术资料创优计划》、《音像资料创优计划》等。建立了以公司总工程师牵头把关、项目部技术负责人总负责、各专业分包单位技术负责人具体负责的质量保证体系，质量目标分解到人。

(2) 对钢网架屋盖整体提升施工方案、屋面防水和屋面避雷施工方案、厂房地辐热耐磨混凝土地面等关键过程施工方案均邀请了省内外知名专家对方案进行了论证，确保了方案顺利实施，保证了工程质量。

(3) 严格过程控制，施工中坚持技术交底制度、质量例会制度、样板领路制度、奖罚制度等。

(三) 工程施工难点

1. 巨形钢筋混凝土空心柱施工

厂房南侧 2 个巨形钢筋混凝土空心柱，柱距 118m，柱断面 3200mm×3400mm，柱高 20.07m，从±0.00 到+17.20m 处为空心，17.20m 以上为实心，柱子断面尺寸大、高度高，空心柱内部操作空间小，模板固定、混凝土浇筑难度大。

2. 屋盖钢网架整体提升

屋盖结构为 3 层焊接球，节点斜放四角锥网架，网格尺寸 4.24m×4.24m，高度 6.5m，下弦支承，网架总面积 20976m^2，焊接球 3199 个，各类杆件 12816 根，总重量 2100t，采用“地面拼装施焊，液压同步整体提升”施工技术。如何将这么大面积和重量的网架安全提升到 26m 高度，并与柱顶连接合拢，施工难度非常大。

3. 厂房南立面通长钢大门制作和安装

厂房南立面大门洞口尺寸为 258.10m×20m ($L\times H$)，为 8 扇通长钢大门，门高 20m，单扇门重 41.2t，双向电动推拉开启。制作安装如此高、大、重的大门，施工难度非常大。

4. 厂房地辐热采暖耐磨地面施工

厂房 20000m^2 地坪为地辐热采暖耐磨地面，厚 350mm，配双层钢筋网片，钢筋网片之间布设地辐热采暖管。地面分 8 块，每块 32.5m×64m，面积 2080m^2，按照设计要求每块不能再设分隔缝。如何控制地面平整度和防止裂缝发生为施工的一大难点。

5. 地下室综合管线布置

260m 长地下室走道顶部各种管线、桥架、空调、通风管道共计 27 根，管线纵横交错、相互影响，安装空间狭小、支架设置困难，管线和支架综合平衡布置难度大。

(四) 质量特色及亮点

1. 3200mm×3400mm 钢筋混凝土空心柱表面垂直平整、阳角方正，如图 2.2-24 所示。

图 2.2-24　混凝土空心柱

施工中制作了两套定型大钢模板，外模与内模用对拉螺栓加固连接，用四角、八点垂直吊钢丝的方法来控制柱模板垂直度。空心柱成型后混凝土内实外光，表面平整，最大垂直度偏差 2mm。

2. 20976m^{2}屋盖钢网架地面拼装施工规范，整体提升平稳无异常。

网架地面拼装分 6 块由两边向中间进行，减少了焊接变形和焊接应力。网架拼装好经检测横向长度最大偏差值 12mm，纵向长度最大偏差值 21mm（规范规定小于等于 30mm）起拱最大值偏差＋9％（设计值＋15％），均在设计和规范允许范围之内。

网架整个提升过程平稳，未出现异常变形。网架整体提升技术已形成××省省级工法《大型钢网架整体提升施工工法》。网架提升到位后经检测相邻支座高差最大 15mm、支座相对高差最大值 23mm 均满足规范要求。在网架自重及屋面全部荷载下测量的挠度最大值为 202mm，小于设计值 313mm，满足设计要求，如图 2.2-25 所示。

图 2.2-25　钢网架屋盖

3. 厂房南立面通长钢大门安装规范。

大门采用地面组装成型后用起重机械提升安装的方法。门体组装各个节点螺栓连接位置准确，位置偏差最大值 3mm（规范规定 5mm），形状偏差最大值 8mm（规范规定 20mm），对角线偏差最大值 12mm（规范规定 40mm），均满足设计及规范要求。大门开启灵活，合缝严密，气势恢宏，如图 2.2-26 所示。

图 2.2-26　南立面通长钢大门

4. 建筑外观精工细做。

外墙大角顺直。13600m^{2}外墙金属板安装牢固平整，接缝严密。混凝土散水表面平整，灌缝密实，分格缝周边面砖镶贴美观，如图 2.2-27 所示。

5. 20000m²厂房地辐热采暖耐磨地面平整光洁无裂缝。

地面施工过程中严格控制混凝土水灰比和坍落度，施工中采用了激光整平仪、磨光机等先进仪器和 4m 刮尺控制混凝土地面平整度等措施。地面颜色均匀一致，平整度偏差均在 3mm 以内。经过一个采暖期，供暖情况良好，地面无裂缝出现，如图 2.2-28 所示。

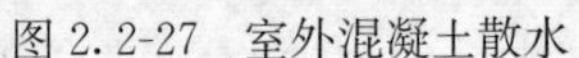

图 2.2-27　室外混凝土散水

图 2.2-28　厂房地辐射耐磨地面

6. 20984m²屋面做法创新、美观实用。

7. 屋面为压型钢板上铺设 PE 膜隔气层、岩棉保温层、PVC 卷材防水层。

屋面坡向正确、无积水。84 个虹吸雨水口安装位置准确，排水通畅。6200 个避雷网格定型支座间距合理，横成排、纵成列，避雷镀锌圆钢安装平直、整齐美观。屋面使用一年来不渗不漏。

8. 附楼装饰施工精良细作。

9. 附楼走廊、办公室楼地面地砖铺贴平整、无空鼓。824m 走廊不锈钢栏杆安装牢固、平直美观。

地下室走道油漆地坪平整，色泽一致，如图 2.2-29、图 2.2-30 所示。

图 2.2-29　厂房内附楼不锈钢栏杆

图 2.2-30　附楼瓷砖地面

10. 卫生间墙砖、地砖、顶棚饰面板三缝对一，整齐美观。卫生间地面坡度正确，地漏套割居中，蹲便器四周镶贴黑色砖美观。

11. 管道安装牢固，排列整齐有序，油漆明亮，根部处理精细。泵房内水泵排列整齐，管道横平竖直，镀锌铁皮保温外壳外观精细，标识醒目，如图 2.2-31、图 2.2-32所示。

图 2.2-31　空调水泵房

图 2.2-32　地下室走道管线

12. 走道顶部管线采用综合平衡技术，精心策划，认真施工，管线敷设整齐，排列有序，标识醒目，支架设置合理，间距一致。64 组分集水器安装高度一致，连接点牢固、密封严密，如图 2.2-33、图 2.2-34 所示。

图 2.2-33　配电室

图 2.2-34　集分水器成排安装

（五）新技术、新工艺、新材料应用

本工程采用新技术、新工艺、新材料共 10 大项 26 小项，创经济效益共 560 万元，推广应用新技术总体水平达到省内领先，见表 2.2-1。

新技术应用表　　表 2.2-1

序号	项目	子项目		数量
		序号	项目内容	
1	地基基础和地下空间工程技术	1.1	长螺旋灌注桩	
			复合土钉墙支护技术	

续表

序号	项目	子项目		数量
		序号	项目内容	
2	高性能混凝土技术	2.1	混凝土裂缝防治技术	
		2.3	混凝土耐久性技术	
		2.4	清水混凝土技术	
3	高效钢筋与预应力技术		HRB400级钢筋应用技术	2090t
		3.3	粗直径钢筋直螺纹机械连接	
4	新型模板应用技术	4.1	清水混凝土模板技术	
5	钢结构技术	5.1	钢结构CAD设计技术	
			屋面网架整体提升技术	2100t
		5.3	压型钢板—混凝土组合楼板	
		5.7	钢结构的防火防腐技术	
6	安装工程应用技术	6.2	管线布置综合平衡技术	
			电缆敷设与冷、热缩电缆头制作技术	
		6.4	建筑智能化系统调度技术	
7	建筑节能和环保应用技术	7.1	轻钢龙骨板材墙面、断桥铝合金中空玻璃、防火玻璃隔断	
		7.2	新型空调和采暖技术	
8	建筑防水新技术	8.1	PVC防水卷材	
		8.2	聚氨酯防水涂料	
		8.3	硅酮密封胶	
9	施工过程监测和控制技术	9.1	施工过程测量技术	
			深基坑支护监测技术	
			钢网架施工过程受力与变形监测和控制	
10	项目管理信息化技术	10.1	工具类技术	
		10.2	管理信息化技术	

(六)工程检测

1. 附楼钢结构检测

高强度螺栓连接摩擦面抗滑移系数和扭矩系数经××省建设工程质量检验测试中心检测，符合规范要求。钢结构焊接质量经××环宇工程检测中心检测，符合规范要求。防火涂料原材料质量、涂刷厚度经检测均符合设计及规范要求。

2. 钢筋混凝土结构检测

地下室梁、板构件钢筋保护层厚度、±0.000以上混凝土结构柱和板构件钢筋保护层厚度，经××省建筑设备安装质量检测中心检测合格（合格率93.3%、90%、93.3%、95.2%)。

3. 沉降观测

沉降观测共设51个观测点，由西北综合勘察设计研究院观测。最大沉降量－12.34mm，最小沉降量−0.66 mm，平均沉降速率0.02mm/d，沉降已稳定。

4. 建筑物全高垂直度测量

建筑物垂直度偏差最大值3mm，满足设计及规范要求。

5. 屋面、多水房间地面，经淋水、蓄水试验均无渗漏。

6. 铝合金窗、玻璃幕墙、室内环境、避雷、空调、水质、消防、节能、电梯均检测、验收合格。

（七）工程质量验收及综合评价

工程质量验收：2007年4月11日通过了地基验槽，2008年8月25日地基与基础分部通过验收，2009年3月12日主体分部通过验收，2009年8月28日单位工程竣工验收合格。

1. 结构和安全功能检测情况

（1）桩基检测

混凝土灌注桩经××省建设工程人工地基工程质量检测站检测，共检测工程桩173根，单桩承载力5000kN和2600kN，满足设计要求。桩身完整性良好，其中1类桩165根，占检测总数的95.38%，2类桩8根，占检测总数的4.62%，无3类桩。

（2）网架检测

经××省建设工程质量检测中心检测，该网架采用的钢管直径、壁厚，焊接球直径、壁厚减薄量、圆度，网架焊接空心球节点力学性能等均满足设计和规范要求。网架杆件焊缝质量探伤检测一次合格率100%、网架拼装偏差、网架提升到位后相邻支座高差、支座相对高差、网架自重及屋面全部荷载下测量的挠度最大值等均满足设计要求。

2. 技术资料

技术资料齐全、真实，分类编目清晰，内容填写整理规范。

3. 工程质量综合评价

工程地基与基础、主体结构、建筑装饰装修、建筑屋面、建筑给排水及采暖、建筑电气、智能建筑、通风与空调、电梯、节能共10个分部工程，均验收合格，工程观感质量“好”。依据《建筑工程施工质量评价标准》GB/T 50375—2006，综合得分95.36分，单位工程质量自评为优良工程。

（八）节能环保

工程应用了金属复合发泡聚氨酯外墙保温板[导热系数0.022W/(m·k)]、屋面岩棉保温板[导热系数0.039W/(m·k)]、管道超细玻璃棉保温管[导热系数0.037W/(m·k)]、断桥隔热铝合金窗[传热系数2.8W/(m^2·k)]、中空玻璃幕墙[传热系数2.86W/(m^2·k)]、钢大门[保温性能2.8W/(m^2·k)]、钢柱型散热器、地辐热采暖、蹲便器延时自闭阀等节能材料，节能效果显著。

施工过程中采取了搅拌站封闭、道路硬化、木工棚隔声材料封闭，选择环保型防腐、防火油漆涂料等环保措施。

（九）获得的荣誉

××省“××杯”；

××省优秀工程设计；

××省文明工地；

××省新技术示范工程；

××省优质结构工程；

××省科技成果优秀奖（2008年）；

××省科技成果优秀奖（2009年）；

××省施工工法；

××省优秀质量管理小组；

××省优秀质量管理小组。

第3节　建筑工程质量管理发展趋势

一、质量管理的发展

1. 产品质量检验阶段——符合性质量

产品质量检验阶段是指从20世纪初～30年代末，即从欧洲工业革命开始到第二次世界大战爆发这一阶段，这个阶段的特点是仅仅把工厂生产的产品作为质量的载体，产品质量也仅指产品的使用价值，并把质量管理理解为对产品质量的事后把关或事后控制，即靠检验人员根据技术文件规定，使用一定的检测手段，对已经生产出来的产品进行检测和实验。

20世纪40年代，符合性质量概念以符合现行标准的程度作为衡量依据，“符合标准”就是合格的产品质量，符合的程度反映了产品质量的水平，即狭义质量的核心要求是质量的符合性，符合图样规定，符合技术标准。与之相对应的既是符合性质量管理，符合性质量管理是以检验中心为质量管理，将检验作为一种管理职能从生产过程中分离出来，建立专职的检验机构，由检验人员按照产品质量标准对产品生产过程的符合性进行检验。符合标准就合格，就是高质量，不符合标准就是不合格，就是拒收，相应地产生了“质量是检验出来的”说法。

2. 过程质量的统计控制阶段

过程质量的统计控制阶段是指从20世纪40年代～50年代末。这个阶段的特点是，人们已经认识到产品的生产过程对产品质量的影响作用，认识到过程也是有质量的，过程也应作为质量的载体，并将数理统计与过程质量管理结合，不但预防不合格产品的产生，并且也检验产品质量，这一阶段由事后检验改为预测、预防质量问题的发生，并使用统计方法进行过程控制。

3. 全面质量管理阶段——满意性质量

20世纪80年代，质量管理进入到TQM阶段，将质量定义为“一组固有特性满足要求的程度”。它不仅包括符合标准的要求，而且以顾客及其他相关方满意为衡量依据，体现“以顾客为关注焦点”的原则。全球经济一体化的时代，质量已成为了效率、完美、合理和进步的同义词，“生活质量”的提出把质量渗透到社会的各个领域，全面质量的概念被公认，全面质量的核心要求是顾客持续满意，这种满溢性质量管理以顾客为中心，不仅要满足顾客对产品质量、价格、服务的要求、还要满足顾客个性化需求、风土人情、心态习惯的现代服务需求。企业主动满足顾客需求，甚至顾客还没想到，企业就超前考虑顾客需求。全面质量管理实指通过让顾客满意后本组织所有成员及社会收益而达到长期成功。全面质量是从市场角度定义的，质量由顾客来评价，根据顾客的需求，全面质量强调了质量与成本的统一，强调了质量创新，包含了质量文化、质量道德内容。将质量的内涵延伸，从原本"营销学上的质量概念"，提升至"社会学的质量"。

4. 质量管理体系的标准化管理新时期

随着 ISO 9000 系列标准的逐渐完善以及其被世界绝大多数国家所采用，有力地促进了质量管理的普及和管理水平的提高，质量体系作为质量管理的载体开始被大家接受，大多数企业推行质量管理都是在质量检验的基础上起步的，按照 ISO 9000 标准要求建立健全质量管理体系，使影响产品质量各因素和各项质量活动处于受控状态成为广大企业的选择。

5. 质量文化管理新时期——卓越质量

20 世纪 90 年代以来，随着全球市场竞争的日益激烈，科技文化的不断发展，追求卓越、质量经营等质量文化理念开始盛行，质量文化是企业在长期生产经营实践中逐步形成并相对固化的一系列与质量相关的管理理念的综合，质量文化的形成和发展基本路径是质量改进、全面质量管理和质量文化的形成，其在管理对象上突破了以产品质量、工序质量和工作质量为中心，开始强调以人为中心，通过人的行为管理和激励，促使全员正确地工作来保证质量的改进和提高；在管理方法上，从侧重于维持性质量保证的监测控制开始向着眼于持续性质量突破改进等。

20 世纪 90 年代，质量的内涵进一步扩大，从原先被动满足所有利益相关方的要求，进一步深化到主动、超前满足顾客及所有利益相关的要求，满足并超出顾客心理预期的要求，使顾客从获得质量时的满足上升为惊喜，此阶段的质量从深层次的角度去理解是"一个心理学上概念"。

二、新形势下建筑工程质量监督管理模式转变的背景及方向

1. 加强和改进质量监管工作的背景

质量监督管理模式与方法必须适应发展形势、管理对象和工作任务的变化，任何一成不变的管理模式是没有生命力的。建设工程质量的监管工作必须与时俱进，开拓创新，根据不同时期的特点，不断注入新的内涵，赋予新的要素，体现新的特征。只有不断增强监管工作的适应性、有效性和科学性，才能充分发挥监督效能，保证和提高工程质量，促进和谐社会建设。

（1）监督收费的取消，为机构重新定位带来了新契机

长期以来，绝大多数监督机构是自收自支事业单位，并以收取监督费维持正常运转。2008 年 11 月，财政部、国家发改委下发《关于公布取消和停止征收 100 项行政事业性收费项目的通知》（财综［2008］78 号），其中包括建设工程质量监督费。监督收费的取消，使工程质量监管工作突然面临严峻的挑战，这就迫使监督机构必须树立新理念，创建新机

制，采取新举措，不断加快制度和管理创新，逐步实现一系列根本性的转变。尽管文件明确指出，收费项目从2009年1月1日正式取消和停止征收后，履行行政管理职能的经费，由同级财政预算予以保障。但是，由于种种原因，仍有部分基层监督机构存在经费难以落实的问题，导致监督工作无法正常展开、监管职责难以履行到位。对此，这就既要客观评估由此造成的不利影响，也要从发展的视角来认识改革的积极意义。从而以监督收费的取消为契机，顺应形势的发展，重新对监督机构的性质进行定位。

(2) 住房和城乡建设部第5号部长令的出台，为监督模式的转变提供了依据

目前，工程质量监督在一定程度上还是沿袭了十几年前的做法，实行以工程项目为对象、以定人、定点、定式监督为主的模式。住房和城乡建设部颁布施行的5号部长令《房屋建筑和市政基础设施工程质量监督管理规定》，是质量监督工作的指导性文件，更进一步地明确了住房和城乡建设主管部门及工程质量监督机构是实施房屋建筑和市政基础设施工程质量监督的主体，并统称为主管部门，体现了对监督机构行政执法地位的认可。5号部长令既充分考虑了政策的连续性，也广泛吸收各地有效做法，对监督工作内容、程序及监督机构和人员的考核管理等方面，作出了比较系统、科学的规定，对一些重点部位和关键环节提出了明确的监管要求，是今后开展质量监督工作的根本大纲。加快建立健全以抽查为主要方式、以行政执法为基本特征的工程质量监督模式是贯彻执行5号部长令的迫切要求。

(3) 市场形势的发展，为改进监管方法积极创造条件。

近年来，我国工程建设每年保持在20%左右的增长速度，工程建设呈现出量大、面广、点多、线长、周期短的特征，整体规模不断创造历史新高。随着经济的发展，工程项目中超高层、大跨度、结构复杂的建筑日益增多。从项目管理情况来看，由于建设规模与管理资源配置失调，制约质量水平提升的客观因素仍然存在；工程技术储备不足，市场不规范，管理不到位，违法分包、转包屡有发生，从业队伍素质不高的情况尚未根本改变；工程实施承受自然环境、社会环境和工程管理的多种因素，导致老问题与新矛盾交织，形势不容乐观。这些问题都与质量监督工作的科学发展要求不相适应。新形势要求当前和今后一段时间，监督管理方法要着力在推动“四化”上下功夫，即监管内容专业化、监管程序标准化、监管过程精细化和监管手段信息化。“四化”既是工作要求，也是一个工作体系；既是推行现代工程监督管理的重要抓手，也是提高监督管理水平的必然要求。

(4) 监管任务的变化，为机制体制创新不断注入活力。

近年来，随着工程的监管难度、风险和环境的不断变化，一些科技含量高、施工难度大的工程日益增多，工程技术风险、质量风险日益突出，加之市场机制不完善、投资主体逐利趋向，给质量监督管理工作带来了新的困难和问题。同时，部分参与工程建设的企业和个人的质量意识不高，责任落实不到位；建筑市场不规范，信用缺失、无序竞争、低价中标等现象仍然存在，参建各方责任主体行为制约机制难以有效运转；违反法定建设程序和任意压缩合理工期，影响质量的现象突出。一些建设项目未办理施工许可、质量安全监督等相关手续就擅自开工建设，规避政府主管部门监管；一些新区、开发区、工业园区的建设工程游离于监管之外或者监管不到位，“三区”工程成为工程质量监管的薄弱环节和盲区，也是事故频发的重灾区；村镇建设工程质量监管体系尚未建立，缺少法规和监管队

伍等方面的必要支撑；工程项目已经向高、大、深、难转移，而建设、管理、监督队伍的总体素质还不能适应新形势下的工程建设。另外，随着工程量的大幅增加，许多地区尤其是大中城市的监督力量严重不足，人均监督面积已从 20 世纪 90 年代初的 3 万 m^2 增加到当前的十几万、几十万甚至上百万平方米，人员紧缺的问题相当突出。监督队伍素质良莠不齐的现象，也影响了监督工作质量。为此，政府实行的行政责任追究制度又对质量监督工作提出了更高的要求，监督人员承受很大压力。面对这种形式，必须尽快建立完善“履职不失职、尽责不追责”的监管工作新机制。

2. 新形势下监督管理转变的模式及方向

新形势下质量监督工作中要“抬头看准路，低头拉好车”，努力做好“三个结合”，即转变理念与改进方法相结合，夯实基础与抓住重点相结合，强化监督与做好服务相结合。根据监督机构改革和建设发展需要，突出抓好主要矛盾和矛盾的主要方面，不断探索新思路。监管工作不仅要全力拼搏，还要发挥“四两拨千斤”的巧劲。要调整监督模式，建立起一种“执法严格、方法科学、手段先进”的工程质量监督运行保障机制。

（1）执法型监督。这表明了监督工作的属性。取消工程质量监督费是推进政府职能转变，推进依法行政，建立法治国家的重要举措。法治国家的基础是社会有自律自控能力、企业能生产出合格质量的产品。

从法制意义看，政府对企业的约束是以执法手段来实现的，所以监督机构应转向执法，改“检查监督”为“执法监督”，从源头开始明确监督机构的执法性质。监督机构承担着政府对建设工程质量的监管职能，履行的职责是行政执法的性质，监督机构应定位于参照公务员管理的行政机构。只有将建设工程质量监督机构纳入参照公务员管理的序列，才能逐步理顺政府对工程质量监督管理的关系，充分体现建设工程质量监督的职责，有效保证政府执法的威慑力。

（2）抽查型监督。这指明了监督工作的方式，“定部位、预约式”的传统质量监督模式，不仅与监督检查随机性、动态性的根本要求相矛盾，而且容易造成因停工待检而影响工程的正常进度，客观上也给极个别监督人员的腐败行为提供了条件。这种监督模式已经越来越不适应监督工作的实际需要，必须彻底加以改进。建立规范高效的工程质量巡查、抽查制度，把工程质量检查与各方责任主体质量行为结合起来，把施工前预控、施工中检查与竣工验收有机结合起来，取消施工过程中“停工待检”的质量控制点检查，加大不定时、不定点、不定人、不定内容、不提前告知的日常质量监督巡回抽查力度，充分运用先进的检测仪器、设备和技术，全面实行工程实体监督抽测，真正对责任主体起到震慑作用。监督抽查要做到专项治理与日常监督相结合、告知性检查与突击性检查相结合、综合执法检查与专项检查相结合、巡查与层级督查相结合、行为监督与实体监督相结合。通过对关键环节、重点部位的控制，有效防范质量事故的发生。

（3）科技型监督。这说明了监督工作的手段。①针对人手少、任务重、要求高的实际，让工程质量监督插上“信息化”的翅膀，不断创新思路，寻求突破，研发和启用工程质量监督管理协同服务平台。监督人员上班打开电脑，就可以通过视频、网络传送等技术，清楚了解各项目现场的施工进度、材料验收以及各方责任主体人员的履责情况。②通过高科技信息平台反馈的信息，能较好地实行资源优化配置，把有限的资源充分调动起来。利用相关应用软件，定期对监管数据进行统计分析，找准薄弱环节和突出问题，制定有效措施，进行监管。③通过网上监督平台，进一步增强行政权力运行的公开透明度，加快实现工程质量监督的模式由传统型向信息化迈进，被动服务向主动报务转变。④进一步强化服务平台与政务网站的互联互通，通过网上投诉信箱、曝光台等载体，加大社会监督力度，让广大群众更加积极主动地参与到工程质量监督工作中来，工程质量监管更加及时有效。

三、质量管理的新理念

1.低成本条件下的质量管理

在市场激励竞争和低成本需求的条件下，应用价值链方法进行项目质量管理，可全面改进质量管理的项目成本水平。价值链是指在工程项目全生命周期内，将设计、生产、销售、发送和辅助产品生产过程系统地联结起来而形成的链状集合体。对于工程项目来说，价值链中的顾客即为建设单位（投资方），作业活动包括工程设计、施工以及采购等活动。价值链的价值基础在于工程质量保证水平。

（1）基于项目全生命周期的价值链管理

工程质量需要适宜的成本水平。施工企业应改变以往仅着眼于施工企业内部，从事前、事中、事后分别对工程成本进行成本预测、成本控制、成本核算的做法，采取基于项目全生命周期的价值链管理方式，把质量目标贯穿其中，向业主和分包方两头延伸成本管理的触角。

1）通过价值链分析，不仅可以通过整合方式来提高原材料及其他资源的供应及时性，提高技术可靠性，进而降低工程成本，还可以找出内部不增值的过程并予以消除，达到降低成本的目的。通过价值链分析，企业还可以寻求优化业主、供应商及分包商的价值链来降低成本、提升质量。

2）利用价值链分析，可以关注行业和竞争对手的动向，探讨整个行业施工企业的竞争地位和相应的分化、组合问题，客观评价自己在竞争中的优势与劣势，从而制定相应的竞争策略。低成本要求在保证产品质量的前提下，在性价比合理的基础上，提高施工效率的策划能力，提升施工进度的控制能力，提高施工资源的利用效果，强化提升施工效率的改进机制等。

（2）优化合作伙伴的质量管理

施工企业应进行价值链的分析，旨在进一步优化合作伙伴。由发现机遇并具有响应机遇的核心能力的人员构成核心团队，负责整个企业价值链的分析工作。

1）核心团队应认真收集各合作企业和竞争对手在设计、技术、施工规模和职工人数等方面的信息，分析、评估和比较各企业的核心资源和企业敏捷性，以确定合作企业整体核心竞争力是否满足需要。对不具备核心竞争力的企业应予以淘汰，直到寻找到理想的合作伙伴。

2）在工程设计和施工过程中，应最大限度地利用合作企业现有的设计、施工条件和资源，缩短工程准备周期并降低工程成本。同时，直接采用经过实践考验的施工技术和材料，可快速形成可靠的工程设计方案，提高工程设计的前瞻性和敏捷性。

(3) 目标成本与质量目标的集成管理

工程总承包企业在组织设计阶段项目成本管理的主要任务是确定项目目标成本，其他施工企业应及时配合和了解相关的造价（成本）控制要求。目标成本规划的核心工作就是制定目标成本，并通过各种方法不断改进工程项目各分部的设计，以使工程项目的设计成本符合目标成本。目标成本确定是一个随着工程建设项目设计方案的改进而不断反复计算的过程。设计机构的成员应分别来自设计单位、采购单位、施工单位。整个设计机构成员都应围绕工程项目的目标功能、质量目标和目标成本来进行设计。包括：

1) 根据成本估算、期望成本制定工程项目层次的目标成本规划，将压力分解到项目的各参与方。

2) 与项目质量目标分解同步，制定施工工序层次目标成本规划，将压力分解到企业内部的各个层次。

3) 在施工工序层次目标成本规划的基础上，按原材料的种类分解，制定出所需各种原材料的目标成本，将零部件目标成本的压力转移给供应商。

(4) 成本控制与作业链管理

价值链的载体是作业链。项目各参方应根据集成管理的目标要求，围绕作业链细化质量与成本控制要求，确定质量与成本的平衡点，根据平衡点的管理需求展开成本控制。通过作业的推移，使价值在企业内部积累与转移，最后通过顾客的认知实现顾客价值，完成企业价值链的循环过程。

2. 低碳经济条件下的质量管理

低碳经济下的质量管理是环境保护、绿色施工与成本控制的综合体现，其中绿色施工是未来施工企业质量管理的重要关联工作和发展方向。实施绿色施工，对于贯彻落实科学发展观，创新工程质量管理，提高工程项目质量水平具有重要的促进作用。

(1) 施工策划的低碳化

绿色施工策划是工程项目质量策划的有机组成部分。绿色施工策划以污染预防和节能降耗为核心，全面考虑施工过程的环境因素和影响，在满足工程质量标准的前提下，确定相应的管理和控制措施。施工企业应在项目质量策划中大力推广节能施工标准，应用新型环保材料和节能型设备，应用先进成熟的施工技术，加强数字化工地等信息技术应用，构建密切联系生产的项目技术创新机制和推广机制，增强企业原始创新、集成创新、引进消化吸收再创新能力，加快建筑业技术进步的步伐。

(2) 施工技术的低碳化

绿色施工技术是实施绿色施工的重要手段。施工企业应具有绿色施工的前瞻意识，把质量管理需要的施工技术与绿色施工需求结合起来，主动应用各种可以提升绿色施工绩效的新技术，包括工程项目的现场现代监测技术、低噪声的施工技术、现场环境参数检测技术、自密实混凝土施工技术、清水混凝土施工技术、建筑固体废弃物再生产品在墙体材料中的应用技术、新型模板及脚手架技术的应用等。

(3) 施工方法的低碳化

低碳化的示范工程是落实绿色施工要求、避免应用风险的重要手段。施工企业应围绕绿色施工技术的开发应用，以低碳化示范工程为切入点，建立各种项目设计和材料应用的节能环保标准，完善激励机制。推行绿色施工应用示范工程能够以点带面，发挥典型示范作用。通过示范工程实施典型引路，对绿色施工应用示范工程的技术内容和推广重点进行适宜性研究。以示范工程为平台，引导项目绿色施工的可持续发展，促进绿色施工技术和管理经验更多更快地应用于工程施工。

(4) 施工管理的信息化

施工企业应该根据项目管理的需求，加强信息技术应用，如绿色施工的虚拟现实技术、BIM技术、绿色施工组织设计数据库建立与应用系统、数字化工地、基于电子商务的建筑工程材料、设备与物流管理系统等。通过信息技术应用水平的提高，实现精密规划设计，精心建造和优化集成，实现绿色施工的各项目标。

(5) 施工评价改进的集约化

施工企业应对照《绿色施工导则》的指标体系，结合工程特点和质量标准，组织对绿色施工的效果及"四新技术"的采用情况进行自我评价，及时发现问题和不足，采取改进措施提高绿色施工效果。可以采取的措施包括：完善绿色工策划的内容，改变施工工艺和施工方法，实施材料和设备替代，强化人员培训和技能提升，加大绿色施工的综合力度等。

3. 可持续发展条件下的质量管理

可持续发展要求企业的质量管理应具备可持续的管理机制。包括：人性化的质量管理模式，知识管理与卓越建造，绿色施工与环境保护，有道德的质量管理价值体系等。

(1) 卓越绩效与知识管理

卓越绩效模式是质量管理的高端层次，应成为优秀施工企业质量管理的理想运行模式。推行卓越绩效管理的基础在于持续有效的知识管理。

1) 知识管理是企业追求卓越的重要能力。不仅运用集体的智慧来提高应变能力和创新能力，而且为企业实现显性知识和隐性知识共享提供新的途径。各类施工企业都可以通过知识管理开拓可持续发展的新途径。

2) 卓越绩效的知识管理包括理论、经验、创新能力和实现顾客价值最大化，主要包括两个方面：一是小范围的定位、构思和使用的知识管理；二是有关市场、企业和相关企业、个体之间的大范围的知识管理。通过使用诸如信息技术、人工智能和认知过程等许多专业的现代化技术来对知识进行定位、确认和传播，提升企业的集成创新能力。

3) 知识管理是设计与施工整合中提高信息可视化和流动性的一种有效的方法，施工企业应用此方法的关键是学习项目团队精神和组织能力，建立和谐统一的设计施工团队，并通过网络来协助进行知识的集成和利用。

(2) 有道德的质量管理价值体系

质量管理的根本基点是施工企业和人员的质量道德水平。

1) 客户的短期利益和长期利益。工程质量是百年大计，质量管理过程必将成为客户期望与现实的交叉结合过程。应将客户的长期利益与短期利益有机结合，提供可持续发展的工程质量。施工企业需要建立可以引领市场和客户的服务体系，树立企业的道德信用，通过工程质量的持续改进和创新，提升和引导客户的价值观和消费心理，提高市场占有率。

2）职业道德与企业信用文化。质量管理需要高尚的职业道德，企业职业道德是保证质量管理持续发展的内在动力。高尚的职业道德既是企业信用的集中体现，又是企业信用文化的必然结果。因此，建立有职业道德、信用保证的质量管理机制和具有高尚道德情操的企业信用文化，是施工企业的基础质量管理工作。

3）有道德的质量管理价值体系。道德是企业的社会形象，信用是企业文化的重要理念。质量管理的根本基点在于企业员工的道德层次和信用保证的有效性。施工企业应根据需要，及时提升和构建企业信用层次，建立有道德的质量管理价值体系，包括：道德内涵、思想情操、个人信用、价值取向等。施工企业应建立自我完善、持续改进的运行机制，以确保企业的道德、信用与时俱进。

4. 人性化的质量管理

施工企业的质量管理应是人性化的质量管理模式，是一种针对人的思想的“稳定和变化”进行管理的新模式。人性管理是企业在已有先进生产技术和规范管理的基础上，经过系统学习，改变思考模型，提高学习能力，实现自我超越、主动地适应外部环境的变化，来实现经营管理状态的变化，为用户提供质量优良、价格适中的产品和服务。

（1）坚持“复限式”的经营原则，打破原有的分工边界，充分利用各方面信息，采用人性化的生产技术和动态的组织结构，充分发挥全体员工的创新积极性。

（2）员工的成长是企业成长最强大的推动力。对有才干的员工因材施用，让员工在企业中找到自己的归属感和成就感，以增强企业的稳定性，从而降低企业的人力资源成本，提高人力资源的使用效率和效益。

（3）“员工也是上帝”是人性化管理理念的本质体现。对于企业来说，员工队伍的稳定是效益稳定的基石。只有摆正企业与员工的位置，才有人性化管理可言。人性化管理最起码的要求，就是要将人当人看。先有将员工当人看，才有将员工当上帝看。

（4）建立“机会平等”的用人机制。如果员工感受不到管理机制的规范性与合理性，看不到自己的发展前途，那么企业也就毫无发展前景。施工企业应加以全面改造或彻底修整，以避免陷入深重的危机而难以自拔。

四、质量管理的发展趋势

1. 质量载体不局限于企业产品

随着质量管理理论和实践的不断发展，质量管理的载体不再只针对企业产品以及过程和体系或者它们的组合，质量载体将由以制造业为主的工业企业产品向全社会的各种组织所产出的服务和产品转变，包括医疗卫生、交通运输、政府银行等单位，而质量载体不仅包括生产制造过程也将包括设计、规划、供应、销售和服务等相关过程。

2. 质量管理内容将向注意质量改进和质量保证转化

从内容上看，传统质量管理的核心是对生产过程的控制来防止不合格产品的产生，以保证产品符合规定的质量标准，激烈的市场竞争和国际环境将促使企业在关注质量控制的同时开始转向质量改进和质量保证。通过质量控制和质量保证活动，发现质量工作中的薄弱环节和存在问题，再采取针对性的质量改进措施，进入新一轮的质量管理PDCA循环，以不断获得质量管理的成效。

3. 质量管理在方法上将与计算机紧密联系在一起

在质量管理方法方面，对质量管理的单一检验方法将发展为各种管理技术和方法的一起应用，在质量管理活动中，将引入更多的计算机辅助设计和制造及机器人的应用，在自动化生产中，对产品的设计、生产过程采用一系列在线检测技术，取代传统的事后成品检验方法。

4. 质量管理的空间范围将向国际化发展

以信息技术和现代交通为纽带的世界一体化的潮流正在迅速的发展，各国经济的依存度日益加强，其中生产过程和资本流通的国际化，是企业组织形态的国际化的前提；技术法规、标准及合格评定程序等，是质量管理的基础性、实质性的内容，采用国际通用的标准和准则，传统的质量管理必然跨越企业和国家的范围而国际化，全球出现的 ISO 9000 热以及种类繁多、内容广泛的质量认证制度得到市场的普遍认同，也从一个侧面展现了质量管理的国际化。

5. 全面质量和质量管理的社会化趋势

在“传统”质量观念中，质量一词主要是指产品质量，质量管理也主要是依据一定的标准对产成品、半成品等进行检验，以达到控制产品质量的目的。而现代质量观念认为质量是指全面质量，其含义是一个完整的、系统的、整体的概念，即企业必须用系统论的思想和方法来认识和对待质量。企业的成品质量、半成品和零部件质量、原材料质量、工艺工序质量、工作和服务质量等是一个完整的整体，质量管理应该是整个企业全体人员的总体行为。如今，先进国家和企业对自己产品的要求，已不局限于符合质量标准。他们认为，即便符合质量标准，只要用户不满意，就不是“完美”的高质量商品，“用户需要什么就生产什么”，正体现了这种现代质量价值观。质量的概念必须进入人类社会的所有领域。只有这样，质量工作才能导致全世界生活质量的改善。

由于质量是连接商品生产、交换和消费过程的纽带，而每一个社会成员都是“顾客”，都关心质量问题，因此，质量进入人类社会的所有领域是商品经济发展和消费者追求“完美”商品所导致的必然结果。质量进入人类社会的所有领域将促进质量管理的社会化。传统质量管理和初期的全面质量管理主要立足于企业，虽然早期的全面质量管理已强调全员参与管理，但仍局限在企业内部。随着生产社会化程度的提高，社会分工越来越细，质量管理问题已从企业内部向社会扩展。

6. 微观质量管理和宏观质量管理同步发展的趋势

从不同角度研究问题，质量管理可分为微观管理和宏观管理。一般来说，微观质量管理主要是指生产企业或经营企业对产品或商品实施的质量管理。如，生产企业对产品的设计质量、原材料质量、工艺工序质量、工作质量等实行的管理，经营企业对商品的检验、贮存、养护、售后服务等实行的质量管理。宏观质量管理主要是指国家、行业对整个国家或行业的质量问题实施的调控和管理。如，国家通过法律手段保证和提高商品质量，对生产名优产品的企业施行政策倾斜，通过调控手段改变不合理的产品结构，国家或行业对商品进行的评优奖励活动等。

在全面质量管理的发展过程中，管理者对微观质量管理的理论和应用进行了大量研究，促进了质量管理的长足进步。鉴于质量问题日趋社会化，加强宏观质量管理的任务必然更加尖锐地摆在管理者面前。当今，质量已经成为市场竞争的焦点，只有把质量放在重要的战略地位，在搞好微观质量管理的同时，同步地提高宏观质量管理的水平。才能有效地促进质量管理的发展，以保证商品质量的稳定提高。把宏观质量管理和微观质量管理很好地结合起来，使之成为一个有机整体，不但对于我国是一个重要课题，而且也是国际上质量管理的发展方向。

7. 更加重视人的作用和素质

质量管理是全员性的管理，只有调动一切积极因素，动员社会力量和企业全体人员都积极参加管理，才能确保商品质量。随着管理科学的发展，人在管理中的作用大大加强了，对人的素质要求也大大提高了。重视人的作用，不断提高全员的素质，已经成为质量管理的重要内容。

8. 更加重视环境对质量管理的影响

在现代市场经济条件下，企业往往处于合同和非合同两种经营环境中，因而也导致了两种环境条件下质量管理的差异。在非合同环境中，企业的质量管理主要是，根据市场调研了解市场对质量的需求和期望，确定质量方针和目标，自行建立质量管理体系，在企业内部开展质量保证，以实现质量管理的目标。在合同环境下，企业必须依据用户需求的质量特点，建立质量管理体系的实行质量保证。企业提供的产品和质量管理体系也必须接受用户的评价，以实现合同规定的质量目标和要求。因此，合同环境下的质量管理不仅要在企业内部展开，还要延伸到企业外部，在供需双方之间实行质量保证，以取得用户对企业的产品质量和质量管理体系的信任，建立稳定的市场关系。

五、建筑工程质量管理的发展趋势

1. 将向高质量、精品质方向发展

从目前市场经济发展趋势来看，我国市场经济的快速发展与科学技术水平的提高，将进一步推动我国建筑工程的全面发展，我国建筑工程将沿着高质量、精品质的方向发展。在未来一段时间的发展过程中，建筑工程将开展结构改革活动，实施全面质量管理工作。建筑施工单位将进一步创新技术手段、进行科学的质量管理，进一步开发人力资源、开展建筑工程质量管理培训活动，提高建筑施工人员的质量管理知识水平，以此来提高建筑工程质量管理工作水平，切实保障建筑工程高质量完成，促进建筑行业的健康发展。

2. 将进一步建立健全建筑工程质量管理法律体系

我国在未来一段时间，将进一步建立健全建筑工程质量管理法律体系。建筑工程质量管理法律法规将建筑物的主体结构、室内外环境质量、关键工序的质量、基础设施的安全使用状况等建筑工程的各个工序环节的质量以法律条文的形式确立下来。通过法律法规的建立，政策建筑工程质量管理部门有了监督检查建筑工程的法律依据，并能够根据检查结果来对不法建筑施工单位采取惩治措施。法律体制的健全为建筑工程质量管理工作提供了法律保障。

3. 将进一步加强对设计单位的审查

设计图纸是工程项目建设的依据，也是最重要的一道工序，设计图纸的科学合理直接决定了建筑工程的质量。据调查数据显示，我国建筑工程事故有四成是由于设计不当引起的，因此加强对设计单位的资格审查显得尤为重要与必要；另外，还要提高对设计图纸、方案合理性、科学性的重视，加强审核以保证设计方案的可行性与安全性。在审查过程中，要能够做好内部审查工作，严格控制内部设计质量审查机制，聘请专家对设计图纸进行质量分析，从而严格控制设计图纸的质量，严禁非法设计现象，要能够做好设计现象服务制度，并严格执行设计图纸质量事故责任制。这样能够使设计单位提高工作责任心，提高设计图纸的科学性与合理性，将质量安全责任分担到设计单位身上，从而将建筑工程质量隐患扼杀在摇篮里。

4. 将进一步健全建筑工程质量监督管理机制

要充分发挥社会中介、咨询机构的功能，将建筑工程转包到那些社会口碑好、技术水平高的施工单位。社会建筑工程质量管理小组要能够从第三方的角度，对建筑工程质量进行客观的评价与监督管理，这能够保证建筑工程质量监管结果的客观真实。政府部门在宏观管理建筑工程质量的时候，要能够加快建立管理部门，建立健全建筑工程质量管理部门职责，并做好该部门的工作考核工作、实行岗位复杂制与质量事故经济赔偿制度。一旦发现建筑工程质量管理工作人员已经审查通过的工程项目发生质量问题，就一定要对造成的经济损失进行赔偿，并将该事项计入工作人员的个人档案，以此作为工作项目考核的依据。另外，政府要做好质量监管人员的资格审查工作，对工作人员的生活作风、工作状况、资信情况进行审查，一旦发现有受贿、滥用职权等现象一定要从严处理，追究其责任。总之，要能够调动社会一切可利用的资源力量，依靠先进的技术手段，建立健全管理机制，完善法律法规建设，做好建筑工程质量管理工作。

5. 政府将进一步加强对施工单位监管的趋势

政府将进一步落实转包单位与发包单位的质量安全事故的经济赔偿责任与刑事处罚责任，将对施工企业的技术水平进行审查，对施工单位的施工过程进行全程动态管理，保证建筑施工单位在建筑施工过程中所使用的施工技术、设备机械、管理制度、技术管理方法、工序安排等都达到质量安全生产标准。此外，建筑施工单位还将进一步做好持证上岗制度，对施工技术人员的资格审核工作要严格把关，要组织岗前培训工作，进一步提高施工技术人员的施工水平。建筑施工单位将对施工人员的综合素质、管理水平与技能进行考核，以此来建立健全施工建筑单位的自检制度，做好内部质量管理工作。政府与建筑施工企业加强合作，进一步做好内部与外部质量管理工作。

单元3 绿色建筑技术

第1节 绿色建筑概论

一、绿色建筑基本知识

进入21世纪，可持续发展成了人类共同的主题。毫无疑问，城市和建筑也必须纳入可持续发展的轨道，必须由传统高消耗型模式转向高效生态型模式，绿色建筑正是实施这一转变的必由之路，是当今世界建筑发展的必然趋势。

（一）绿色建筑的基本概念

在国际范围内，绿色建筑的概念目前尚无统一而明确的定义。由于各国的经济发展水平、地理位置、人均资源、科学技术等条件不同，各国的专家学者对于绿色建筑的定义和内涵的理解也不尽相同，存在着一定的差异，对于绿色建筑都有各自的理解。

维基百科对绿色建筑这一词条的描述为："指实践了提高建筑物所使用资源（能量、水及材料）的效率，同时减低建筑对人体健康与环境的影响，从而更好地选址、设计、建设、操作、维修及拆除，为整个完整的建筑生命周期服务。"

依据我国的《绿色建筑评价标准》GB 50378—2014，"绿色建筑"是指在建筑的全生命周期内，最大限度地节约资源（节能，节地，节水，节材），保护环境和减少污染，为人们提供健康、适用和高效的使用空间，与自然和谐共生的建筑。建筑的全寿命周期是指包括建筑的材料与构件生产、规划、设计、施工、运营维护、回收处理的全过程。具体就是从规划、设计阶段充分考虑并利用环境和自然资源；同时在施工过程中保证对环境的影响降到最低，发挥就地取材的地域优势，使用绿色环保产品、绿色技术；在运营管理阶段可以为人们提供健康舒适、安全低耗、无污染的环境；建筑物拆除阶段使拆除材料尽可能地再循环、再利用，减少建筑垃圾和资源浪费，对环境危害降低到最低（图3.1-1）。

（二）绿色建筑的本质和特征

绿色建筑不是一种刻板的技术标准，而是一种理念，绿色建筑理念的核心是"减少对各种资源的占有和消耗，减轻对环境的影响，创造一个健康、适宜的室内环境"，它是经过精心规划、设计和建造，实施科学运行和管理的建筑。所有的普通建筑都可以践行绿色建筑的理念。

建筑的根本目的或作用就是为人们的生活、生产和开展其他社会活动提供一个适宜的空间。为达此目的，功能和安全是建筑必须具有的两大属性，传统的建筑就主要关注功能和安全。绿色建筑除了和传统建筑一样关注建筑的功能和安全之外，还特别关注"节地、节能、节水、节材、室内环境质量、室外环境保护"，而且这种关注体现在

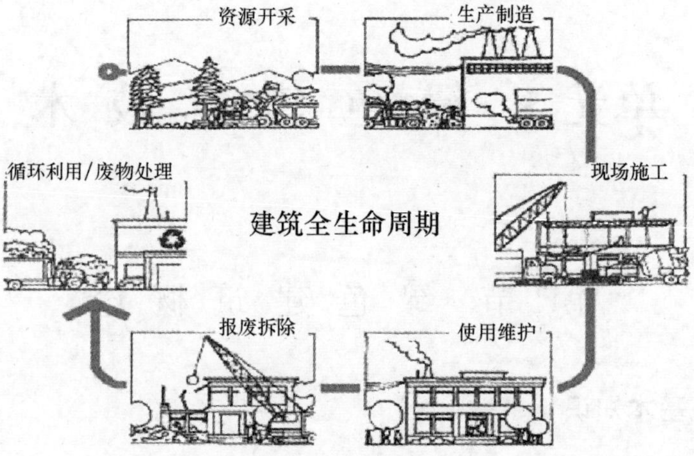

图 3.1-1　建筑的全生命周期

建筑从规划、设计、建造到运行、维护甚至拆除的整个生命期的各个环节。这就是绿色建筑的本质和特点。另外，绿色建筑还特别突出“因地制宜，技术整合，优化设计，高效运行”的原则。

（三）绿色建筑的内涵

1. 节约环保。节约环保就是要求人们在构建和使用建筑物的全过程中，最大限度地节约资源、保护环境、呵护生态和减少污染，将因人类对建筑物的构建和使用活动所造成的对地球资源与环境的负荷和影响降到最低限度并控制在生态再造能力范围之内。

2. 健康舒适。创造健康和舒适的生活与工作环境是人们构建和使用建筑物的基本要求之一。

3. 自然和谐。绿色建筑要与当地自然环境、文化环境和谐共生。这是绿色建筑的价值理想。绿色建筑要充分体现建筑物完整的系统性和环境的亲和性，以及城市文化的传承性，创造与自然、与文化相和谐统一的建筑艺术。

4. 因地制宜。我国不同地区的气候条件、物质基础、居住习惯、社会风俗等方面存在较大的差异，对国外绿色建筑政策法规的全盘照抄，显然是行不通的。在绿色建筑发展过程中要具体问题具体分析，采用不同的技术方案，体现地域性和创新性。

（四）绿色建筑应走出的误区

1. 绿色不等于高价和高成本

绿色建筑是一个广泛的概念，绿色并不意味着高价和高成本。比如延安窑洞冬暖夏凉，把它改造成中国式的绿色建筑，造价并不高；新疆有一种具有当地特色的建筑，它的墙壁由当地的石膏和透气性好的秸秆组合而成，保温性很高，再加上非常当地化的屋顶，就是一种典型的乡村绿色建筑，其造价只有 800 元/m^2，可谓物美价廉（图 3.1-2、图 3.1-3）。

并不是现代化的、高科技的就是绿色的，要突破这样的认识误区。把绿色建筑和建筑节能的发展道路定位在高端化、贵族化是不会取得成功的。事实证明，把发展道路确定为中国式、普通老百姓式、适用技术式，绿色建筑才能健康发展。

图 3.1-2　绿色生态窑洞

图 3.1-3　新疆绿色生态建筑

2. 绿色建筑不仅局限于新建筑

对于绿色建筑行业的推进，有部分业内专家表示，我国新建建筑节能工作做得较好，基本遵循了绿色建筑的标准；但把大量既有建筑改造成绿色建筑的工作推进得不是很顺利，许多既有建筑仍是耗能大户。

未来的30年之内，我们还要新建400多亿 m^2 的建筑，在现行建筑管理体系中，达不到绿色建筑标准就不得开工，所以新建建筑的节能只是执行问题，难度并不是很大。难度在于我国现在既有的400亿 m^2 建筑的节能改造，如何让既有建筑成为绿色建筑。比如，北方地区集中供热的建筑面积是63亿 m^2，占全国建筑面积总量的10%多一点，却占全国城镇建筑总能耗的40%。

3. 建筑节能不只是政府的职责

推广绿色建筑不只是政府的职责，广大居民也是绿色建筑的最终实践者和受益者。很多建筑本身的节能效果不错，可居民在装修过程中，把墙皮打掉了，或者换了窗户，拆掉天花板，这样就可能破坏了建筑本身的节能性和环保性。所以，建筑在全生命周期中想要做到尽可能多地节能，就不能只依靠政府部门，更需要公众的支持，公众参与才是绿色建筑成败与否的关键核心。

二、绿色建筑的发展

(一) 国外绿色建筑发展历程

20世纪60年代，美籍意大利建筑师保罗·索勒瑞把“生态学”和“建筑学”两词合并，提出了著名的"生态建筑"（即"绿色建筑"）的新理念。1969年，V·奥戈亚在《设计结合气候：建筑地方主义的生物气候研究》中提出建筑设计与地域、气候相协调的设计理论。1969年，美国风景建筑师麦克哈格在其著作《设计结合自然》一书中，提出人、建筑、自然和社会应协调发展，并探索了建造生态建筑的有效途径与设计方法。该著作标志着生态建筑理论的正式确立。20世纪70年代石油危机后，工业发达国家开始注重建筑节能的研究，太阳能利用、地热利用、风能开发、节能围护结构等新技术应运而生，其中以掩土建筑研究方面的成果尤为突出。20世纪80年代，节能建筑体系逐渐完善并开始在英、德等发达国家广为应用，但建筑物密闭性提高后产生的室内环境问题逐渐显现。1991年，布兰达·威尔和罗伯特·威尔合著的《绿色建筑：为可持续发展而设计》问世，提出了综合考虑能源、材料、住户、区域环境的整体设计观。1992年，巴西里约热内卢"联合国环境与发展大会"的召开，使"可持续发展"这一重要思想在世界范围达成共识，也促使绿色建筑渐成体系，并在不少国家实践推广，成为世界建筑发展的方向。

1990年，全球第一部绿色建筑评价标准——英国BREEAM（Building Research Establishment Environmental Assessment Method）绿色建筑评估体系问世。此后十几年间，西方发达国家开始建立了各自的绿色建筑评价方法、体系和标准。绿色建筑从理念到实践逐步完善和壮大，各国政府的推进活动、促进政策层出不穷，优秀案例不断涌现，绿色建筑相关的新技术、新材料、新产品快速发展。各国正在通过发展绿色建筑（也包含节能建筑、低碳建筑、零耗能建筑、生态建筑等），将全球建筑业的发展引入可持续发展轨道。

（二）国外绿色建筑发展特征

40多年以来，绿色建筑研究由建筑个体、单纯技术上升到体系层面，由建筑设计扩展到环境评估、区域规划等领域，形成了整体性、综合性和多学科交叉的特点，绿色建筑发展过程从理念到理论再到理论结合实践，发展范围也逐渐扩大。

1. 各国积极构建基于各国国情和气候特点的绿色建筑评价体系，并且及时更新以适应发展需求。

绿色建筑的发展从最初的英国和美国，逐渐扩大到许多发达国家及地区，并向深层次应用发展。如绿色建筑评价体系方面，继英国开发绿色建筑评价体系"建筑研究中心环境评估法"（BREEAM）后，美国、加拿大、澳大利亚、意大利、丹麦、法国、芬兰、德国等国家也相继推出了各自的绿色建筑评价体系。影响力比较大的有美国的LEED、德国的DENB和日本的CASBEE等。这些评价标准会及时更新，体现新的时代特征和需求。

许多国家组建了专门的机构来负责绿色建筑的实施、管理和评价等工作，明确监管职能，通过专门的管理机构来监管绿色建筑的实施，如美国绿色建筑委员会（USGBC）、德国可持续建筑委员会（DGNB）。

2. 不断扩大政策层面的工作，制定多角度的经济激励政策和制度措施来推进绿色建筑发展，逐渐有国家和地区将绿色建筑标准作为强制性规定。

在美国，2007年10月1日，洛杉矶西好莱坞卫星城出台了美国第一个强制性绿色建筑法令，给出了该城的绿色建筑标准，规定新建建筑、改建建筑都应该达到最低绿色标准。波特兰市要求城区内所有的新建建筑都要达到LEED评价标准中的认证级要求。目前，美国已有多个城市采用了基于LEED要求的法规，还有几十个城市已设定了自己的绿色标准。

欧盟及其成员国也积极通过有关的立法推动建筑的可持续发展。早在1989年欧盟就通过了一项建筑产品指令（即CPD指令，2013年7月1日起由建筑产品法规CPR取代），在建筑产品的防火性能、能源利用和环境影响等方面确立了最低的标准。

英国已经在制定绿色建筑的强制性条例，英国政府要求，从2008年4月开始，博物馆、展览馆、体育馆和国家机构建筑等必须按照能源消耗量和二氧化碳排放量划分等级，并向社会公布。法国则对新建节能住宅的业主实行零利率贷款。

3. 绿色建筑项目数量激增，绿色建筑开始走向大众。

过去在美国，绿色建筑技术被认为是大型公共项目和大学校园的专利，但是现在它开始走向大众，走向普通商业住宅。许多国家通过政府和企业两个层面进行绿色建筑及节能政策的宣传、引导，促进了绿色建筑理念在广大市民中间传扬。

4. 绿色社区逐步成为发展重点，体现了从单体建筑向成片的城市社区发展的趋势。绿色建筑的社区化、城市化，被认为是一个必然趋势，也是绿色建筑发展的最终目标。美国LEED评价体系中就有一个绿色社区评价标准，截至2013年4月，在该标准下已诞生了超过100个项目。

（三）我国的绿色建筑实践和发展

现代意义上的绿色建筑在我国起步较晚，但发展速度较快。1986年，我国第一本建筑节能设计标准《民用建筑（采暖居住建筑部分）节能设计标准》JGJ 26—1986正式颁布实施，标志着我国正式启动建筑节能工作。

目前，国内的绿色建筑正处于快速、高效发展的时期。国家和地方政府的相关指导和支持性政策法规不断出台，而且支持的力度越来越大。技术标准规范体系基本建立，而且正在逐步完善。绿色建筑综合技术的发展有条不紊地向前推进，绿色建筑评价标识也完成了约1500个项目、近2亿m^2的评价工作，这些都是2006年以来我国绿色建筑事业取得的重大成绩。

根据当前国际的节能减排形势，我国政府加大了在节能减排工作上的投入。建筑行业对绿色事业的追求再次被提高到一个新的台阶。可以看出，今后很长一段时间内，我国都将走有中国特色的绿色建筑之路，为生态文明建设，建成资源节约型、环境友好型社会起到积极的作用。

1. 我国绿色建筑发展现状

从2008年以来，我国的绿色建筑数量始终保持着强劲的增长态势，截至2015年12月，根据住建部发布的绿色建筑评价标识项目公告，全国绿色建筑标识项目累计总数已有3636项，其中2015年新增1098项，按单个项目平均5万m^2算，全国绿色建筑累计为5.5亿m^2（2013上半年，认证的绿色建筑总面积首超1亿m^2），绿色建筑已经成为建筑领域的重要组成部分，但尚未处于主导地位。2015年，全国建筑业总产值为180757亿元，比上年增长2.3%，增速放缓（2013年，总产值为159313亿元，同比增长16.1%），我国将于2018年超过美国成为全球最大的建筑市场，其中节能环保与绿色建筑市场产值预计将增加到900亿美元，年复增长率达到38%。这大体反映了我国绿色建筑规模化发展正在加速这样一个现实。

我国生态城市建设实践正处在探索阶段，实践广度与深度不断延伸，这些生态示范城区的建设无疑会对我国构建强调生态环境综合平衡的全新城市发展模式起积极的促进作用，而我国绿色生态城区的建设将会引领我国城镇化的绿色进程。

2. 我国绿色建筑政策法规、标准规范的建设

绿色建筑的规模化发展，离不开政策法规和标准规范的支持。从2005年开始，我国政府和建设行业行政主管部门就不断推出支持和促进绿色建筑发展的政策法规和标准规范。

2014年7月16日，住房和城乡建设部发布公告，批准《绿色建筑评价标准》为国家标准，编号为GB/T 50378—2014，自2015年1月1日起实施。原《绿色建筑评价标准》GB/T 50378—2006同时废止。新版《绿色建筑评价标准》比2006年的版本"要求更严、内容更广泛"。该标准在修订过程中，总结了近年来我国绿色建筑评价的实践经验和研究成果，开展了多项专题研究和试评，借鉴了有关国外先进标准经验，广泛征求了有关方面意见。修订后的标准评价对象范围得到扩展，评价阶段更加明确，评价方法更加科学合理，评价指标体系更加完善，整体具有创新性。

在标准制定方面，除了国家层面，全国共有22个省市制定了地方的绿色建筑评价标准。根据中国城市科学研究会绿色建筑研究中心的比对研究来看，与绿建评价标准国标相比，一些省市的地标一定程度上体现了当地的特色，促进了本地区绿色建筑的发展。

3. 我国绿色建筑推广机构的建设

住建部在继续抓好建筑节能的同时，积极推进发展绿色建筑的基础性工作。一方面抓规范性技术文件的制定，一方面借鉴国外经验，抓推广机构平台的建设。

（四）我国绿色建筑发展前景

我国已把生态文明建设与经济建设、政治建设、文化建设、社会建设并列，提出要"五位一体"地建设具有中国特色的社会主义。我国正处于工业化、信息化、城镇化和新农村建设快速发展的历史时期，新增基础设施、公共服务设施以及工业与民用建筑投资对建筑业需求巨大。另外，随着建筑面积的扩张和居民生活水平的不断提升，建筑领域将成为未来20年我国用能的主要增长点之一，决定我国建筑的能耗问题是走中国特色低碳发展道路必须要解决的重要问题。

绿色建筑在全生命周期内，最大限度地节约资源，保护环境，具有投入低、比较效益高的特点，技术也已相对成熟，既是节能减排和应对气候变化的重要抓手，也是改善民生、建设社会主义生态文明的重要举措。绿色建筑在我国的发展与推广，是符合政府提倡的科学发展观，顺应我国政府加强建筑节能减排的信心与决心；符合国际上的可持续理念与绿色建筑的发展，从而推进我国建筑业的国际化，提高在国际上的竞争力；发展绿色建筑也能推动一系列相关产业的发展，例如绿色建材、绿色建筑工程咨询、可再生能源产业、工程检测评估、建筑系统调试、能源服务行业等，能带动整个产业的优化升级。

从技术的层面来说，当前和今后相当长的一段时期内，我国的绿色建筑发展需要特别关注以下各方面的工作。

1. 开展绿色建筑后评估研究，总结绿色建筑发展中的问题，不断提升绿色建筑性能和质量。

截至2015年底绿色建筑标识的项目已近3636项。如何保证绿色建筑标识项目的质量，绿色建筑建成后实际的节能、节水、节费及环境品质改善情况如何，需要对一批获得绿色建筑标识的建筑开展后评估研究，将绿色建筑的实际情况和存在的问题反馈给业主，反馈给设计与施工和运营管理单位，不断改进建筑的设计、施工和运行管理，不断提高绿色建筑的性能和质量。

2. 要进一步开展绿色建筑技术和产品研究与开发，依靠科技来支撑绿色建筑的健康发展。

我国地域辽阔，气候、经济及资源条件差别巨大，建筑类型多样化，必须因地制宜地发展绿色建筑技术；同时，绿色建筑的发展带动了一系列新型技术、设备和产品的开发，因此急需解决技术成熟度与建筑寿命同步的问题。例如在绿色建造与施工集成技术方面，虽然住宅工业化、产业化保证了住宅的品质，避免了现场施工所产生的安全、能耗与排放、环境等问题，但我国在该领域仅处于起步阶段，与发达国家和地区相比存在较大的差距。

在绿色施工领域，我国在材料替代、资源循环利用、新工艺、新工具、新施工技术等重点技术领域取得一些成果，特别是建筑信息模型（BIM）的引入，实现了施工过程中自动检查分析、精确施工、精确计划、限额领料，实现了施工过程信息的共享和协同；但从整体上看，施工阶段信息化水平仍然不高，需要进一步开展研究和工程示范应用。

3. 要推动绿色建筑的规模化发展，从单体绿色建筑到绿色生态城区。

绿色建筑只有进入规模化的发展轨道，其节地、节能、节水、节材、保护环境的作用才能得到充分地体现。建设绿色生态城区乃至建设绿色生态城市，无疑是绿色建筑规模化发展的一条捷径，尤其是在建设绿色生态城区时，从区域规划入手，可以从一个更全面的视角来审视节约资源保护环境，更高程度地发挥绿色建筑节地、节能、节水、节材、保护环境的作用。

绿色建筑的发展，逐步从单体走向区域，除技术支撑外，还需要上位规划与市政基础设施的支持，才能事半功倍。目前，我国一些科研单位和高校在探索绿色生态示范区建设模式上做了大量研究，提出了政府主导的驱动模式、产业带动的建设模式、自然环境的发展模式等几种适宜建设模式，推动了绿色生态示范区的发展。目前，已经完成了8项绿色生态城区的规划和认定工作，为实现单体绿色建筑与绿色生态城区联动、推动我国绿色生态城区的发展与建设作了有益的探索。

4. 要关注绿色建筑产业的培育与升级，促进绿色产业的快速发展。

绿色建筑的快速发展，会极大激发我国城镇新建建筑和既有建筑改造必需的新型绿色建材与产品、新型设备和部件、绿色施工平台与技术、建筑节能与环境等相配套的材料、产品、设备、工艺、工法等科技诉求。我们应加速建筑业和房地产业提升科技原创能力，推动绿色建筑新技术、新材料、新产品的应用，使产业链不断拓展和延伸，带动一批相关新兴产业的形成和发展，增强绿色建筑相关企业核心竞争力，推动绿色建筑产业的快速发展。

绿色建筑将是整个建筑行业未来的发展方向，特别是我国当前又正处于城镇化发展的高速增长期，绿色建筑的大规模推广，既能帮助我们应对经济挑战，又能帮助我们节约资源、保护环境、减少温室气体的排放，具有不可估量的潜力与前景。

第2节 绿色建筑评价标准体系

绿色建筑评价标准体系，是在绿色建筑评价标准的基础上发展建立起来的。由于功能和用途不同，不同类的建筑在其设计、建造和运营过程中差异很大。为了达到绿色建筑“四节一环保”的目的，用一本评价标准来引导各种不同功能和用途的建筑显然比较困难，难免无法顾及各类建筑的特点，因此需要一套绿色建筑评价标准体系来解决突出不同类型绿色建筑的特点。

目前，我国的绿色建筑评价标准体系正在发展和完善过程中，体系主要包含绿色建筑评价标准、绿色办公建筑评价标准、绿色商场建筑评价标准、绿色饭店建筑评价标准、绿色博览建筑评价标准、绿色医院建筑评价标准、绿色工业建筑评价标准、绿色校园评价标准等。在这个体系中，绿色建筑评价标准是我国第一本绿色建筑评价标准，也是体系中最基础的标准。在这本基础标准中，规定了绿色建筑评价必须包括“四节一环保”的评价内容和相应的评价指标，规定了绿色建筑的评分和定级的原则和方法等。其他的评价标准均遵循统一的评价原则和评分定级原则，突出各自关照的某类建筑的特点。另外，绿色建筑评价标准也是居住建筑绿色评价的标准，同时也适用于其他的公共建筑绿色评价。

一、我国绿色建筑评价的早期发展

国家标准《绿色建筑评价标准》GB/T 50378—2006 的颁布实施是我国绿色建筑发展过程中的一个里程碑。从此以后，在国家的大力倡导、住房和城乡建设部的直接领导下，我国的绿色建筑工作以统一的模式、快速的步伐大规模地开展起来。

事实上，在 GB/T 50378—2006 颁布实施之前，建筑行业就已经开展过一些类似的建筑评估、评价工作，这些工作可以作为我国大规模开展绿色建筑工作的前期铺垫、准备和实践。

早在 1998 年，当时的建设部就根据我国房地产发展的形势开始推进“住宅性能评定”工作。1999 年，建设部标准定额司发文布置《住宅性能评定技术标准》的编制工作。

2001 年，全国工商联住宅产业商会公布了我国生态住宅技术标准《中国生态住宅技术评估手册》，虽然住宅产业商会是一个民间组织，但该技术标准由建设部科技司组织编写，建设部科技发展促进中心、中国建筑科学研究院、清华大学等单位参与了编写。该生态评估体系包括小区环境规划设计、能源和环境、室内环境质量、小区水环境、材料与资源五大指标。其中小区环境规划设计评估包括：小区区位选址、交通、降低噪声污染、日照与采光等小区微环境指标。能源和环境评估包括：建筑主体节能、常规能源系统的优化利用（采暖、空调、热水、饮食、照明系统）、可再生能源利用等。室内环境质量包括：室内热、光、声环境和空气品质。小区水环境评估包括：给水排水系统、污水处理与利用、雨水利用、绿化与景观用水、节水器具和设施等。材料与资源评估包括：使用绿色建材、资源再利用、住宅室内装修、垃圾处理等。该评估手册在住宅性能评定标准的基础上进一步突出生态性能，同时也将评估从单体建筑扩展到了小区。

显然，住宅建筑的性能评定以及生态住宅技术评估与后来的绿色建筑评价有许多相似之处，只是不如绿色建筑那样非常明确地突出“四节一环保”，没有强调建筑的全生命期，评价的建筑类型也仅限于住宅建筑或住宅小区。但它们却可以认为是我国绿色建筑评价工作的前期准备。

2002年，为落实我国政府将2008北京奥运会办科技奥运、人文奥运、绿色奥运的承诺，国家科技部和北京市科委启动了奥运科技专项《奥运绿色建筑评估体系及标准的研究》。

绿色奥运建筑评估体系评价方法和日本的QL绿色建筑评价体系非常接近，但在评价指标的量化程度上更进一步，对能源、建筑材料、水资源等具体的评价指标进行了科学的研究，对材料的评价采用了全生命期评价方法，对设计阶段材料的选择依据以资源消耗、能源消耗、环境污染、本地化、可再生性、旧建筑材料利用率、固体废物处置等方面进行评分。该评估体系直接为我国2008年北京奥运会实现“绿色奥运”的目标服务，依据这个评估体系，研究团队对各个奥运场馆开展了评估。虽然该评估体系在奥运后没有得到继续发展和推广，但它是我国绿色建筑评价发展历史过程中的一次重大尝试和实践，发挥过重要的作用。

二、《绿色建筑评价标准》简介

为了更好地推动和促进绿色建筑工作的进展，我国目前已经构建了一个绿色建筑评价标准体系，该体系由《绿色建筑评价标准》GB/T 50378和多本建筑的分类专用绿色评价标准组成，如《绿色办公建筑评价标准》、《绿色商场建筑评价标准》、《绿色饭店建筑评价标准》、《绿色博览建筑评价标准》等。

《绿色建筑评价标准》GB/T 50378是该标准体系中第一本标准，也是体系中唯一的通用、基础性标准，在体系中发挥着重要的作用。《绿色建筑评价标准》有两个版本，2006年的第一版和2014年的修订版。

《绿色建筑评价标准》GB/T 50378—2006是总结我国绿色建筑方面的实践经验和研究成果，借鉴国际先进经验制定的第一部多目标、多层次的绿色建筑综合评价标准。该标准明确了绿色建筑的定义、评价指标和评价方法，确立了我国以“四节一环保”为核心内容的绿色建筑发展理念和评价指标体系。自2006年发布实施以来，该评价标准有效地指导了我国绿色建筑实践工作。另外，该标准已经成为我国各级、各类绿色建筑标准研究和编制的重要基础。

《绿色建筑评价标准》GB/T 50378—2006明确了我国绿色建筑以“四节一环保”为核心内容，围绕着核心内容从全生命期的角度对建筑开展绿色评价。它将评价条文分成3类：控制项、一般项、优选项。绿色建筑依据达标条文的数量来确定等级，一共分为一星、二星、三星三级。三个星级的绿色建筑都必须首先满足所有控制项条文的要求，分别满足节地、节能、节水、节材、室内环境、运营管理六个方面一定数量的一般项条文的要求。优选项条文满足的难度相对较大，一星级绿色建筑没有优选项条文的达标要求，二星和三星级绿色建筑分别要求有3条和5条优选项条文达标。

《绿色建筑评价标准》GB/T 50378—2006将建筑分成居住建筑和公共建筑两大类开

展绿色评价，其中公共建筑主要包括办公、商场和旅馆三类建筑，这三类建筑占了公共建筑70%以上的比例。

《绿色建筑评价标准》GB/T 50378—2006颁布实施以来，一直有力地推动着我国绿色建筑的发展，截至2013年12月31日，全国共评出1446项绿色建筑评价标识项目，总建筑面积达到16270.7万m^2。所有这些项目的评审，都是按照这本标准开展的。

“十一五”期间，我国绿色建筑快速发展。随着绿色建筑各项工作的逐步推进，绿色建筑的内涵和外延不断丰富，各行业、各类别建筑践行绿色理念的需求不断提出，GB/T 50378—2006已不能完全适应现阶段绿色建筑实践及评价工作的需要。因此有必要开展标准的修编工作。

2011年9月，根据住房和城乡建设部的工作部署，《绿色建筑评价标准》GB/T 50378—2006启动了修订工作。修订工作由中国建筑科学研究院和上海市建筑科学研究院牵头负责，参加单位主要有中国城市科学研究会绿色建筑与节能专业委员会、中国城市规划设计研究院、清华大学、中国建筑工程总公司、中国建筑材料科学研究总院、中国市政工程华北设计研究总院、深圳市建筑科学研究院有限公司、城市建设研究院、住房和城乡建设部科技发展促进中心、同济大学等。

经过两年多的工作，标准编制组完成了标准的修订工作。住房和城乡建设部于2014年4月15日发布第408号公告，批准《绿色建筑评价标准》为国家标准，编号为GB/T 50378— 2014，自2015年1月1日起实施（原《绿色建筑评价标准》GB/T 50378—2006同时废止）。

《绿色建筑评价标准》GB/T 50378—2014充分注意了标准的延续性，继续坚持以“四节一环保”为核心内容的绿色建筑发展理念，继续保留绿色建筑一星、二星、三星的定级制度，同时也在许多方面对原标准进行了实质性的修改。

《绿色建筑评价标准》GB/T 50378—2014共分11章：总则、术语、基本规定、节地与室外环境、节能与能源利用、节水与水资源利用、节材与材料资源利用、室内环境质量、施工管理、运营管理、提高与创新。对于《绿色建筑评价标准》GB/T 50378—2006修订的重点内容包括如下几个方面。

1. 适用建筑类型

《绿色建筑评价标准》GB/T 50378—2014的适用范围，由原《绿色建筑评价标准》GB/T 50378—2006中的住宅建筑和公共建筑中的办公建筑、商场建筑和旅馆建筑，进一步扩展至民用建筑各主要类型。其确定依据如下。

（1）由近些年的绿色建筑评价工作实践来看，绿色建筑的内涵和外延不断丰富，各行业、各类别建筑践行绿色理念的需求不断提出。截至2012年年底，742项绿色建筑标识项目中已有医疗卫生类5项、会议展览类9项、学校教育类12项，但具体评价中却反映出原《绿色建筑评价标准》GB/T 50378—2006对于这些类型的建筑考虑得不够。

（2）近些年先后立项了《绿色办公建筑评价标准》、《绿色商店建筑评价标准》、《绿色饭店建筑评价标准》、《绿色医院建筑评价标准》、《绿色博览建筑评价标准》等针对特定建筑类型的绿色建筑评价标准，逐步在构建一个比较完整的绿色建筑评价标准体系。作为这个评价体系中的一本基础性标准，《绿色建筑评价标准》GB/T 50378—2014对包括上述建筑类型在内的各类民用建筑予以统筹考虑，比如评价指标体系的设立、评分和定级方法等，必将有助于各特定建筑类型的绿色建筑评价标准之间的协调，形成一个统一的绿色建筑评价体系。

（3）标准修编过程中，编制组开展了多次大规模的项目试评工作，其中也纳入了4项医疗卫生类、5项会议展览类、7项学校教育类以及航站楼、物流中心等建筑，初步验证了《绿色建筑评价标准》GB/T 50378—2014对此的适用性。

2. 评价阶段划分

《绿色建筑评价标准》GB/T 50378—2006要求评价应在建筑投入使用一年后进行。但在随后发布的《绿色建筑评价标识实施细则（试行修订）》（建科综［2008］61号）中，已明确将绿色建筑评价标识分为"绿色建筑设计评价标识"（规划设计或施工阶段，有效期2年）和"绿色建筑评价标识"（已竣工并投入使用，有效期3年）。而且，经过多年的工作实践，证明了这种分阶段评价的可行性，以及对于我国推广绿色建筑的积极作用。因此，《绿色建筑评价标准》GB/T 50378—2014在评价阶段上就作了明确的划分，分为设计评价和运行评价，便于更好地与相关管理文件配合使用。

3. 评价指标体系

指标大类方面，在原《绿色建筑评价标准》GB/T 50378—2006中，节地与室外环境、节能与能源利用、节水与水资源利用、节材与材料资源利用、室内环境质量和运营管理6大类指标的基础上，《绿色建筑评价标准》GB/T 50378—2014增加了"施工管理"，更好地实现对建筑全生命期的覆盖。

具体指标（评价条文）方面，根据前期各方面的调研成果，以及征求意见和项目试评两方面工作所反馈的情况，以标准修订前后达到各评价等级的难易程度略有提高和尽量使各星级绿色建筑标识项目数量呈金字塔形分布为出发点，通过补充细化、删减简化、修改内容或指标值、新增、取消、拆分、合并、调整章节位置或指标属性等方式进一步完善了评价指标体系。

4. 评价定级方法

根据对于《绿色建筑评价标准》GB/T 50378—2006的修订意见和建议，修订组在第一次工作会议上就确定了采用量化评价手段。经反复研究和讨论，《绿色建筑评价标准》GB/ T 50378—2014的评价方法定为逐条评分后，分别计算各类指标得分和加分项附加得分，然后对各类指标得分加权求和并累加上附加得分计算出总得分。等级划分则采用"三重控制"的方式：首先仍与原《绿色建筑评价标准》GB/T 50378—2006一致，保持一定数量的控制项，作为绿色建筑的基本要求；其次每类指标设固定的最低得分要求；最后再依据总得分来具体分级。

严格地讲，上述"各类指标得分"和"总得分"实际上都是"得分率"。因为建筑的情况多样，各类指标下的评价条文不可能适用于所有的建筑，对某一栋具体的被评建筑，总有一些评价条文不能参评。因此，用"得分率"来衡量建筑实际达到的绿色程度更加合理。但是在习惯上，"按分定级"更容易被理解和接受，《绿色建筑评价标准》GB/T 50378—2014在"基本规定"章中规定了一种折算的方法，避免了在字面上出现"得分率"。

绿色建筑量化评分的方式现已非常成熟，目前通行于世界各国的绿色建筑评价体系之中。而引入权重、计算加权得分（率）的评分方法，也早为英国 BREEAM、德国 DGNB 等所用，并取得了较好的效果。《绿色建筑评价标准》GB/T 50378—2014 中加入的大类指标最低得分率，则是一种避免参评建筑某一方面性能存在“短板”的措施，并已通过项目试评工作论证了控制最低得分率的必要性。

5. 备等级分数要求

《绿色建筑评价标准》GB/T 50378—2014 不仅要求各个等级的绿色建筑均应满足所有控制项的要求，而且要求每类指标的评分项得分不小于 40 分。对于一星、二星、三星级绿色建筑，总得分要求分别为 50 分、60 分、80 分。这是修订组从国家开展绿色建筑行动的大政方针出发，综合考虑评价条文技术实施难度、绿色建筑将得到全面推进、高星级绿色建筑项目财政激励等因素，经充分讨论、反复论证后的结果。

《绿色建筑评价标准》GB/T 50378—2006 以达标的条文数量为确定星级的依据，《绿色建筑评价标准》GB/T 50378—2014 则以总得分为确定星级的依据。就修订前后两版标准星级达标的难易程度，修订组对两轮试评的 70 余个项目的得分情况进行了分析，得出的结论是：一星、二星级难度基本相当或稍有提高，三星级难度提高较为明显。之所以规定三星级达标分为 80 分，适当提高难度，主要是希望国家的财政补贴主要用在提高建筑的“绿色度”上，而非减少开发商的实际支出；另外，适当提高三星级的达标难度也有助于推动我国绿色建筑向着更高的水平发展。

对于上述各项内容，标准审查委员会专家也一致认可，标准审查委员会认为：标准修订稿的评价对象范围得到扩展，评价阶段更加明确；评价方法更加科学合理；评价指标体系完善，克服了编制中较大的难度，且充分考虑了我国国情，具有创新性。标准的实施将对促进我国绿色建筑发展发挥重要作用。标准架构合理、内容充实，技术指标科学合理，符合国情，可操作性和适用性强，总体上标准编制达到国际先进水平。

三、我国绿色建筑评价标准与国外相关评价体系的对比

世界其他国家的绿色建筑评价体系主要有英国 BREEAM、美国 LEED、日本 CASBEE、德国 DGNB、澳大利亚 Green Star、新加坡 Green Mark 等。

英国的 BREEAM（Building Research Establishment Environmental Assessment Method）是国际上最早成形的绿色建筑评价体系，1990 年首发，2011 年进行了最近一次修订，在世界上享有很好的声誉。

美国的 LEED（Leadership in Energy and Environmental Design）是世界上推广最好的绿色建筑评价体系。1998 年首发，2013 年最近一次修订。目前，LEED 系统在世界上推广最好，主要原因并不在它的技术先进，而是得力于美国国内市场大，美国的国际影响大，以及美国最善于做市场化运作。

日本的 CASBEE（Comprehensive Assessment System for Building Environmental Efficiency）于 2003 年首发，2010 年最近一次修订。与绝大多数国家的绿色建筑评价系统都不相同，CASBEE 使用了一种 Q/L 评级方法。Q 就是 Quality，指室内环境质量、建筑服务水平、室外环境质量。L 就是 Load，指建筑消耗的能源、水源、材料以及对周边环境的不利影响。依

据质量除以负荷的结果来给绿色建筑定级，有其独到之处。比如一栋建筑其Q得分并不很高，但只要其L分低到一定的程度，仍旧可以被认定为高等级的绿色建筑。

德国的DGNB（Deutsche Gesellschaft fur Nachhaltiges Bauen）是上述几个体系中最年轻的一个绿色建筑评价体系，首发时间是2008年，甚至于比我国的《绿色建筑评价标准》发布还晚了两年。但是得益于德国的技术基础雄厚和一贯认真细致的精神，DGNB的体系非常的严谨和系统。比如为了评价一栋建筑物的直接和间接碳排放量，DGNB的支持数据库提供了德国几乎所有建筑材料的全国平均生产能耗，隐含的碳排放量等基础数据。这些数据甚至还包括材料回收再利用能够抵消多少碳排放量。

在上述这些绿色建筑评价体系中，《绿色建筑评价标准》GB/T 50378—2014与BREEAM在评价指标体系、评分和定级方法等方面最接近。

绿色建筑的一个非常重要的原则就是“因地制宜”，各国的国情差异很大，自然资源禀赋、气候条件、经济和技术发展水平、历史文化传统等都差异很大，因此无法用统一的尺子来衡量各国的绿色建筑评价体系孰优孰劣。除了LEED依靠美国在国际上的重要影响和成功的商业运作，在包括我国在内的其他国家大规模的推行LEED认证外，其他国家的绿色建筑评价体系基本上都限于在本国应用，在国外的推广应用都很有限甚至没有。适合本国国情和发展阶段的评价体系就是最好的体系。尤其是我国幅员辽国，气候多样性，人均资源占有量大都低于世界平均水平，当前又正处于城镇化的高速发展阶段，这样一些制约条件决定我国的绿色建筑评价标准肯定有别于其他一些发达国家，必须依靠我们自己的力量逐步建立和完善，当然在这个发展过程中，我国也要注意吸收国际上其他评价体系的优点和长处。

第3节　绿色建筑技术

一、节地与室外环境

（一）室外风环境设计

室外风环境设计技术包括建筑群室外夏季自然通风设计与冬季防风设计两部分。夏季自然通风设计主要是指在规划设计中尽可能建设“风道”，促进城市空气流通更新与人们聚集区域的舒适性，并避免废气回流、减轻污染；而冬季防风设计是指在规划设计中避免冬季冷风直接侵入建筑物内部。

随着经济的高速发展和城市化进程的大规模扩张，各种建筑的数量日益增多，尤其是高层、超高层商业办公建筑以及大型住宅小区的大量涌现，使城市的建筑密度越来越大，城市室外风环境问题（再生风环境或二次风环境）和建筑群间污染物难以扩散的现象逐渐突显，进而影响建筑使用者的舒适度和健康，甚至人身安全。此外，室外风环境同时也直接影响建筑全年能耗，如夏季建筑物前后室外风压差过小不利于建筑过渡季自然通风的使用，增加夏季空调能耗；冬季建筑物前后风压差过大导致建筑冷风渗透负荷增大，增加冬季采暖能耗。因此需要在规划设计阶段对建筑周边室外风环境进行设计和优化，以确保形成良好的室外风环境（图3.3-1）。

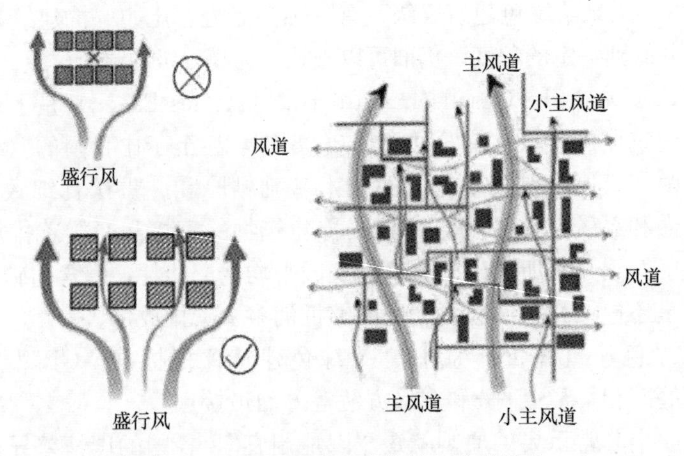

图 3.3-1 规划设计对室外风环境的影响

室外风环境设计技术主要通过风环境现场实测或计算机软件模拟来实现。目前较为常用的方法为计算机软件模拟技术，即通过计算流体力学（CFD）分析软件对建筑规划设计方案进行优化分析，常用的 CFD 软件包括 Phoenics、Fluent、ENVI-met 等（图 3.3-2）。

图 3.3-2 室外风环境模拟技术

（二）室外热环境设计

在建筑领域，室外热环境指建筑物周围地面上空及屋面、墙面、窗台等特定地点的风、辐射、温度与湿度条件。这些条件决定着人类赖以生存的户外环境的质量，并直接影响室内热环境。

随着城市规模的不断扩大，城市室外热环境问题越来越突出，直接影响了人们户外活动的安全性和舒适性。一方面，环境温度的增高限制了居民必要的室外活动，户内滞留时间增加了 15%，不但危害居民身心健康，也间接导致了居住建筑能耗的增长。另一方面，环境温度每增高 1℃将造成建筑空调能耗增加约 5%～8%，因此城市热岛效应所导致的建筑空调能耗增加高达 15%～40%。因此需要在规划设计阶段对建筑周边室外热环境进行设计和优化，以确保形成良好的室外热环境。

室外热环境通常以热岛强度指标进行衡量和评价。室外热岛强度指标通常采用数值模拟方法，着眼于各种质量传递和能量传递的耦合计算和平衡解析，把太阳辐射、风、建筑结构和类型、下垫面状况、人员情况和各种排热活动等因素综合考虑在内，采用辐射、对流、导热、传质过程联合求解，即传热与空气流动联立计算的方法，最终获得温度场（分布参数，即同时呈现评价区域内不同位置的温度值）或温度值（集总参数，即获得整个评价区域内的一个温度值结果）作为输出结果。在此基础上，可对评价区域内建筑群不同几何特征、布局方式、下垫面物性、绿植、水体等规划设计要素和热岛效应值之间的关系进行定性、定量的评价。

目前，较为常用的室外热岛强度数值模拟计算软件包括 DUTE1.0、Phoenics、Fluent、Envi-met 等，其中 DUTE1.0 为集总参数模型，Phoenics、Fluent、Envi-met 为分布参数模型，分别适用于不同尺度评价区域的计算。

（三）综合管廊技术

城市综合管廊技术是指将设置在地面、地下或架空的各类公用管线集中容纳于一体，并留有供检修人员行走通道的隧道结构技术。即在城市地下建造一个隧道空间，将市政、电力、通信、热力、给排水等各种管线集于一体，设有专门的检修口、吊装口和监测系统，实施统一规划、设计、建设和管理，彻底改变传统的各个管道各自建设、管理的零乱状况。

综合管廊技术常用的三种形式包括干线综合管廊、支线综合管廊和缆线综合管廊。干线综合管廊一般设置于机动车道或道路中央下方，主要收纳干线管道和高压电力电缆的综合管廊，其特点为结构断面尺寸大、覆土深、系统稳定且输送量大，具有高度的安全性，但维修及检测要求高。支线综合管廊一般设置在道路两侧或单侧，收纳的管线可以直接服务于临近地块的综合管廊，其特点为有效断面较小，施工费用较少，系统稳定性和安全性较高。缆线综合管廊一般设置于人行道的下方，是主要收纳电力电缆、通信电缆的综合管廊，内部空间不能够满足人员正常通行要求，其特点为空间断面较小，埋深浅，建设施工费用较少，不设有通风、监控等设备，在维护及管理上较为简单。

二、节能与能源利用

（一）外墙保温隔热技术

1. 外墙外保温隔热系统

外墙外保温隔热系统是由保温层、抹面层、固定材料（胶粘剂、锚固件等）和饰面层按照一定的建筑构造固定在外墙外表面形成有机的整体，并使墙体的热工性能等指标符合相应建筑节能标准要求的建筑外墙保温隔热技术体系。

相比其他外墙保温隔热系统，外墙外保温隔热系统在保温节能和防潮方面具有较大的优势：（1）减少外墙热桥部位的热损失，优化外墙整体热工性能；（2）防止或减少保温层内部产生水蒸气凝结；（3）房间的热稳定性好；（4）大大降低温度应力的起伏，提高外墙结构的耐久性；（5）节约保温材料，提高建筑使用面积，降低建筑造价。

基于以上优点，外墙外保温隔热系统适用于使用率较高的建筑，例如住宅、办公、商业等。

目前常用的外墙外保温隔热系统包括以下几种：

（1）粘贴保温板外保温隔热系统，该系统由粘结层、保温层、抹面层和饰面层构成。粘结层材料采用胶粘剂，保温层材料采用岩棉板、玻璃棉板等，抹面层材料为抹面胶浆，抹面胶浆中满铺玻纤网，饰面层材料可为涂料或饰面砂浆（图 3.3-3）。

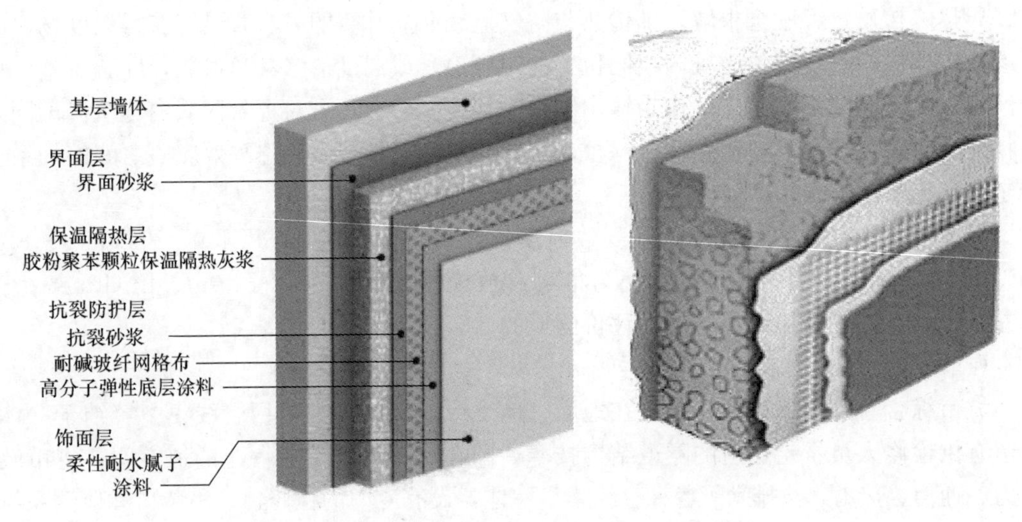

图 3.3-3 粘贴保温板外保温隔热系统

(2) 保温浆料外保温系统，该系统由界面层、保温层、抹面层和饰面层构成。界面层材料为界面砂浆；保温层材料为膨胀珍珠岩保温砂浆、无机保温砂浆、玻化微珠保温砂浆等，经现场拌合后抹在基层上；抹面层材料为抹面胶浆，抹面胶浆中满铺玻纤网；饰面层为涂料。

(3) 现场喷涂硬泡聚氨酯外保温系统，该系统由界面层、现场喷涂硬泡聚氨酯保温层、界面砂浆层、找平层、抹面层和涂料饰面层组成。抹面层中满铺玻纤网。

(4) 保温装饰板外保温系统，该系统由粘结砂浆、保温装饰板（发泡陶瓷隔热保温板等）、嵌缝材料、密封材料和锚固件构成。施工时，先在基层墙体上做防水找平层，采用以粘为主、粘锚结合方式将保温装饰板固定在基层上，并采用嵌缝材料封填板缝。

2. 外墙内保温隔热系统

外墙内保温隔热系统是由保温层、防护层和饰面层按照一定的建筑构造固定在外墙内表面形成有机的整体，并使墙体的热工性能等指标符合相应建筑节能标准要求的建筑外墙保温隔热技术体系。

目前常用的外墙内保温隔热系统包括以下几种：

(1) 复合板内保温隔热系统，该系统由粘结层、保温层和饰面层构成。粘结层材料采用胶粘剂或粘结石膏＋锚栓，保温层材料采用聚苯板（EPS板）、挤塑聚苯板（XPS板）、岩棉板、玻璃棉板等，饰面层材料可为涂料或面砖。

(2) 保温浆料内保温系统，该系统由界面层、保温层、抹面层和饰面层构成。界面层材料为界面砂浆；保温层材料为胶粉EPS颗粒保温浆料、膨胀珍珠岩保温砂浆、无机保温砂浆、玻化微珠保温砂浆等，经现场拌合后抹在基层上；抹面层材料为抹面胶浆，抹面胶浆中满铺玻纤网；饰面层为涂料或面砖。

(3) 现场喷涂硬泡聚氨酯内保温系统，该系统由界面层、现场喷涂硬泡聚氨酯保温层、界面砂浆层、找平层、抹面层和涂料饰面层组成。抹面层中满铺玻纤网。

(4) 玻璃棉、岩棉、喷涂硬泡聚氨酯龙骨固定内保温系统，该系统由保温层、隔气层、龙骨、龙骨固定件和饰面层构成。

3. 外墙自保温隔热系统

外墙自保温隔热系统是由具有保温隔热性能的砌块（蒸压加气混凝土砌块、轻质陶粒混凝土小型空心砌块等）与配套专用砂浆砌筑的砌体和梁柱等热桥部位的处理措施，按照一定的建筑构造形成有机的整体，并使墙体的热工性能等指标符合相应建筑节能标准要求的建筑外墙保温隔热技术体系。

外墙自保温隔热系统构造由自保温砌体、热桥处理措施、不同材料连接节点处理措施三个部分构造组成。自保温砌体、热桥与保温材料等不同材料连接处要采取防裂加强措施。外墙自保温隔热系统适用于框架结构、框剪结构等外墙热桥面积占全部外墙面积的比例小于50%的建筑体系。

目前，常用的外墙自保温隔热系统包括蒸压加气混凝土自保温墙体、轻质陶粒混凝土小型空心砌块自保温墙体、聚苯板插孔普通混凝土空心砌块（双排孔）等。其中聚苯板插孔普通混凝土空心砌块（双排孔）自保温系统可以克服蒸压加气混凝土墙体开裂率高，施工技术难度大，造价偏高，偏远地区原材料短缺等问题（图3.3-4）。

图3.3-4 聚苯板插孔混凝土空心砌块及墙体

4. 外墙外饰面热反射涂料隔热技术

建筑外墙外饰面的材料及颜色决定了外墙面太阳辐射吸收系数ρ的大小。而外墙外饰面热反射涂料隔热技术是基于广州地区气候特点，充分考虑利用气候资源达到节能目的而提出的，同时也是为了鼓励推行绿色建筑和生态建筑的设计思想。

采用反射隔热涂料隔热技术的外墙面，太阳辐射吸收系数ρ值小，在夏季能反射较多的太阳辐射热，从而能降低室内的太阳辐射得热量和围护结构内表面温度。当白天无太阳时和在夜晚，围护结构外表面又能把围护结构的热量向外界辐射，从而降低室内温度。

建筑反射隔热涂料技术一般在重质围护结构的东西外墙及屋顶，轻质围护结构和金属围护结构的各朝向外墙及屋面采用。

（二）屋面保温隔热技术

1. 挤塑聚苯板屋面保温隔热技术

挤塑聚苯板保温隔热屋面是指采用一定厚度的挤塑聚苯乙烯泡沫塑料板作为保温层，并使屋面的传热系数、热惰性指标等热工性能指标符合相应建筑节能标准要求的建筑屋面保温隔热技术体系。

挤塑聚苯乙烯泡沫塑料板（简称为挤塑板）具有重量轻、强度大、导热系数小等特点，其特有的致密表层和闭孔结构内层使得挤塑板具有优越的保温隔热性能和良好的抗湿性，是目前建筑工程中理想的保温材料。

目前，建筑工程中常用的挤塑聚苯板隔热屋面类型包括倒置式挤塑板隔热屋面和挤塑板隔热坡屋面。

2. 防水型成品隔热板屋面保温技术

将聚苯乙烯泡沫板隔热层、防水粘结层和面砖保护面层一次性生产合成，构成防水型成品隔热板（图 3.3-5）。

图 3.3-5　防水型成品隔热板屋面实例

防水型成品隔热板将防水层置于保温层之下，让防水层获得充分的保护，使防水层表面温度变化幅度明显减小，避免防水层由于温度变化造成的破坏，同时使防水层免受紫外线照射，外界或人为撞击的破坏，给建筑物提供良好的防水保温功能。成品隔热屋顶不需要增设排气孔使施工变得简单，且不受气候的影响。

3. 蒸发降温屋面隔热技术

在建筑屋面上铺设一层多孔材料，如松散的砂层或固体的加气混凝土层等，此层材料在人工淋水或天然降水以后蓄水，当受太阳辐射和室外热空气的换热作用时，材料层中的水分会逐渐迁移至材料层的上表面，蒸发带走大量的汽化潜热。这一热过程有效地遏制了太阳辐射、大气高温对屋面的不利作用，达到了蒸发冷却屋顶的目的。

加气混凝土蒸发降温隔热屋面就是一种利用上述蒸发降温原理并具有良好隔热效果的上人屋面形式，其运用自然调和降温原理，通过积蓄雨水并使雨水逐渐蒸发，达到降低建筑物屋面环境温度、缓解环境热岛效应的目的。加气混凝土多孔透水砖密度大于 500kg/m^3，完全干燥时传热系数为 1.046（深色面层），热惰性指标为 3.719。

4. 淋水、喷雾降温透光屋面隔热技术

贴附在建筑外表面上的水膜，不仅通过水自身的显热变化吸收表面热量，而且通过水本身的蒸发作用及水与表面的综合反射作用使得来自太阳的辐射热被有效地阻隔下来，从而达到隔热降温之目的。淋水降温透光屋面技术即利用上述原理，设置人工喷淋装置对建筑透明采光玻璃屋顶进行淋水降温的一种屋面隔热技术（图 3.3-6）。

实测结果表明，玻璃屋面淋水以后，室内空气温度出现峰值的时间比不淋水屋面向后

图3.3-6　淋水、喷雾降温透光屋面

推了将近3个小时。但温度大小相差不多。透过玻璃屋面进入室内的太阳辐射强度最大可以减少41W/m^2。

喷雾产生的细小雾粒能遮挡太阳辐射及蒸发降温，降低建筑空调负荷，改善室内热环境、光环境。通过对不同雾粒粒径、分布密度对太阳辐射的遮挡及对玻璃表面的降温效果进行实测，雾粒对太阳辐射的遮挡率在21.3%～38.5%，随着太阳辐射强度的增加，雾粒对太阳辐射的遮挡量及遮挡率均呈上升趋势；与淋水降温相比耗水量少，运行能耗更低。

根据实验室测试结果，传统透光屋面采用淋水降温隔热技术后，室内空气温度平均降低1.9℃，最大降低可达到3℃。采用喷雾降温技术后，玻璃屋顶内表面温度最大值由60℃降至43.9℃。

（三）立体绿化技术

立体绿化技术是指选用适宜的绿色植物并采用适应的栽培方式，使植物覆盖在建筑的表面，使植物栽培向建筑空间拓展的绿化方式。建筑立体绿化技术包括在屋顶、墙体、阳台、露台以及室内等建筑空间所进行的绿化。

立体绿化技术是绿色建筑的重要组成部分，首先，在建筑物表面实施有生命的绿色覆盖，可以有效减弱太阳紫外线、电磁辐射及建筑表面温差变化，降低表层建材的热胀冷缩指数，有效地保护建筑物、延长建材使用寿命。其次，在屋顶、外墙表面进行绿化，夏季可以节约30%～50%的空调能耗，同时显著减少城市的热岛效应（种植屋面上空1.5m处空气温度比普通屋面降低约0.78℃），降低灰尘排放，改善城市空中景观。最后，立体绿化技术是扩大城市绿化面积的有效途径，生长良好的立体绿化能涵养雨水、增加空气湿度、有效降低空气中PM2.5的含量，显著改善城市生态，提升城市品质，具有巨大的生态、经济和社会效益。

立体绿化技术以屋顶绿化和墙面绿化在我国建筑的应用上较为广泛。屋顶绿化包括重质绿化屋面和轻质绿化屋面两种类型（图3.3-7）。墙面绿化包括传统型绿化墙面和模块化绿化墙面（容器栽培型、模块装配型等）（图3.3-8）。

立体绿化技术必须针对建筑荷载、建筑防水和建筑排水三个要素展开设计、材料选择和施工。

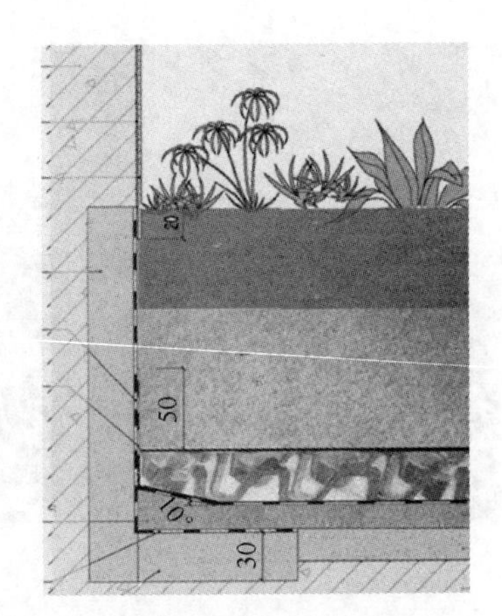

图 3.3-7 屋面绿化

图 3.3-8 外墙垂直绿化

(四) 门窗节能技术

门窗对建筑的采暖空调耗能有着较大影响，是整个建筑围护结构热工性能的薄弱环节，门窗的传热损失与空气渗透热损失之和约占建筑全部热损失的 57%，是外墙热损失的 5～6 倍。建筑门窗的构成主要包括门窗型材和玻璃两大部分，门窗型材是门窗中的基础材料，关系到整窗的气密性、水密性、抗风压性能和保温隔热性能等重要指标，门窗型材一般占整窗面积的 15%～30%。目前，建筑工程门窗型材多以铝合金和塑料为主。

建筑外窗作为建筑围护结构应发挥对降低建筑总能耗至关重要的影响。通过窗口的传热过程包括导热、太阳辐射得热、空气渗透换热。综合考虑窗所选用玻璃及窗框的各项热工性能，最大限度提高其节能性（图 3.3-9）。

建筑外窗保温隔热性能通常是指其在夏季隔离太阳辐射热和室外高温的影响，从而使其内表面保持适当温度的能力。

1. 外窗窗框隔热技术

目前，建筑工程中常用的铝合金窗框型材，隔热能力较差，较为常用的外窗型材包括以下几种：

（1）断桥铝合金门窗

断桥铝合金门窗是采用铝合金挤压型材为框料制作，两面为铝材，中间用塑料型材腔体做断热材料，兼顾了塑料和铝合金两种材料的优势，同时满足装饰效果和门窗强度及耐老性能的多种要求。隔热断桥铝塑型材可实现门窗的三道密封结构，合理分离水汽腔，成功实现气水等压平衡，显著提高门窗的水密性和气密性。

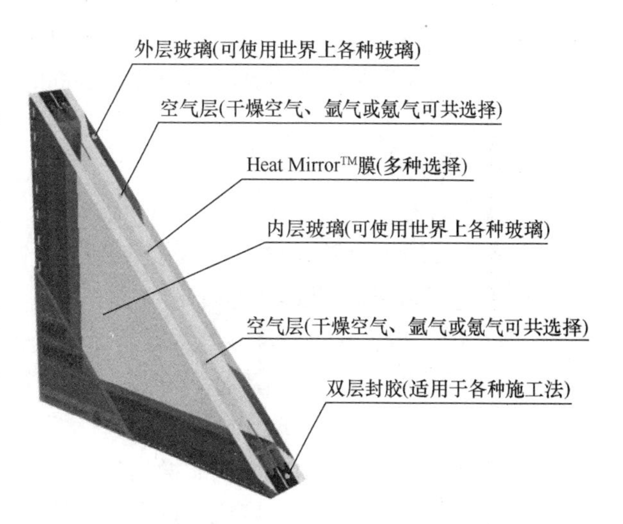

图 3.3-9　节能型窗

（2）PVC 塑料门窗

主要是用未增塑聚氯乙烯树脂（PVC-U）为主要原料，按比例加入光稳定剂、热稳定剂、填充剂，通过机械混合塑化、挤出、成型为各种不同断面结构的型材，通过对型材进行切割，穿入增强型钢，焊接，装配五金件、密封胶条、毛条及玻璃等构成完整门窗。在各类节能性能优良的门窗中，PVC 塑料门窗具有较好的价格优势，但其在强度方面具有较大劣势。

（3）玻璃钢节能门窗

玻璃纤维增强塑料门窗（简称玻璃钢门窗），是指采用热固性树脂为基体材料，加入一定量助剂和辅助材料，以玻璃纤维为增强材料，拉挤时经模具加热固化成型，作为门窗杆件。

（4）铝塑复合节能门窗

铝塑复合节能门窗是指以铝合金（壁厚达到 1.4～1.8mm）作为受力杆件的基材，改性 PVC 塑料作为中间的隔热断桥部分的基材，按照“铝＋塑＋铝”的方式加工成铝塑复合型材。铝塑复合门窗在结构上采用六空腔设计，大大增强了门窗的保温性能，其玻璃最低限度使用 5＋12A＋5 的中空玻璃。

（5）铝塑共挤节能门窗

铝塑共挤门窗型材是指由表面带燕尾槽的铝合金型材（壁厚不小于 1.0mm）做衬，通过共挤出工艺在其外表面上包覆一层厚度不小于 4mm 的硬质发泡塑料，并且发泡塑料进入燕尾槽内而成为一体的新型门窗型材，其兼容了金属门窗的高强度和塑料门窗的保温性优点。

2. 外窗玻璃隔热技术

窗的遮阳性能的提高可以通过采用在满足采光条件下遮阳性能好的窗玻璃来实现。如采用中空玻璃、热反射玻璃、Low-E 玻璃、Sun-E 玻璃等。中空玻璃已经被广泛熟知，相对于普通单片玻璃具有更好的遮阳性能，但其突出的优点在于其良好的保温和隔声性能，但其遮阳性能不如热反射玻璃、Low-E 玻璃。以下对几种玻璃性能做简单介绍：

（1）热反射玻璃

是在玻璃表面镀一层或多层铬、钛、不锈钢等金属或化合物组成的薄膜。热反射玻璃对于可见光有适当的透射率，对近红外线有较高的反射率（对远红外反射不大）。其优点是具有良好的隔热性能，缺点是减少热辐射的同时，也限制了进入室内的可见光数量，一定程度上影响室内的自然采光；玻璃的反射率高会造成相应的光污染现象。热反射玻璃有单片和双片的应用。

（2）低辐射玻璃、Low-E 玻璃、贴膜玻璃

是在普通玻璃表面镀或贴一层或多层由银、铜等金属或化合物组成的薄膜。Low-E 玻璃在可见光区域具有较高的透射率 60%～80%，有的达到 85% 以上，对红外透过率 5%～25%。相对于热反射玻璃，其特点是可见光透射率高，玻璃的保温性能好。能减少室内向室外的长波辐射，特别适合寒冷地区建筑使用。Low-E 玻璃一般双片使用。

（3）阳光控制低辐射玻璃（Sun-E 玻璃）

可以在降低远红外辐射率的同时增加反射太阳光中近红外辐射的功能，其原理是在单银膜基础上，增加银膜层的厚度或者是在银膜外侧增加起遮蔽作用的金属膜，以达到降低可见光透射比，增加阳光控制功能的目的。可以在夏季有效防止室外的热量进入室内，从而降低空调能耗。

（4）涂膜隔热玻璃

是表面涂覆建筑玻璃用透明隔热涂料，具有较高的可见光透射比和较低遮阳系数的玻璃。建筑玻璃用透明隔热涂料是以合成树脂或合成树脂乳液为基料，与功能性颜填料及各种辅助剂配制而成，在建筑玻璃表面施涂后形成表面平整的透明涂层，具有较高的红外线阻隔效果。该涂料适用于既有建筑改造，也有通过工业化生产线制作成涂膜单片玻璃或涂膜中空玻璃，用途拓展到了新建建筑。纳米涂膜隔热玻璃附着力强，隔绝紫外线和近红外线，可见光透过率高，使用寿命一般在 10 年以上，且价格适中，易于普及。

（5）内置百叶中空玻璃

内置百叶中空玻璃是将遮阳百叶或蜂巢帘安装在中空玻璃内，利用磁力或驱动电机来控制遮阳百叶的翻转和升降，从而实现透光率的调节。遮阳百叶与中空玻璃结合为一体后，既达到遮阳隔热的效果，还增强了保温性和防噪声功能，有效地提高了建筑物的热工性能，同时给建筑物和室内以新颖的视觉。内置百叶中空玻璃窗可遮去 50%～68%的太阳辐射，以 6+19A+5 内置百叶双玻中空玻璃为例，百叶收拢拉起时遮阳系数为 0.88，可见光透过率为 0.81；百叶展开时（百叶水平）遮阳系数为 0.572，可见光透过率为 0.41；百叶闭合时（百叶垂直）遮阳系数为 0.17，可见光透过率为 0.01。

（五）建筑外遮阳技术

建筑外遮阳技术是绿色建筑技术的一个重要组成部分，科学合理地运用遮阳技术对于防止民用建筑的室内环境恶化、降低建筑物空调能耗、维持健康生态的室内人居环境以及丰富建筑物立面艺术效果等起到重要作用。同时，建筑遮阳技术是一种被动式的建筑生态技术，不存在使用中的能耗问题。研究表明，窗口外遮阳措施的节能率可以达到 10%～24%，同时遮阳构件的造价仅占建筑总造价的 2%～5%。

按照遮阳构件能否随季节与时间的变换进行角度和尺寸的调节，建筑外遮阳技术可以划分为固定式遮阳和活动遮阳两大类型：

1. 固定式遮阳，通常是结合建筑立面、造型处理和窗过梁位置，用钢筋混凝土、塑料或铝合金等材料做成的永久性构件，常成为建筑物不可分割和变动的组成部分。例如阳台、飘板等。固定遮阳的优势在于其简单、成本低、维护方便；缺点在于不能遮挡住所有时间段的直射光线，以及对采光和视线、通风的要求缺乏灵活应对性。

2. 活动式遮阳，与固定式遮阳相反，活动式遮阳可以根据季节、时间的变化以及天空的阴暗情况，任意调整遮阳板的角度；在寒冷季节，为了避免遮挡太阳辐射，争取日照，还可以拆除。这种遮阳灵活性大，使用科学合理，因此近年来在国内外得到了广泛的应用。活动遮阳根据遮阳构件与外窗之间的位置关系又可以划分为活动外遮阳和中间遮阳两种类型。

随着建筑材料技术的快速发展，建筑遮阳技术出现了多种形式的遮阳构件产品，可以应用于不同类型的建筑及其立面设计。较为常用的遮阳构件产品包括铝合金机翼遮阳、铝合金格栅遮阳、卷帘遮阳、铝合金百叶帘、中空平板百叶等（图3.3-10～图3.3-13）。

图3.3-10　铝合金机翼遮阳

图3.3-11　铝合金格栅遮阳

为了有利于视野、采光、通风、立面处理等因素，在满足遮挡直射阳光的前提下，可以考虑采用不同的遮阳板面组合。为便于热空气逸散，减少对通风、采光的影响，通常将板面做成百叶形或蜂窝形；或者部分做成百叶形，或者部分做成百叶并在前面加上吸热玻璃挡板。后一种做法对隔热、通风、采光、防雨都比较有利。

图 3.3-12　卷帘遮阳

图 3.3-13　铝合金百叶帘遮阳

三、节水与水资源利用

（一）下凹式绿地技术

下凹式绿地是一种具有渗蓄雨水、削减洪峰流量、减轻地表径流污染等优点的生态型的雨水渗透设施。

下凹式绿地是绿地雨水调蓄技术的一种，较普通绿地而言，下凹式绿地利用下凹空间充分蓄集雨水，显著增加了雨水下渗时间。它既可设置在城区范围内的建筑物、街道、广场等不透水地面周边，用于收集蓄渗小面积汇水区域的径流雨水，又能在立交桥附近、市郊等空旷区域大规模应用，从而提高立交桥及整个城市的防洪能力。

典型的下凹式绿地结构为：绿地高程低于路面高程，雨水口设在绿地内，雨水口低于路面高程的绿地并高于绿地高程。下凹式绿地汇集周围道路、建筑物等区域产生的雨水径流，雨水径流先流入绿地，部分雨水渗入地下，绿地蓄满水后再流入雨水口（图 3.3-14）。

（二）透水地面技术

透水地面包括自然裸露地面、室外公共绿地、绿化面积和镂空面积大于或等于 40%的镂空铺地（如植草砖）、透水混凝土、透水沥青及其他透水地面材料。

场地硬地铺装采用透水地面，首先可以降低区域热岛效应，调节室外微气候，实测结果表面晴天气候条件下，透水地面上空的逐时湿球黑球温度 WBGT 指标比不透水地面约小 4℃。其次可以增加场地的地下水涵养，改善周边生态环境，最后可以减少地表径流，

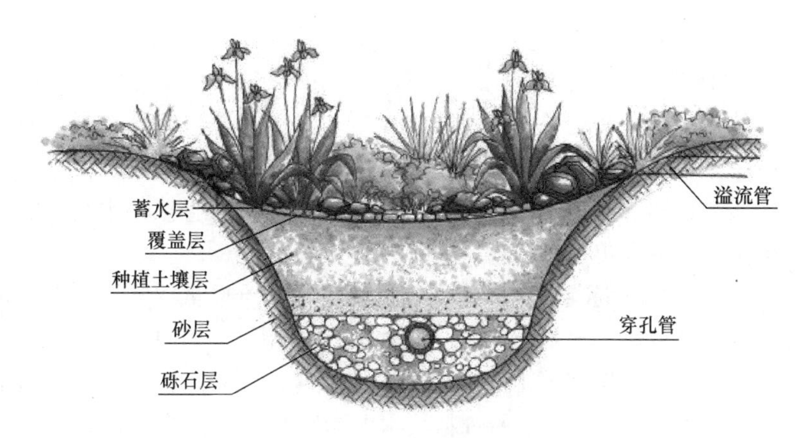

图 3.3-14　下凹式绿地构成

减轻排水系统负荷，改善排水状况。

场地内部非机动车道路、地面停车场和其他硬质铺地均可采用透水地面进行铺装。该技术近年来在我国得到大力推广使用。

透水地面的表层宜采用孔隙率较高的耐压材料，如互锁砖、植草砖、透水沥青、砌石等材料，并以透水性高的砂石为基层；结合绿化设施的补水系统，透水性地面宜设置人工补水装置，在高温炎热的季节向地面淋水，利用水份蒸发冷却改善微气候环境。

室外非机动车车道、地面停车场和步行道宜采用透水地面，且室外透水地面面积比不应小于：居住建筑≥45％，公共建筑≥40％；透水地面的坡度以 1.5％～2.0％为佳，确保地面在降雨时不易形成地面积水。

四、节材与材料资源利用

（一）固体废弃物利用技术

固体废弃物主要包括矿业废弃物、建筑废弃物、工业废弃物、农业废弃物和生活废弃物等，它们均可作为生产绿色建材产品的原材料。固体废弃物利用技术是指通过物理、生物以及化学等综合处理手段，对固体废弃物进行加工，从中提取一切当前可利用的物质，将其作为组分或替代组分加入到建筑材料原物系中形成新材料的技术，从而化害为利、变废为宝，既能减少废弃物的排放量和环境污染，同时又能降低总处理费用，提高资源利用效率，最终将产生良好的社会和经济效益。

固体废弃物利用技术主要包括以下几种应用形式：

1. 矿业废弃物在绿色建材中的应用：利用煤矸石生产轻骨料混凝土挤压隔墙条板。

2. 工业废弃物在绿色建材中的应用：

（1）以粉煤灰为主要原料的建材产品有：蒸压粉煤灰加气混凝土砌块、粉煤灰混凝土多孔砖、粉煤灰混凝土砌块和 GRC 轻质隔墙条板等；

（2）以石粉、石渣为原料生产的建材产品有：①以石粉替代黏土制蒸压石粉砖；②加气混凝土砌块；③将石渣、石材边角料破碎为小颗粒石子，拌与水泥，生产混凝土实心砖、空心砖等；

（3）利用炉渣、煤渣为原料生产的建材产品：轻质隔墙板、加气混凝土砌块、混凝土空心砖等。

3. 建筑废弃物在绿色建材中的应用

建筑废弃物分为可直接利用的材料、可再生或可以用于热回收的材料以及没有利用价值的废料等三类：

（1）钢筋、某些金属、塑料、木质材料等建筑垃圾是可以直接再生利用的，可以挑拣出来直接送往相应工厂进行再生加工；

（2）而建筑垃圾中的废混凝土、废砖石等物料是比较难以再次利用的。但是相关研究表明，它们均可被回收处理后作为粗骨料：如可以将废混凝土、废砖等建筑垃圾作为骨料，利用高硫石油焦渣、粉煤灰等工业废渣制备再生砖；此外，也可利用废旧聚苯乙烯泡沫塑料制品（EPS）颗粒作为混凝土的骨料，水泥为胶结料，并掺加粉煤灰、炉渣、外加剂生产保温砌块等（图3.3-15）。

图3.3-15　再生骨料混凝土

4. 农业废弃物在绿色建材中的应用

经加工处理过的植物包括农业废弃物，如麦秆、稻草、竹、锯末、谷壳等，可作为增强材料与胶凝材料混合使用，如利用锯粉、谷壳生产GRC轻质隔墙条板；以稻或麦等谷类作物的茎秆为主要原料生产的生态节能草砖；以麦秸和稻草为原料所制成的秸秆人造板和稻草板等（图3.3-16）。

图3.3-16　旧木材的利用

（二）高强度钢筋技术

高强度钢筋是指抗拉屈服强度级别在400MPa以上，符合《混凝土用钢》GB 1499中规定的HRB400、HRB500级钢筋要求的螺纹钢筋，其具有强度高、综合性能优良等特点。高强度钢筋不仅能满足一般建筑的要求，更广泛地应用于高层建筑、大跨度建筑、抗震等级高的建筑、大型基础设施的建设。推广使用高强度钢筋不仅能节约建筑钢材用量，例如采用高强钢筋替代目前大量使用的335MPa级的螺纹钢筋，平均可节约钢材12%以上，从而能提高建筑物质量等级。

使用高强钢筋可以减少构件自重，使结构设计更趋合理，可减少钢筋运输、加工与连接工作量，同时可保证混凝土施工质量，提高安全储备等，对提高建筑物的安全性、耐久性提供了保障。

HRB500 级钢筋抗拉强度设计值 420N/mm^2，是 HRB335 级钢筋的 1.4 倍，是 HRB400 级钢筋的 1.16 倍。为充分发挥其抗拉强度高的特点，基础受力筋和框架梁纵筋采用了 HRB500 级钢筋，总用钢量为 207t（其中框架梁用钢量 130t，基础用钢量 77t）。HRB500 级钢筋与 HRB335 级钢筋相比，框架梁钢筋用量可减小 15%～20%左右，节省钢筋约 19.5～26t；基础筋用量可减少 28%左右，节省钢筋约 22t。总共节省钢材 48t。按市场价格 5800 元/t 计算，仅材料可节约资金 27.84 万元。节材、节资效果明显。

据专家测算，如全国高强钢筋置换比例达到 60%以上，全国每年可减少钢材消耗 1000 万 t 左右，增加钢铁工业经济效益近 150 亿元，减少铁矿石消耗 1600 万 t 左右，减少能源消耗 600 万 t 标准煤。

（三）集成房屋技术

集成房屋（又称可移动或可多次拆装房屋）诞生于 20 世纪 50 年代末。其主要概念是房屋的承重构件、围护部件及各种零配件等全部在工厂加工制作好，运到现场进行组装，内外装修及水暖电等设备在专门厂家采购运到现场安装的一种建房模式。其特点是一种专业化设计，标准化、模块化、通用化生产，易于拆迁、存储，可多次重复使用、临时周转或具有永久性质的房屋。集成房屋依受力体系分轻钢墙体受力体系、预制组合体系等（图 3.3-17）。

图 3.3-17 集成房屋

与传统的砖混结构相比，集成房屋具有以下几项优势：①房屋自重轻；②抗震性能好；③钢构件、围护结构板材及各种配件可以工厂化生产，精度高，质量好；④施工安装简单，周期短；⑤建筑造型美观，房间空间大，布置灵活，管道和各种线路布置简便；⑥基础以上干式工法没有湿作业，现场施工文明，建筑垃圾少；⑦低碳：节能、节水、节材、节地；⑧重复利用：大部分建筑部件能够在其他项目中再次使用；⑨循环利用：房屋寿命结束后，90%材料可以回收利用。

五、室内环境质量

（一）建筑自然通风技术

自然通风是一种调节建筑室内环境的传统建筑技术，它具有节能、改善室内热舒适性和提高室内空气品质的优点，是人类历史上长期赖以调节室内环境的原始手段。自然通风在实现原理上有利用风压、利用热压、风压与热压相结合以及机械辅助通风等几种形式。现代人类对自然通风的利用已经不同于以前开窗、开门通风，而是综合利用室内外条件来实现。如根据建筑周围环境、建筑布局、建筑构造、太阳辐射、气候、室内热源等，来组织和诱导自然通风。在建筑构造上，通过中庭、双层幕墙、风塔、门窗、屋顶等构件的优化设计，来实现良好的自然通风效果（图 3.3-18）。

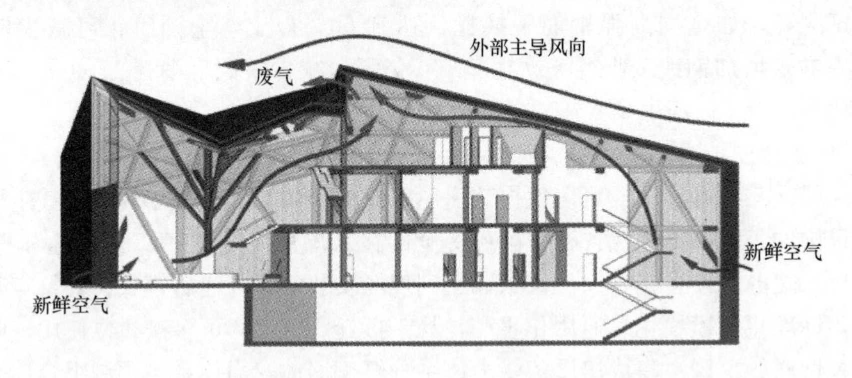

图 3.3-18　建筑内部自然通风

建筑中常用的自然通风实现方式主要有以下几种：

1. 利用风压实现自然通风。风压通风是利用建筑的迎风面和背风面之间的压力差实现空气的流通。压力差的大小与建筑的形式、建筑与风的夹角以及建筑周围的环境有关。建筑设计中应尽量减少室内空气通路的阻挡，并尽量增大窗户的开启面积以提高建筑风压通风的能力（图 3.3-19）。

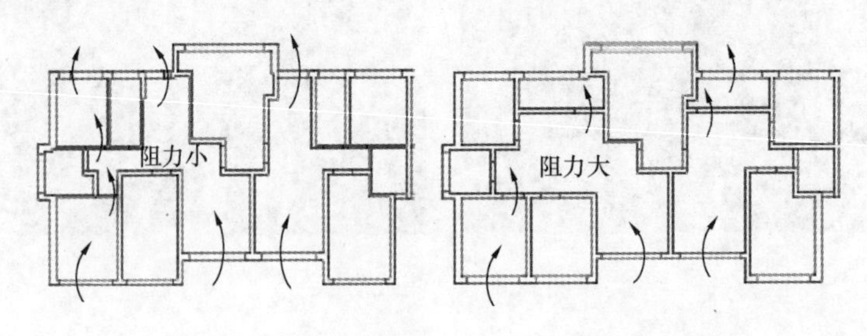

图 3.3-19　平面布局对建筑风压自然通风的影响

2. 利用热压实现自然通风。利用建筑内部空气的热压差——即通常讲的“烟囱效应”来实现建筑的自然通风。利用热空气上升的原理，在建筑上部设排风口可将污浊的热空气从室内排出，而室外新鲜的冷空气则从建筑底部被吸入。在建筑设计中，可利用建筑物内部贯穿多层的竖向空腔，如楼梯间、中庭、拔风井等满足进排风口的高差要求，并在顶部设置可以控制的开口，将建筑各层的热空气排出，达到自然通风的目的。与风压式自然通风不同，热压式自然通风更能适应常变的外部风环境和不良的外部风环境。

3. 风压与热压相结合实现自然通风。在建筑的自然通风设计中，风压通风与热压通风往往是互为补充、密不可分的。一般来说，在建筑进深较小的部位多利用风压来直接通风，而进深较大的部位则多利用热压来达到通风效果（图3.3-20）。

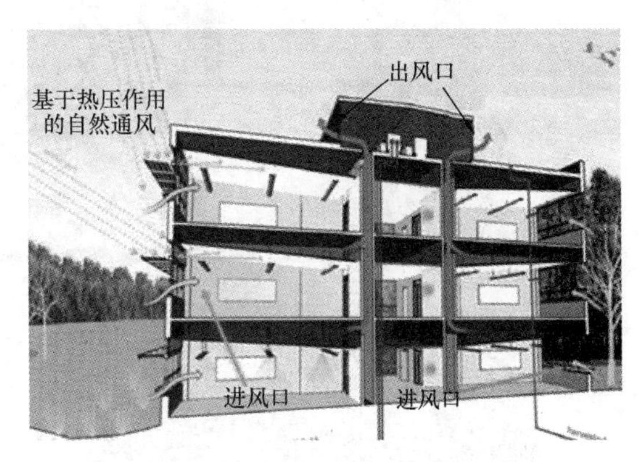

图3.3-20　风压与热压相结合通风

4. 机械辅助式自然通风。当建筑单纯依靠自然风压与热压不足以实现良好的自然通风或者外部环境条件不适合采用自然通风，例如空气污染和噪声污染比较严重的城市，直接的自然通风会将室外污浊的空气和噪声带入室内，不利于人体健康，在这种情况下，常常采用一种机械辅助式的自然通风系统，借助一定的机械方式加速室内通风。例如建筑室内设置吊扇等机械通风设备来强化自然通风。

在建筑自然通风设计过程中，需借助于现有的分析流体流动和能量的软件。目前可应用于分析自然通风系统的通风特性和热特性的常见软件分别有：CONTAMW，COMIS，Fluent，Phoenics，DeST，EnergyPlus 等。

（二）建筑自然采光技术

1. 光导管技术

光导管技术是利用光的折射、反射原理，将天然光引导到室内，供室内照明使用的自然采光技术。光导管系统分为被动式导光系统和主动式导光系统。主动式导光系统通过传感器的控制来跟踪太阳，以便最大限度地采集日光，被动式导光系统则是固定不动的。目前较为成功的主动式导光系统为向日葵天然光采光导光系统，它利用GPS定位、凸镜组聚焦提升阳光强度、光纤导入、阳光自动追踪系统（图3.3-21）。

光导管分为采光罩，光导管和漫射器三部分，其系统原理是通过采光罩高效采集太阳光线，再经过特殊材料制作的导光管传输后，由系统底部的漫射器把太阳光均匀高效地照射到任何需要光线的地方，最终得到由太阳光带来的室内照明效果。由于天然光的不稳定性，光导管通常装有人工光源作为后备光源，以便在日光不足时作为补充。

光导管技术主要应用于单层、多层建筑的顶层或地下空间，建筑的阴面等。

2. 采光隔板

采光隔板是在侧窗上部安装一个或一组反射装置，使窗口附近的直射阳光通过一次或多次反射进入室内，以提高房间内部照度的采光技术。

采光隔板技术主要应用于房间进深较小的功能房间，例如体育馆建筑的附属用房。

3. 围护结构隔声技术

（1）墙体隔声技术

墙体隔声技术主要是指轻质墙体对空气声的隔绝。

（2）门窗隔声技术

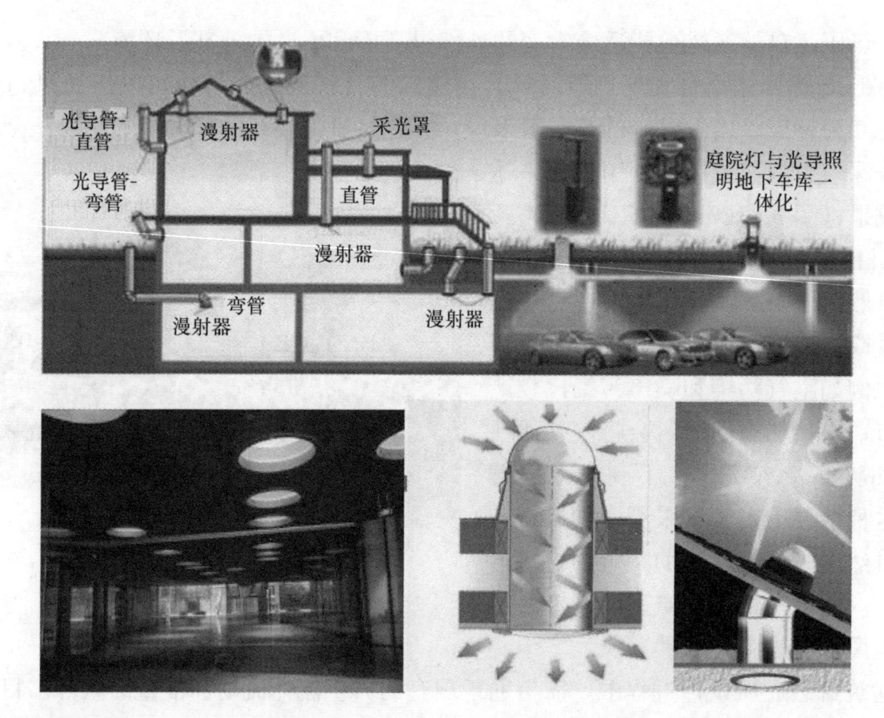

图 3.3-21 光导管自然采光技术实例

门窗结构受空气声影响较大，同时门窗结构存在较多的缝隙，因此门窗的隔声能力一般从以下三个方面着手：①门窗构造组成。采用隔声性能优良的材料构成门窗框，例如 PVC 窗、铝塑共挤型材窗；②增加门窗玻璃的层数，双层中空玻璃的空气声隔声量不小于 30dB；③门窗缝隙的密封。严密堵塞门窗缝隙。

（3）楼板隔声技术

楼板隔声技术包括对撞击声和空气声两种声音的隔绝。常用的 100mm 钢筋混凝土楼板具有较好的隔绝空气声性能（48～50dB），但其对隔绝撞击声则显得不足，据测定，100mm 钢筋混凝土楼板的撞击声声压级约 80～85dB。因此，需通过以下几种方法改善其隔绝撞击声的性能：①采用木地板、地毯等作为楼板的垫层。100mm 钢筋混凝土楼板铺设木地板或地毯构造的撞击声声压级不大于 65dB；②增加隔声减振垫、隔声玻璃棉等构成的隔声减振层以改善其隔绝撞击声的性能。增加隔声减振垫的浮筑楼板构造的撞击声声压级不大于 65dB。

第 4 节 绿色建筑案例评析

一、项目介绍

××广场 1 号、2 号楼项目位于陕西省西安市，项目总投资 5 亿元，总用地面积为 23519.4 m^2，规划总建筑面积 159569m^2，共 5 栋建筑分两期建设，其中一期为 1 号、2 号楼，二期为 3 号、4 号及 5 号楼，均为商业、办公建筑。建筑密度为 36.3%，容积率为

4.96，绿地率为 20.5%。建筑结构类型为现浇钢筋混凝土剪力墙结构（图 3.4-1）。

图 3.4-1　项目效果图

1 号、2 号为绿建参评公共建筑。1 号楼地上 29 层，地下 2 层，建筑高度为 96.6m，建筑面积为 40947m^2，其地上部分 1～4 层用于商业，5～29 层用于办公；2 号楼地上 29 层，地下 2 层，建筑高度为 96.6m，建筑面积为 44016m^2，其地上部分 1～3 层用于商业，4 层部分为商业、部分为办公，5～29 层用于办公。两栋建筑地下部分主要为人防、车库及设备用房。

本项目在设计阶段充分考虑了建筑保温、自然通风、自然采光、高效空调系统、可再生能源、智能控制及舒适环境等技术系统，于 2016 年 3 月参评了西安市公共建筑一星级设计标识，满足《绿色建筑评价标识》GB 50189—2015 的要求。

二、节地与室外环境评价

项目原用地性质为办公、厂房用地，且在建设初期该地块已进行过文物勘探，勘探结果未发现文物古迹，遂进行开发建设。用地区域无保护动植物，无破坏自然水系、湿地、基本农田、森林等其他保护区，地表植被主要以人工景观绿化植被为主。

由建设方提供的环境评估报告及批复可知，项目周边生态环境良好，无洪灾、泥石流等威胁，建设场地内合理种植绿化林木。所选场地不处于建筑抗震不利地段，附近无电视广播发射塔、雷达站、通信发射台、变电站、高压电线，场地选址无火、爆、有毒物质等的威胁。场地土壤中氡浓度检测结果的平均值为 4180Bq/m^3，符合《民用建筑工程室内环境污染控制规范》GB 50325—2010 规定的“当民用建筑工程场地土壤氡浓度不大于 20000Bq/m^3 或土壤表面氡析出率不大于 0.05Bq/(m^2·s) 时，可不采取防氡工程措施”要求。

本项目为商业办公建筑，采用了市政供暖系统，场地内污染物主要污染源为地下车库汽车尾气，鉴于此情况，本项目设计了完善的车库排风系统，地下车库每小时换气次数设计为 6 次，室外排气口设置于裙房屋面以及一层外墙上，其中外墙上的排风口距离室外地坪高度为 2.6m，对周围的环境影响较小。

本项目作为公共建筑，本身无日照时数具体要求，由总平面图可知，在距离本项目东北方向用地范围线附近有两栋居住建筑，按照绿建评价标准的要求，本项目的建设不应降低周边居住建筑的日照要求，根据设计研究院出具的日照分析报告可知，本项目用地红线内有建设对周边居住建筑的日照有一定的影响，但没有降低其冬至日 2h 日照的条件，满足绿色建筑评价标准的要求。

至此，本项目在节地与室外环境的控制项已经全部达标。以下为得分项的评价内容。

1. 土地利用

本项目为公共建筑，土地节约指标主要考察项目的容积率值，由项目总平面图中技术经济指标汇总表可知，规划用地面积为 23519.4m^2，地上总建筑面积 159569m^2，容积率值为 4.96，第 4.2.1 条可得 19 分；项目用地范围内绿地率为 20.5%，尽管未超过评价标准关于公共建筑绿地率最低要求 30%，但项目区域内绿地可全天候向周边开放，因此第 4.2.2 条可得 2 分；地下空间利用方面评价仍然以总指标进行，项目地下 2 层（局部为地下 3 层）主要用于车库，地下空间利用比例高达 182%，但由于地下一层与总用地面积的占比超过了 70%，影响了本条的得分能力，第 4.2.3 条仅可得 3 分；统计可知，本项目土地利用方面的总得分为 24 分。

2. 室外环境

本项目采用 12mm 空气间层的铝合金 LOW-E 中空玻璃幕墙，其可见光反射比小于 0.2，可有效降低光污染，但景观照明设计中，部分照树景观灯有溢光现象，对周边建筑有一定的光污染，因此第 4.2.4 条仅能得 2 分；本项目西侧为太白南路主干道，场地噪声属于《声环境质量标准》中 2 类与 4a 类型，噪声主要来源于室外交通噪声，由环境评报告中场地噪声实测值可知，用地范围西侧厂界噪声值不满足相关标准要求，本条不得分，针对该情况，项目设计通过种植乔灌木等措施降低交通噪声的影响；通过 Phenics 软件对室外风环境的进行模拟（图 3.4-2～图 3.4-4），在冬季典型风速和风向条件下，风场均匀，平均风速均在 1.8m/s 左右，不大于 5m/s，处在人舒适区范围之内。室外风速放大系数为 1.7，小于 2。迎风面和背风面压差小于 5Pa，有利于建筑通风，而不会引起冷风渗透。在过渡季、夏季典型风速和风向条件下，场地内 2 号楼西侧出现涡漩区，因此第 4.2.6 条仅能得 4 分；本项目关于降低热岛影响采取了乔木及建筑物遮阳的措施，经过计算红线范围内户外活动场地的乔木、建筑物遮荫措施的面积比可知，其遮阳率在 10%以

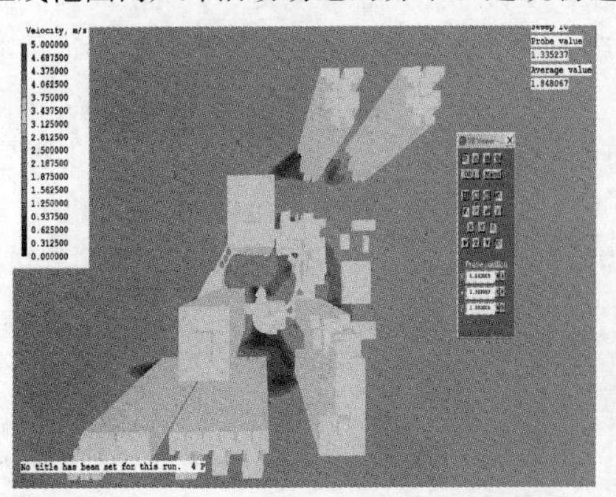

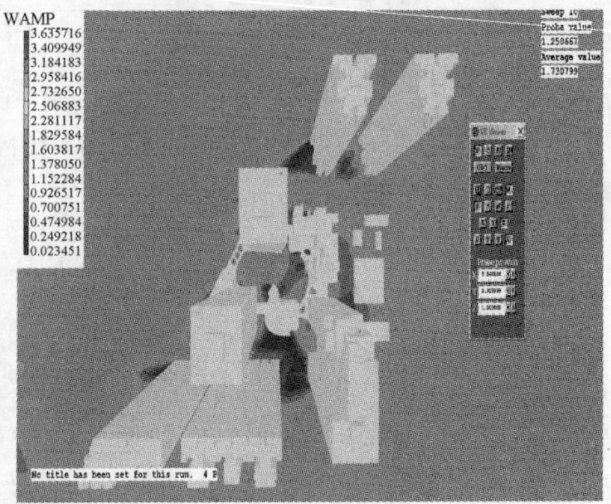

图 3.4-2　冬季工况下距离地面 1.5m 处的速度场及风速放大系数

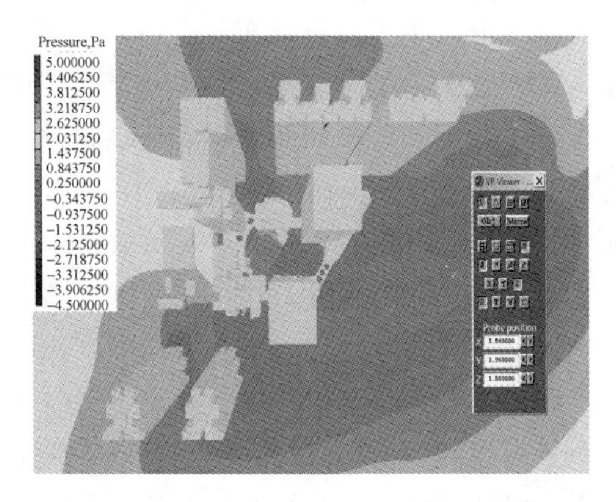

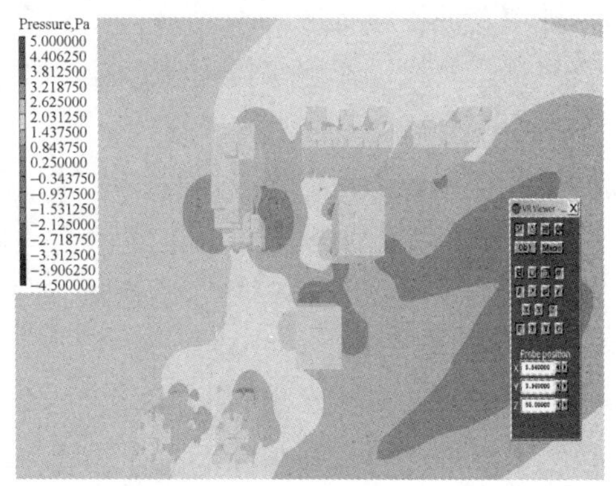

图 3.4-3　冬季工况下距离地面 1.5m 及 55m 处的压力场

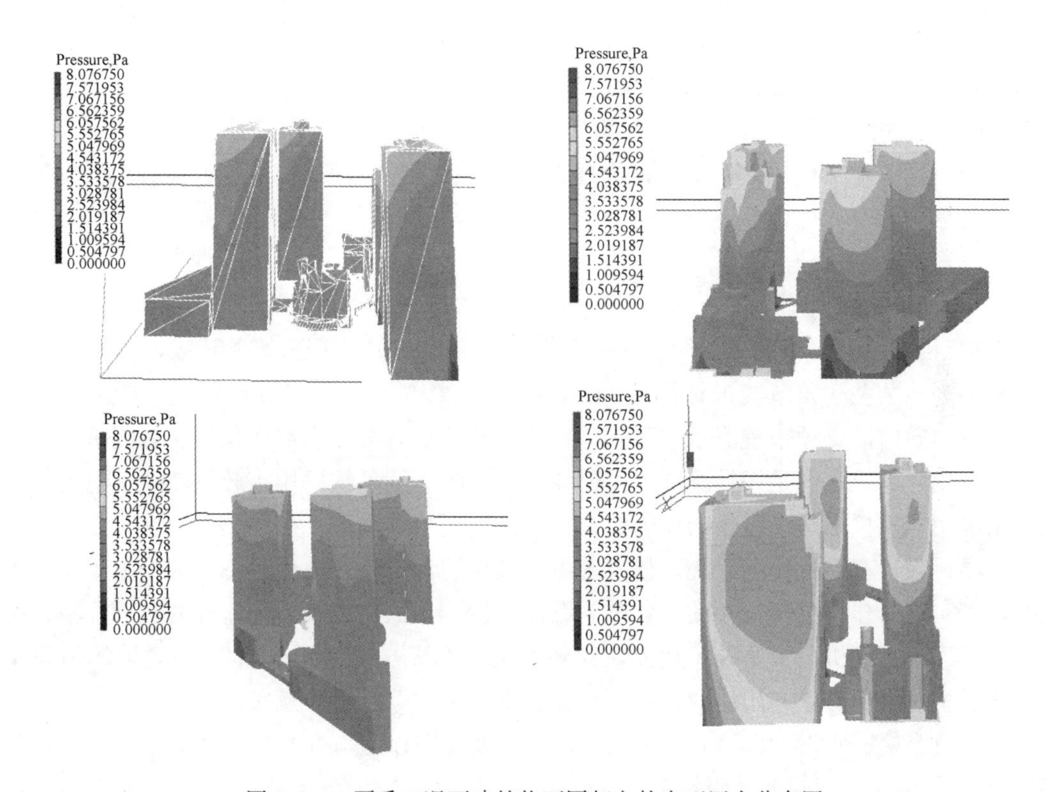

图 3.4-4　夏季工况下建筑物不同朝向外表面压力分布图

下，另外施工图设计中未考虑道路路面、建筑屋面的太阳辐设反射率的影响，故第 4.2.7 条不得分；统计可知，本项目室外环境方面的总得分为 6 分。

3. 交通设施与公共服务

本项目场地出入口步行距离 800m 范围内设有 3 条公交线路，分别是 6 路、32 路及 900 路，公共交通站点为电子二路西口，因此第 4.2.8 条仅能得 6 分；根据《无障碍设计规范》GB 50763—2012 第 7.4.2 条及《住宅设计规范》GB 5009—2011 第 6.6 节进行了室内外场地的无障碍设计，充分考虑残障人士的需求，在建筑室入口内外高差处设计缓坡，设计了残疾人专用厕卫、无障碍电梯（1 号电梯），但设计中未体现项目区域内车行道与市政道路的衔接详图，因此第4.2.9条仅能得3分；本项目机动车停车符合《西安建筑工程机动车非机动车停车位配建标准》要求，项目提供机动车停车位1470个，其中地面停车位73个，地下停车位1397个，地上停车位不占用步行空间及活动场所，机动车停车场所设置合理，但项目未设置自行车棚等非机动车停车场地，因此第4.2.10条仅能得3分；本项目本身兼有办公及商业2种公共服务功能，且建筑区域对公众开放，因此第4.2.11条可得6分；统计可知，交通设施与公共服务方面的总得分为18分。

4. 场地设计与场地生态

本项目采取了整体全部开挖的建设方式，没做到结合现状地形地貌进行场地设计与建筑布局，未采取表层土利用等生态补偿措施，在景观设计中未设置绿色雨水基础设施减少地表与屋面雨水径流量，因此第4.2.12条、4.2.13条及4.2.14条均不得分；本项目种植适应当地气候和土壤条件的植物，采用乔、灌、草结合的复层绿化，其中乔木有大叶女贞、石榴、国槐及广玉兰，灌木有海桐、黄样等，但由于本项目未采取适合公共建筑的垂直或屋面绿化方式，因此第4.2.15条仅可得3分；统计可知，场地设计与场地生态方面的总得分为3分。

综上所述，在节地与室外环境评价方面，本项目的控制项全部达标，得分项没有不参评项，得分项共计得分为51分。

三、节能与能源利用评价

本项目为西安市公共建筑项目，按照建筑热工气候分区属于寒冷B区，执行的建筑节能标准为《公共建筑节能设计标准》GB 50189—2015，由项目设计图纸、施工图审查合格书及建筑节能专项审查意见书可知，两栋建筑体形系数、窗墙面积比、各围护结构传热系数及用能系统均满足设计标准的限值要求。采暖空调系统采用市政供热地辐射及多联机，未采用电直接加热设备作为供暖空调系统的供暖热源和空气加湿热源。

本项目设计有能耗监测系统，该系统由管理系统计算机、通信设备、数据采集装置等组成，可实现对建筑物所消耗的水、电、燃油、供冷、供热以及其他能源的数据采集、统计分析、远程管理机集中监控等功能，检测室位于2A号楼地下一层2-F～3轴的值班室内，该系统对合理有效利用能源，降低能耗、提高效益等有积极意义。

本项目全楼照明设计以高效节能荧光灯为主要照明设施，并配置节能电子整流器，各场所LPD均满足《建筑照明设计标准》GB 50034的要求。荧光灯具效率不低于60%，功率因数不低于0.9。智能疏散照明灯具采用低耗能的LED光源，在楼内地下车库设置智能照明控制系统，节能控制效果显著，不同功能房间的照明功率密度值（表3.4-1）达到了相关设计标准的目标值要求。

不同功能房间功率密度值　　　　**表3.4-1**

房间类型	设计照度（Lx）		照明功率密度（W/m²）	
	实际值	标准值	实际值	目标值
门厅	—	—	2.7	3.5
走廊，楼梯间	51	50	1.2	2.0

续表

房间类型	设计照度（Lx）		照明功率密度（W/m^2）	
	实际值	标准值	实际值	目标值
公共车库	54	50	1.2	2.0
泵房、空调房、风机房	106	100	3.5	3.5
配电室	212	200	5.7	6.0
办公室	308	300	7.3	8.0

至此，本项目在节能与能源利用的控制项已经全部达标。以下为得分项的评价内容。

1. 建筑与围护结构

本项目 1 号、2 号楼体形系数均在 0.2 以下，满足设计标准要求，建筑主朝向为南北方向，另外通过设计优化，建筑不同朝向的窗墙面积比均在 0.5 以下，满足直接得分的要求，因此，第 5.2.1 条可直接得 6 分；1 号、2 号楼均采用全玻璃幕墙的外立面形式，其中透明玻璃幕墙部分均设计有可开启部分，可开启面积比例计算结果均大于 10%，因此，第 5.2.2 条可得 6 分；建筑围护结构的传热系数满足设计标准限值要求，但不同围护结构系数提高幅度参差不齐，从数值上无法整体判断提高幅度，因此需要进行当前建筑与参考建筑全年能耗数值模拟，由耗模拟结果可知，当前建筑节能提高幅度低于 5%，因此，第 5.2.3 条不得分。统计可知，建筑与围护结构方面的总得分为 12 分。

2. 供暖、通风、与空调

本工程空调采用变频多联一拖多空调系统，空调室外机设于裙房五层屋面，数码变频多联空调系统为直接蒸发式制冷系统。变频多联机空调机组制冷制热全年综合性能系数 IPLV(C) 为 5.5～6.05，满足节能设计标准的要求，达到 1 级能效能级，因此，第 5.2.4 条可得 6 分；采暖采用市政热源地辐射形式，项目自建换热站，按建筑高度划分高低区采暖系统并分别设置循环水泵，由暖通节能计算书可知，采暖循环泵耗电输热比的计算结果满足设计标准要求，另外本项目空调系统不涉及水系统，因此，第 5.2.5 条可得 6 分；由通风、采暖及空调的全年能耗模拟可知，当前设计建筑比参照建筑的节能率为 14.4%，该节能率介于 10%～15%，因此，第 5.2.6 条可得 7 分；本项目为民用建筑，采用多联机空调机组，且玻璃幕墙可随时开启，且有利于自然通风，因此，第 5.2.7 条可直接得 6 分；本项目采暖空调系统分区、分楼层设置，冬季采暖热源为市政热源，可不考虑冷热源机组的容量配置、台数是否满足部分负荷要求；变频多联机空调机组制冷制热全年综合性能系数 IPLV（C）为 5.5～6.05，达到 1 级能效能级，满足国家标准《公共建筑节能设计标准》GB50189 的要求，因此，第 5.2.8 条可得 6 分；统计可知，供暖、通风、与空调方面的总得分为 25 分。

3. 照明与电气

全楼照明设计以高效节能荧光灯为主要照明设施，走廊、楼梯间、门厅、大堂采用声光控措施、地下停车场采取分区控制措施，智能疏散照明灯具采用低耗能的 LED 光源，节能控制效果显著，因此，第 5.2.9 条可得 5 分；建筑主要功能房间（除卫生间）的照明功率密度值均达到了相关设计标准的目标值要求，第 5.2.10 条可得 4 分；本项目建筑采用日立MCA型（商业）、LCA（办公）电梯，具有智能分配、电梯群控等节能技术措施，因此，第5.2.11条可得3分；本项目变压器选用SCB11-1250及SCB11-1000型，不满足现行国家标准《三相配电变压器能效限定值及节能评价值》GB 20052的节能评价值要求，因此，第5.2.12条不得分；统计可知，照明与电气方面的总得分为12分。

4. 能量综合利用

本项目建筑外窗可随时开启，空调系统采用变频多联机，未设计新风及排风系统，未设计蓄冷蓄热装置，且冷热系统也没有可回收的余热废热，因此，第5.2.13条、第5.2.15条不参评，第5.2.14条不得分；本项目于2号楼塔楼屋面处设计了太阳能光伏发电系统，其提供的年发电量占建筑总耗电量的比例为0.58%，低于评价标准要求的最低值1%，因此，第5.2.16条不得分；统计可知，能量综合利用方面不得分。

综上所述，在节能与能源利用方面，本项目的控制项全部达标，得分项有2项不参评项，得分项不参评为7分，得分为55分，折算后节能与能源利用部分最终得分为59.14分。

四、节水与水资源利用评价

本项目的水系统规划方案较为完善，水源为城市自来水，市政两路供水，由西侧道路和南侧道路各引入一根*DN*200进水管，供水压力为0.20MPa。生活用水充分利用市政给水管网压力，生活给水管道采用新型节能管材，用水器具均采用节水型卫生器具及五金配件，残疾人坐便器冲洗水箱冲洗水量为4.8升，其余常规卫生器具均满足节水3级要求。1号楼和2号楼给水系统分区形式相同，共分5个分区：地下1层至地下2层为市政直供区；1～4层商业由地下室设备房供水设备加压供水；4～10层办公一区由地下室设备房供水设备加压供水；11～20层办公二区由地下室设备房供水设备加压供水；21～29层办公三区由地下室设备房供水设备加压供水。本项目排水系统采用污、废水合流制，地下室废水采用潜水排污泵提升排水形式，±0.000以上污废水采用重力自流排水形式。屋面雨水设计重现期为10年，重力流排放，屋面雨水采用87型雨水斗。主楼屋面雨水采用内排水系统形式，屋面雨水经雨水斗和雨水管收集后排至室外散水。本项目自建中水处理系统，中水水源为建筑污废水，中水站房位于2号楼地下室，中水主要用于绿化灌溉与道路冲洗，日处理量为100m^3/d。综上所述，本项目节水与水资源利用的控制项全部达标。

1. 节水系统

本项目申报的是设计标识，因此，第6.2.1条不参评；室内生活给水管采用钢塑复合管，水表后暗装支管采用PPR，热熔连接，室外给水、中水管道采用TTP-PESI孔网钢带聚乙烯复合管，电热熔连接，承压1.0MPa。室外污水管、雨水管均采用聚丙烯GD-PPHM高强度双壁波纹管排水管道，密封圈承插连接。废水立管、1号楼卫生间排水立管采用加强型GD-UPVC螺旋高层静音排水管，通气管选用GD-UPVC实壁高层静音管，主立管连接均采用抗震柔性螺纹接口的消音配件连接，支管采用高层静音排水管，配件采用胶粘连接。雨水采用HDPE3高密度聚乙烯雨水管材，连接采用热熔承插连接，系统耐压不低于1.25MPa；双偏心半球阀采用PQ34OF-16Q型，不锈钢闸阀采用Z41H-16P型，消声止回阀采用H41S-16型，均为防漏型阀门；另外本项目采用三级水表设置，市政自来水总管设置总水表，各给水入户管干管处设置一个水表，水表选用 LXS 型螺翼干式水表，每楼层的每个公共卫生间均设水表，水表采用 IC 卡水表，本项目从用水管道、阀门及连接件，还是分级水表的设置均充分考虑了避免管网漏损的措施，因此，第 6.2.2 条可得 7 分；本项目市政供水压力为 0.20MPa，之后根据楼层不同进行二次加压，用水点前通过减压调节阀调节至 0.2～0.3MPa。办公区 4～5 层、11～14 层、21～24 层在阀门后水表前设支管减压阀，各用水点阀后压力为 0.2～0.3MPa，因此，第 6.2.3 条可得 3 分；本项目自给水主管道到建筑内部用水点之间设置三级计量水表，室外道路冲洗及绿化浇灌也设置计量水表，建筑内部用水点处设置了 IC 卡计费用水计量方式，因此，第 6.2.4 条可得 6 分；本项目未设计公共浴室，因此，第 6.2.5 条不参评；统计可知，节水系统方面不参评分为 14 分，总得分为 16 分。

2. 节水器具与设备

本项目建筑公共部分采用了土建与装修一体化设计，卫生间残疾人坐便器采用 4.8 升节水型器具，节能能效达到了 2 级，其余卫生器具均能达到节水 3 级要求，综合考虑第 6.2.6 条可得 5 分；本项目室外景观绿化灌溉方式为快速取水器人工拉管浇灌，不属于节水灌溉方式，因此，第 6.2.7 条不得分；本项目空调系统采用变频多联机，不涉及水系统与冷却水系统，且除了卫生器具外本项目未采用其他节水技术或措施，因此，第 6.2.8 条直接得 10 分，第 6.2.9 条不得分；统计可知，节水器具与设备方面的总得分为 15 分。

3. 非传统水源利用

本项目的中水利用率为 2.4%，中水用于室外道路冲洗及绿地浇灌，按照中水用途评价，第 6.2.10 条可得 10 分；同第 6.2.8 条情况一致，空调系统无冷却水系统，第 6.2.11 条直接得 8 分；本项目未设计景观水体，因此，第 6.2.12 条直接得 7 分；统计可知，非传统水源利用方面的总得分为 25 分。

综上所述，节水与水资源利用方面的控制项全部达标，得分项不参评分数为 14 分，得分为 56 分，折算后节能与能源利用部分最终得分为 65.12 分。

五、节材与材料资源利用评价

本项目两栋建筑均采用了框架剪力墙结构体系，设计所选用材料均不在《国家明令禁止使用的建筑材料和技术名录》中；混凝土结构中梁、柱纵向受力普通钢筋应均采用 HRB400 热轧带肋钢筋，强度高于 400MPa 级；1 号、2 号楼之间的装饰性连廊及 2 号楼裙房超高女儿墙（玻璃幕墙）是装修性构件，计算其造价与项目总造价的比值为 2.4‰，小于标准要求的 5‰，综上所述，节材与材料资源利用的控制项全部达标。以下为得分项情况。

1. 节材设计

1 号、2 号楼均采用了裙房加塔楼的建造形式，通过结构专业计算，在规定的水平力作用下，楼层的最大弹性水平位移或（层间位移）均小于该楼层两端弹性水平位移（或层间位移）平均值的 1.2 倍；建筑楼板连续不存在尺寸和平面刚度急剧变化的情况，但由于裙房等缘故，平面凹进的尺寸，大于相应投影方向总尺寸的 30%，综合考虑认为其属于国家标准《建筑抗震设计规范》GB 50011—2010 规定的建筑形体不规则情况，因此，第

7.2.1条可得3分；本项目结构设计时未对地基基础、结构体系、结构构件的选型优化过程留有过程资料，因此，第7.2.2条不得分；建筑公共部分采用了土建装修一体化设计，商场部分的大空间未采用灵活隔断设计，故第7.2.3条可得6分，第7.2.4条不得分；建筑构件均为现场建造，未采用工业化预制构件，故第7.2.5条不得分；本项目为办公商业建筑，不存在使用整体化定型设计的厨房、卫浴间，因此第7.2.6条不参评；统计可知，节材设计方面的不参评分为6分，总得分为9分。

2. 材料选用

第7.2.7条在设计评价阶段不参评；本项目的现浇混凝土全部采用预拌混凝土、砂浆全部采用预拌砂浆，并且项目建设方提供有预拌砂浆及预拌混凝土的购销合同，故第7.2.8条及第7.2.9条分别得10分及5分；1号、2号楼400MPa级及以上受力普通钢筋用量的比例计算结果分别为88.19%，87.57%，故第7.2.10条可得10分；项目未采用高耐久性混凝土，故第7.2.11条不得分；本项目采用了全玻璃幕墙设计，提高了建筑可再利用材料和可再循环材料用量使用比例，该值超过了10%，故第7.2.12条可得8分；第7.2.13条及第7.2.14条是关于施工过程中废弃物及高效装修材料利用的条文，在设计标识阶段不进行参评。统计可知，材料选用方面的不参评分为20分，总得分为33分。

综上所述，节材与材料资源利用方面的控制项全部达标，得分项不参评分数为26分，得分为42分，折算后节能与能源利用部分最终得分为56.76分。

六、室内环境质量评价

室内噪声等级是建筑舒适性的重要指标，建筑周边环境噪声主要来源于基地西侧道路交通噪声，计算建筑各围护结构的空气隔声量及地板的撞击隔声量（表3.4-2），根据环评报告中场地边界处噪声实测值以建筑当前围护结构隔声量计算室内主要功能房间的室内噪声值，其中办公室为36.33dB，商场部分为35.95dB，房间构件隔声量及室内噪声值均满足国家标准《民用建筑隔声设计规范》GB 50118中的低限要求，故第8.1.1条及8.1.2条达标。

主要房间构件隔声量计算结果　　表3.4-2

主要功能房间名称	隔声值（dB）				允许噪声级（A声级，dB）							
	外墙	隔墙	楼板	外窗	外墙		隔墙		楼板		外窗	
					低限标准	高限标准	低限标准	高限标准	低限标准	高限标准	低限标准	高限标准
办公室	53.95	49.40	53.35	34.14	45.00	50.00	45.00	50.00	45.00	50.00	30.00	35.00
商业	53.95	49.40	49.77	34.14	45.00	50.00	45.00	50.00	45.00	50.00	30.00	35.00

本项目照明灯具采用节能灯具，房间照明灯具数量的选择同时考虑节能的需求，房间照度、统一眩光值以及一般显色指数（表3.4-3），设计值满足国家标准《建筑照明设计标准》GB 50034的规定，第8.1.3条达标。

主要房间构件隔声量计算结果　　表 3.4-3

房间类型	照度（lx）		统一眩光值		一般显色指数	
	设计值	标准值	设计值	标准值	设计值	标准值
门厅	—	—	—	—	60	60
走廊、楼梯间	51	50	25	25	60	60
电梯前室	80	75	—	—	60	60
办公室	308	300	22	22	80	80
商业	二次设计	300	22	22	80	80
风机房	106	100	—	—	60	60
泵房	106	100	—	—	60	60
空调机房	106	100	—	—	60	60
配电室	212	200	—	—	80	80
公共车库	54	50	—	—	60	60

本项目属于集中采暖空调建筑，采用多联机加自然通风的空调系统与市政热源加地板辐射采暖系统，建筑冬夏季室内温湿度设计值分别为 26℃、18℃，相对湿度设计值分别为 65%～50%、50%～35%，满足国家标准《民用建筑供暖通风与空气调节设计规范》GB 50736 的规定，第 8.1.4 条达标。

1 号、2 号楼外墙外贴 65 厚 CW 憎水幕墙专用玻璃面板；屋面保温层为 60mm 厚 XPS 挤塑板；外窗为断桥铝合金遮阳型，辐射率 0.25～0.2Low-E 中空玻璃，间层为 12mm 空气，建筑围护结构隔热性能较好，有效阻隔热桥传热。分别模拟计算建筑在冬季典型工况下房间热桥处内表面最低温度与夏季典型工况下房间东西外墙、屋面的最高温度。由计算结果可知冬季该建筑办公区域接触室外的过梁处内表面最低温度为 16.8℃，单一材料外墙角处内表面最低温度为 16.1℃，均高于室内设计工况下露点温度 10.1℃，因此不会出现结露、发霉现象，第 8.1.5 条达标；夏季东西外墙及屋面内表面最高温度分别为 34.3℃、37.0℃、36.3℃，满足国家标准《民用建筑热工设计规范》GB 50176 的要求，第 8.1.6 条达标；第 8.1.7 条关于室内污染物浓度的要求在设计标识阶段不作要求，故本条不参评。至此室内环境质量的所有控制项均满足标准要求。以下为得分项情况。

1. 室内声环境

由第 8.1.1 条、第 8.1.2 条计算结果可知，办公及商场部分房间室内噪声值达到《民用建筑隔声设计规范》GB 50118 低限标准限值和高要求标准限值的平均值要求，建筑构件及相邻房间之间的空气声隔声性能、楼板的撞击声隔声性能均达到低限标准限值和高要求标准限值的平均值，故第 8.2.1 条可得 3 分，第 8.2.2 条可得 7 分；本项目建筑平面及空间布局比较合理，电梯间、楼梯间布置于建筑核心筒并与办公室由过道隔开，可以有效地杜绝内部噪声对办公人员的影响；泵房、风机房、换热站均位于布置于地下室，所有设备均选用低噪声设备，并对设备采取密闭隔声、吸声消声等处理措施，但建筑卫生间未采用同层排水方式，故第 8.2.3 条仅可得 2 分；本项目建筑功能主要为普通办公及商场，没有多功能厅、接待大厅、大型会议室和其他有声学要求的重要房间，因此，第 8.2.4 条不参评。统计可知，室内声环境方面不参评 3 分，总得分为 15 分。

2. 室内光环境与视野

由项目总平面图可知，位于 2 号楼南侧的两栋居住建筑均为 33 层，建筑高度均在 99m，该居住建筑与 2 号楼间距在 10m 以内，2 号楼主要功能房间指定位置上不能通过外窗看到室外自然景观，存在视线干扰影响，故第 8.2.5 条不得分；利用建筑室内天然采光模拟软件 Design Builder 进行室内采光系数模拟（图 3.4-5），再统计 1 号、2 号楼内主要功能房间面积中满足现行国家标准《建筑采光设计标准》GB 50033 要求的面积比例（表 3.4-4），两栋建筑达标面积比例均大于 70%，第 8.2.6 条可得 6 分。

1 号、2 号楼主要功能房间采光系数面积统计　　　　**表 3.4-4**

分析区域	主要功能空间面积（m²）	达标面积（m²）	采光达标比例（%）
1 号楼主要功能房间	23728	17465	73.6
2 号楼主要功能房间	23728	17465	73.6

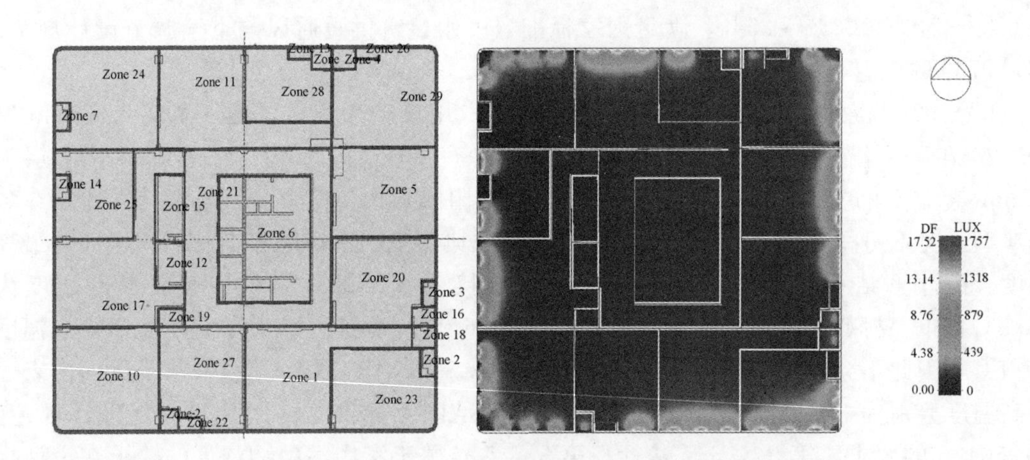

图 3.4-5　采光系数模拟标准层模型及采光系数值模拟结果

本项目建设方针对室内装修放眩光措施作出如下承诺：①承租方在装修办公室时必须加装遮阳措施如百叶窗等；②窗户周边的内墙面全部采用浅色饰面；③办公室内办公桌与窗户必须垂直布置，直接或间接的避免办公人员被阳光直射产生眩晕；第 8.2.7 条可得 6 分；统计可知，室内光环境与视野方面总得分为 12 分。

3. 室内热湿环境

本项目采用全玻璃幕墙设计，建筑外立面及幕墙夹层中未采取可调节遮阳措施，故第 8.2.8 条不得分；建筑采暖空调系统的末端均可独立或分区域调节，其中采用变频多联机空调系统，每台室内机均配有遥控开关，通过此开关设定房间温度，而地辐射式供暖每层设有分水器、集水器，每环路可独立调控室温，在分水器前设有关断用球阀，建筑内部空调采暖末端可调节的面积比例为 100%，故第 8.2.9 条可得 8 分；统计可知，室内热湿环境方面总得分为 8 分。

4. 室内空气质量

本项目 1 号楼、2 号楼外窗可开启面积分别为 16.0%、13.3%，可以获取良好的自然通风，利用 CFD 模拟软件 Phenics 在过渡季节典型工况下，对 1 号、2 号楼商业及办公区域标准层平面进行室内气流组织模拟，通过统计主要功能房间中室内换气次数大于 2 次/h 的房间面积比例，4 个标准层中面积比例值均大于 70%（最小为 75%），故第 8.2.10 条可得 9 分；通过 Phenics 模拟软件进行空调环境下室内气流组织数值模拟可知，1 号楼、2 号楼项目在夏季机械通风条件下办公内区风速分布较均匀，模拟区域平均风速在 0.15m/s，风速较小不会给人体造成不适感，有效提高地空调送风下的热舒适性；主要的功能房间空气龄在 750s 以下，有效改善了室内空气品质和降低了污染物的室内逗留时间。此外，建筑内卫生间内设通风系统，通风换气次数为 10 次/h，在屋顶电梯机房及消防电梯机房设通风系统，通风换气次数 15 次/h，地下一、二层（地下车库）设机械送、排风（兼排烟）系统，以上措施可有效避免卫生间、地下车库等区域的空气和污染物串通到其他空间或室外活动场所，故第 8.2.11 条可得 7 分；建筑主要功能房间未设置二氧化碳检测系统，地下车库未设置一氧化碳监测与风机联动系统，因此，第 8.2.12 条与第 8.2.13 条不得分；统计可知，室内空气质量方面总得分为 16 分。

综上所述，室内环境质量方面的控制项全部达标，得分项不参评分数为 3 分，得分为 47 分，折算后节能与能源利用部分最终得分为 48.45 分。

七、项目总结

本项目在设计阶段按照《绿色建筑评价标准》GB/T 50378—2014 的要求，从节地、节能、节水、节材、室内环境质量等 5 个方面来制定和完善方案，设计方案中的亮点较多，首先是建筑构造方面：建筑各朝向窗墙面积比经优化后均小于 0.5，在满足自然采光要求的基础上可大幅度降低采暖空调能耗，玻璃幕墙的可开启比例高于 10%，提供了自然通风的条件，可降低通风能耗。其次是建筑用能设备方面：照明灯具选用节能型高效光源及节能灯具，楼内公共区域照明均采用自控措施，功率密度值均达到了目标值的要求，空调系统选用高 IPLV 值的变频多联机，可有效降低建筑全年空调能耗；最后是新型技术的应用：自建中水利用系统及太阳能光伏发电系统的设计，有效地减少了水资源及电力资源的使用量，随着西安市水价及用电价格的不断提高，这些节能措施将为项目后期的运营管理带来可观的经济效益。

本项目参评了绿色公共建筑设计标识，因此，关于绿色施工管理及运营管理未在本文提及，待项目建成运行一年后可进行运行评价。将节地、节能、节水、节材、室内环境质量方面得分汇总（表 3.4-5），可以看出每一方面的最终得分均高于 40 分，符合绿建评价每方面最低分的要求，项目总得分为 56.43 分，达到绿色公共建筑设计阶段一星级标准。

自评估得分汇总表　　**表 3.4-5**

工程名称	××广场 1 号、2 号楼项目					
申报单位	××、××					
建筑类型	公共建筑					
	评分项					加分项
	节地与室外环境	节能与能源利用	节水与水资源利用	节材与材料资源利用	室内环境质量	
	共 100 分	共 100 分	共 100 分	共 100 分	共 100 分	共 10 分
实际得分	51	55	56	42	47	0
不参评分	0	7	14	26	3	
最低得分	40	40	40	40	40	
折算后得分	51.00	59.14	65.12	56.76	48.45	
公共建筑权重	0.16	0.28	0.18	0.19	0.19	
总得分	56.43		本项目星级		一星级	

单元 4　超高层建筑施工技术

第 1 节　超高层建筑的产生及发展趋势

一、超高层建筑的产生

超高层建筑隶属于高层建筑，高层建筑的出现是人类美好愿望、社会需求、科技进步和经济发展的完美结合。

（一）古代高层建筑

我国古代劳动人民在高层建筑建造方面表现出了高超的智慧。中国古塔是我国古代的高层建筑，在工程技术上早就达到了很高的成就。如河北定县开元寺塔，是世界上现存最高的砖木结构古塔之一。

在山西省境内的应县佛宫寺木塔则是世界上现存的最高的古代木结构建筑。而外国古代高层建筑，如意大利的比萨斜塔、埃及的金字塔和巴比伦塔等，都显示了古代劳动人民的智慧。

（二）现代高层建筑的起源

随着经济发展，城市化程度的提高，城市人口急剧增加，土地供应紧张，价格上扬，促使人们向高空发展，拓展生存空间，在极为有限的土地上建造更大面积的建筑，这是高层建筑及超高层建筑产生和发展的源动力。

发展高层建筑需要解决四个技术难题，分别是改善建筑结构材料和结构体系、做好建筑防火、解决垂直运输和远距离通信。

（三）超高层建筑的诞生

高层建筑一经出现，即以其巨大的优越性而赢得各方的青睐，发展极为迅速，在非常短的时间内进化至超高层建筑发展阶段。1890 年，世界大厦以其 93.9m 的高度位居世界第一高楼。1894 年美国纽约曼哈顿人寿保险大厦落成。该建筑地上 18 层，高达 106m，标志高层建筑发展进入超高层建筑阶段。

二、超高层建筑的发展

（一）世界超高层建筑发展简史

1. 超高层建筑发展阶段一（1894～1935 年）

1894 年美国纽约曼哈顿人寿保险大厦的落成标志高层建筑进入超高层建筑发展阶段。直到 1931 年纽约帝国大厦落成，成为世界第一高楼，短短 37 年间，纽约共诞生了 8 栋世界第一高楼，其间，每一栋超高层建筑保持世界第一高楼称号的时间平均不到 5 年，短的仅1年。

2. 超高层建筑发展阶段二（1950～1975年）

第二次世界大战结束之后，随着经济的恢复和逐步繁荣，超高层建筑的发展进入新阶段。以简洁实用、不受传统建筑形式束缚为主要特征的现代主义超高层建筑成为发展主流。

3. 超高层建筑发展阶段三（1980年至今）

20世纪80年代，超高层建筑发展迅猛，亚洲成为高层建筑的主力军，目前世界上最高建筑的前十名大多集中在亚洲。世界高层建筑数量在持续增加，且超高层建筑凭借其高度高、外形美观而成为地区的标志性建筑。

（二）我国超高层建筑发展简史

1976年，广州白云宾馆建成，标志着我国自行设计建造的高层建筑高度开始突破100m，进入超高层建筑发展阶段。

20世纪80年代我国高层建筑发展进入兴盛时期。

1985年建成的深圳国际贸易中心（50层、160m高）是20世纪80年代我国最高的建筑。

1990年落成的广东国际贸易大厦以198.4m的绝对优势，成为当时全国最高建筑。

1990年建成的北京京广中心（57层、208m高）是我国大陆首栋突破200m高度的超高层建筑。

1998年（88层、420.5m高）的上海金茂大厦的建成使我国超高层建筑施工技术跨入世界先进行列。

2009年，上海环球金融中心（101层、492m）的落成预示着21世纪我国超高层建筑发展将拥有灿烂的前景。

三、超高层建筑的未来

（一）超高层建筑的优越性

超高层建筑为人类拓展生存空间发挥了巨大作用，其优势集中体现在：

（1）集约化利用土地资源；

（2）显著提高工作和生活效率；

（3）展示发展成就，提升城市和国家形象；

（4）实现资源高度共享，提高投资效益；

（5）带动相关学科发展，促进科进步。

（二）超高层建筑的弊端

（1）超高层建筑存在严重安全隐患；

（2）超高层建筑污染和破坏生态环境；

（3）超高层建筑建设和维护成本高。

（三）超高层建筑的发展前景

（1）超高层建筑是社会需求、科技进步和经济发展的完美结合；

（2）人口增加和土地资源日益稀缺的矛盾依然非常突出，超高层建筑发展的需求日益迫切；

（3）超高层建筑会朝着综合化、异形化、生态化和智能化的方向不断发展；

（4）经济基础、科技进步为超高层的发展提供了坚实的基础。

第 2 节　超高层建筑基础与结构

一、超高层建筑的定义

超高层建筑属于高层建筑的范畴。高层建筑的划分标准在国际上并不统一。我国《民用建筑设计通则》GB 50352—2005 将住宅建筑依层数划分为：1～3 层为低层；4～6 层为多层；7～9 层为中高层；10 层及以上为高层建筑。公共建筑及综合性建筑总高度超过 24m 为高层，但是高度超过 24m 的单层建筑不算高层建筑。超过 100m 的民用建筑为超高层。1972 年国际高层建筑会议将高层建筑按高度分为四类：① 9～16 层（最高为 50m）；② 17～25 层（最高到 75m）；③ 26～40 层（最高到 100m）；④ 40 层以上（建筑总高 100m 以上，即超高层建筑）。

二、超高层建筑基础施工

（一）基础形式

超高层建筑对地基及基础的要求比较高：其一，要求有承载力较大的、沉降量较小的、稳定的地基；其二，要求有稳定的、刚度大而变形小的基础；其三，既要防止倾覆和滑移，也要尽量避免地基不均匀沉降引起的倾斜。

基础形式的确定必须综合考虑地基条件、结构体系、荷载分布、使用要求、施工技术和经济性能。目前超高层建筑采用的基础形式主要有箱形基础、筏形基础、桩基及桩-筏基础、桩-箱基础。箱形基础和筏形基础整体刚度比较大，结构体系适应性强，但是对地基的要求高，因此适合于地表浅部地基承载力比较高的地区。桩-筏基础和桩-箱基础可以通过桩基础将荷载传递至地下深处，不但整体刚度比较大，结构体系适应性强，而且适用条件比较宽松，因此适用于各种地基条件。

目前超高层建筑采用的桩基础主要有钢筋混凝土灌注桩、预应力混凝土管桩和钢管桩。其中，钢筋混凝土灌注桩具有地层适应性强、施工设备投入小、成本低廉、承载力大和环境影响小等优点，因此应用中非常广泛。预应力混凝土桩具有成本较低、施工高效和质量易控等优点，但也有挤土效应强烈、承载力有限等缺点，因此仅在施工环境比较宽松、承载力要求比较低的超高层建筑中应用。钢管桩具有质量易控、承载力大、施工高效等优点，但存在成本较高、施工环境影响大等缺陷，因此应用不多。只有在特别重要的、规模巨大的超高层建筑采用钢管桩基础，如上海环球金融中心、金茂大厦。

上海中心大厦（632m，中国第一高楼）工地上，18 台三一泵车运行 60h，完成 61000m^3 大底板混凝土的浇筑任务（图 4.2-1）。这是我国民用建筑领域一次性连续浇筑方量最大的基础底板工程。其大底板是一块直径 121m、厚 6m 的圆形钢筋混凝土平台，位

图 4.2-1 上海中心大厦基础底板

于深 31.4m、局部深 34.4m 的深基坑底部，面积相当于 1.6 个国际标准足球场大小。从金茂大厦俯瞰上海中心大厦核心筒施工现场。大底板下面是支持整个大厦的 955 根钢筋混凝土钻孔灌注桩。每根桩直径 1m，深度达到 86m，最大承载力达到 3000t，用来承载 80 多万吨的大厦主体结构，有助于控制沉降。遵循绿色环保的施工宗旨。上海中心大厦采用“超深、大尺寸钻孔灌注桩工艺”，避免了常规钢管桩基施工过程中，造成的土体挤压对周边环境的影响，以及噪声、废气等污染物的排放。

（二）基础埋深

超高层建筑的基础埋深都比较大，在确定其深度时，需综合考虑建筑物的高度、体形、地基土质、抗震设防烈度等因素，并应满足抗倾覆和抗滑移的要求。箱形和筏形基础的地基应进行承载力的变形计算，必要时应验算地基的稳定性。规范规定，箱形和筏形基础的地基应进行承载力的变形计算，必要时应验算地基的稳定性。抗震设防区天然土质地基上的箱形和筏形基础，其埋深不宜小于建筑物高度的 1/15；当桩与箱基底板或筏板连接的构造符合有关规定时，桩-箱或桩-筏基础的埋置深度（不计桩长）不宜小于建筑物高度的 1/18。

三、超高层建筑结构类型

根据所用结构材料的不同，超高层建筑结构可分为三大类：钢结构、钢筋混凝土结构、混合结构与组合结构。

（一）钢结构

钢结构具有自重轻、抗震性能好、工业化程度高、施工速度快和工期比较短等优点，但也存在用钢量大、造价高、防火性能差、体型适应性弱、抗侧力结构侧向刚度小、施工技术和装备要求比较高等缺陷。因此在工业化发展水平比较高的发达国家得到广泛应用。如 1931 年建成的美国纽约帝国大厦、1969 年建成的美国纽约世界贸易中心、1970 年建成的美国芝加哥西尔斯大厦等都是标准的纯钢结构建筑。

（二）钢筋混凝土结构

钢筋混凝土结构具有原材料来源广、钢材消耗量小、建造成本低、结构抗侧向荷载刚度大、体形适应性强、防火性能优越、施工技术和装备要求比较低等优点，但也存在自重比较大、现场作业多、施工工期比较长的缺陷。因此在工业化发展水平比较低的发展中国家得到广泛应用。我国的香港中环广场和广州中信广场先后成为世界上最高的钢筋混凝土超高层建筑。

（三）混合结构与组合结构

混（组）合结构能在钢筋混凝土结构基础上，充分发挥钢结构优良的抗拉性能和混凝土结构的抗压性能，进一步减轻结构自重，提高结构延性。

钢与钢筋混凝土结构混合方式按照空间分布可划分为横向混合和竖向混合两种基本方式。钢与钢筋混凝土按照自身性能分布在建筑横向不同部位承受结构荷载即为横向混合，上海金茂大厦、香港国际金融中心二期工程都采用了横向混合结构。钢与钢筋混凝土按照自身性能分布在建筑竖向不同部位承受结构荷载即为竖向混合，竖向混合在超高层建筑中应用不多，最具有代表性的工程是阿联酋迪拜的哈利法塔。

四、超高层建筑结构体系

超高层建筑承受的主要荷载是水平荷载和自重荷载，按照结构抵抗外部作用的构件组成方式，超高层建筑结构体系主要有五类：

(1) 框架结构体系

框架结构体系依靠梁柱承重，结构布置灵活，室内空间开阔，使用比较方便，但抗震性能差，侧向刚度较低，建筑高度受限。目前主要用于不考虑抗震设防、层数较低的高层建筑中。

(2) 剪力墙结构体系

剪力墙结构体系利用建筑物墙体作为承受竖向荷载、抵抗水平荷载的结构体系。其具有整体性好、侧向刚度大、承载力高等优点，但也存在剪力墙间距比较小、平面布置不灵活等缺陷。剪力墙结构体系在住宅及旅馆超高层建筑中得到广泛应用。

(3) 筒体结构体系

筒体结构体系利用建筑物筒形结构作为承受竖向荷载、抵抗水平荷载的结构体系。结构筒体可分为实腹筒、框筒和桁筒。

(4) 框架－剪力墙（筒体）结构体系

框架－剪力墙（筒体）结构体系是在框架结构中设置部分剪力墙（筒体），使框架与之结合起来，取长补短，共同抵抗竖向和水平荷载。框架－剪力墙（筒体）结构体系中，由于剪力墙（筒体）刚度大，剪力墙（筒体）将承受大部分水平荷载，是抗侧力的主体，整个结构刚度大大提高。框架则承担竖向荷载，同时也承担部分水平荷载。

(5) 巨型结构体系

巨型结构是由大型构件（巨型梁、巨型柱和巨型支撑）组成的，主结构与常规结构构件组成的次结构共同工作的一种结构体系。从平面整体上看，巨型结构可以充分发挥材料性能；从结构角度看，巨型结构是一种超常规的具有巨大抗侧刚度及整体工作性能的大型结构，是一种非常合理的超高层结构形式；从建筑角度看，巨型结构可以满足许多具有特殊形态和使用功能的建筑平立面要求。

第3节 超高层建筑施工组织

一、施工特点

超高层建筑结构超大、规模庞大、功能繁多、系统复杂、建设标准高，施工具有非常鲜明的特点。

(1) 规模庞大，工期成本高；

(2) 基础埋置深，施工难度大；

(3) 结构超高，施工技术含量高；

(4) 作业空间狭小，施工组织难度高；

(5) 建设标准高，材料设备来源广；

(6) 工期长，冬雨期施工难以避免；

(7) 材料设备垂直运输量大；

(8) 功能繁多，系统复杂，施工组织要求高。

二、施工技术路线

超高层建筑依工程对象不同，施工技术路线各有差异，但是基本原则是：突出塔楼、流水作业、机械化施工、总承包管理。

(一) 突出塔楼

超高层建筑施工必须采取有力措施缩短工期，而在整个工程中，塔楼的施工工期无疑起着控制作用，缩短工期的关键是缩短塔楼的施工工期。

(二) 流水作业

超高层建筑施工作业面狭小，必须自下而上逐层施工，但是它可以利用垂直向上的特点，充分利用每一个楼层空间，通过有序组织，使各分部分项工程施工紧密衔接，实现空间立体交叉流水作业。这样可大大加快施工速度，缩短建设工期。

(三) 机械化施工

采用机械施工可以减少现场作业量，这样一方面可以加快施工速度，缩短施工工期；另一方面可以充分发挥工厂制作的积极性，提高施工质量。

(四) 总承包管理

超高层建筑功能繁多，系统复杂，参与承建的单位大多来自五湖四海，只有强化总承包管理才能将它们有序组织起来，实现对工程质量、工期、安全等的全面管理和控制，确保业主的项目建设目标顺利实现。

三、施工组织设计

(一) 施工组织设计的任务和作用

超高层施工组织设计的根本任务是在特定的时间和空间约束条件下，根据超高层建筑工程的施工特点，从人力、资金、材料、机械设备和施工方法五个方面进行统筹规划，实现超高层建筑有组织、有计划、有秩序的施工，确保整个工程施工质量、安全、工期和成本目标顺利实现。

施工组织设计是施工项目科学管理的重要手段，是施工资源组织的重要依据，具有战略部署和战术安排的双重作用：

（1）施工组织设计可以增强总承包管理的系统性；

（2）施工组织设计可以增强总承包管理的预见性；

（3）施工组织设计可以增强总承包管理的协调性。

总之，通过施工组织设计，总承包商可以显著提高超高层建筑施工组织和管理水平。

（二）施工组织设计的分类

根据编制依据、编制对象、编制单位和编制深度，超高层建筑施工组织设计可分为三大类（表4.3-1）：①施工组织总设计；②单位工程施工组织设计；③分部（分项）工程施工组织设计。

施工组织设计分类　　表4.3-1

编制类型	施工组织总设计	单位工程施工组织设计	分部分项工程施工组织设计
编制对象	建设项目	单位工程	分部分项工程
编制作用	建设项目施工的战略部署	建设项目施工组织总设计的贯彻，单位工程施工的总体安排	分部分项工程施工的战术性指导
编制时间	建设项目施工前	建设项目施工组织总设计后，单位工程施工前	单位工程施工组织设计编制后，分部分项工程施工前
编制单位	建设项目总承包商，分承包商参与	单位工程承包商	分承包商

（三）施工组织设计的内容

施工组织设计一般应包括以下基本内容：工程概况、施工总体部署、施工进度计划、施工平面布置、主要施工技术方案和总承包管理方案。

（四）施工组织设计的重点

施工组织设计既要内容全面，更要重点突出。从突出“组织”的作用出发，施工组织设计编制，应突出三个重点：①施工总体部署；②施工进度计划；③施工平面布置。这三个重点分别突出了施工组织设计中的技术、时间和空间三大要素，它们密切相关，相互呼应，其中施工总体部署起主导作用，施工进度计划和施工平面布置是施工总体部署的升华和落实。

四、施工流程

施工总体流程反映的是超高层建筑工程中各单项工程（区域）之间的施工流水关系。施工总体流程是施工总进度计划和各单位工程施工组织设计编制的依据。

（1）施工流水段划分

施工流水段划分应围绕超高层建筑主体部分——塔楼进行，可以划分为塔楼核心区、塔楼外围区、塔楼以外区域三大区域。

（2）施工流水方式

超高层建筑施工总体流程研究重点在地下结构施工阶段。在地下结构施工阶段，超高层建筑施工总体流程有平行施工、依次施工和流水施工三种基本方式。

1）平行施工

平行施工具有总体速度快、塔楼上部结构施工条件好、临时措施投入比较少的优点，但施工资源投入大，塔楼施工进度受到一定影响。

2）依次施工

依次施工按照塔楼与其他区域施工顺序的不同，可分为塔楼先行和塔楼后做两种形式。

塔楼先行依次施工流水方式是塔楼先施工至±0.000以后，其他区域地下结构再开始施工。上海环球金融中心、香港国际金融中心二期、香港环球贸易广场都采用了塔楼先行的依次施工流水方式（图4.3-1）。其中上海环球金融中心采用依次施工的流水方式，为塔楼施工争取了一年的宝贵时间。

塔楼后做依次施工流水方式是塔楼外围区域先施工至±0.000以后，塔楼地下结构再开始施工。上海长峰商城占地面积达到22000m^2（图4.3-2），业主希望裙楼和塔楼低区提前开业。如采用传统的内支撑维护方案、平行施工流水方式施工，不但施工措施费高，而且裙楼和塔楼低区竣工时间晚，为此采用逆作法施工工艺，塔楼后做的依次施工方式施工，达到既满足业主要求，又节约了施工措施费。

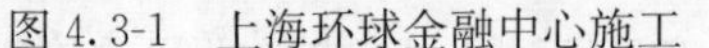

图4.3-1 上海环球金融中心施工

图4.3-2 上海长峰商城

3）流水施工

流水施工是主塔楼先期施工，其他区域施工穿插进行。采用流水施工组织方式，既突出重点，又兼顾了其他区域，资源投入比较合理，其中上海商城的流水施工最具代表性

(图4.3-3)。

图4.3-3　上海商城

上海商城是一座集办公、剧院、酒店和商场为一体的综合性建筑，总面积达20.36万m^2，主楼高164.8m，东西公寓大楼高111.5m，整个建筑呈“山”字形。施工组织为了突出主楼，将整个工程划分为四大区域，按照各区域施工工期要求分别组织流水施工，其中三栋超高层建筑——主楼和东、西公寓作为重点，其他区域穿插施工，实施效果良好（图4.3-4）。

五、施工进度计划

施工进度计划是以拟建工程为对象，规定各项工程内容的施工顺序和开工、竣工时间的施工计划。主要分为总进度计划、单位工程进度计划、分部工程进度计划和资源需要量计划四类。

（一）施工总进度计划

施工总进度计划是施工现场各项控制性活动在时间上的体现。施工总进度计划是以建设项目为对象，根据规定的工期和施工条件，在施工部署中的施工方案和施工流程的基础上，对全工地的所有施工活动在时间进度上的安排。

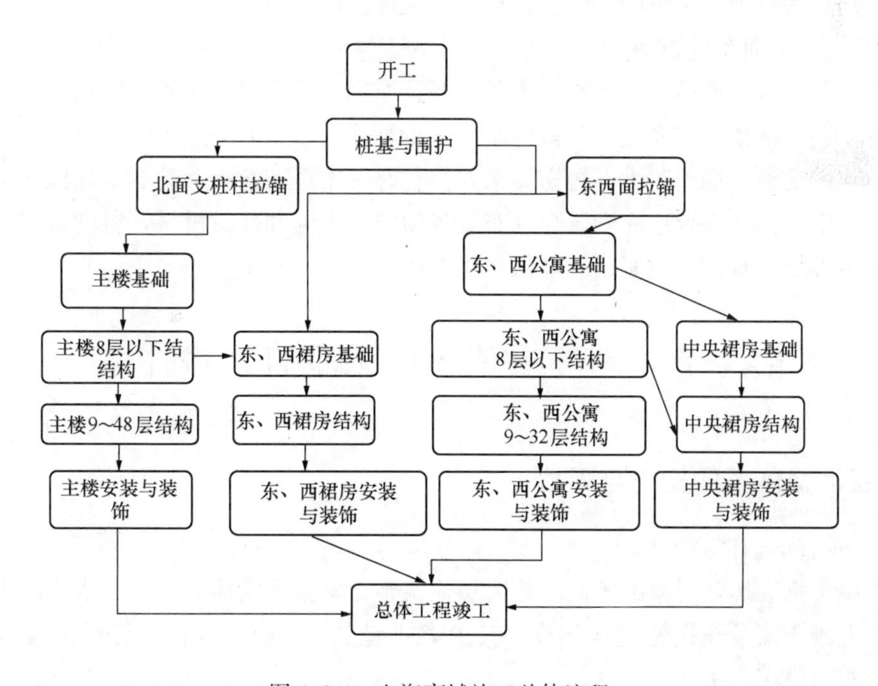

图4.3-4　上海商城施工总体流程

施工总进度计划的编制内容一般包括：划分工程项目并确定其施工顺序，估算各项目的工程量并确定其施工期限，搭接各施工项目并编制初步进度计划，调整初步进度计划并最终确定施工总进度计划。施工总进度计划要简洁明了，重点突出，既可以采用横道图，也可以采用网络图编制。

（二）塔楼施工进度计划

塔楼施工进度计划属于单项工程施工进度计划，是在既定施工方案的基础上，用横道图、网络图或形象图对塔楼从开始施工到全部竣工，确定各分部分项工程在时间上和空间上的安排及相互搭接关系。

塔楼施工进度形象图具有简单明了、通俗易懂的优点，并且能够直观反映总承包商对各主要分部分项工程施工的计划安排，各施工工序在空间和时间上的搭接关系，因此在近年来被广泛使用。

六、施工平面布置

（一）施工平面布置内容

施工平面布置图重点反映以下内容：

（1）建设项目施工用地范围内地形和等高线；全部地上、地下已有和拟建的建筑物、构筑物及其他设施位置和尺寸。

（2）全部拟建的建筑物、构筑物和其他基础设施的坐标网。

（3）为整个建设项目施工服务的施工设施布置，包括生产性施工设施和生活性施工设施两类。

（4）建设项目施工必备的安全、防火和环境保护设施布置。

（二）施工平面布置原则

施工平面布置应遵循以下原则：①动态调整原则。超高层建筑施工周期长，因此施工平面布置应动态调整，以满足各阶段施工工艺的要求。②文明施工原则。充分考虑水文、气象条件，满足施工场地防洪、排涝要求，符合有关安全、防火、防震、环境保护和卫生等方面的规定。③经济合理原则。合理布置各项施工设施和起重机械，科学规划施工道路和材料设备堆场，减少二次搬运，降低运输费用。

第4节 超高层建筑施工垂直运输体系

一、垂直运输体系的构成与配置

（一）垂直运输体系的构成

根据施工垂直运输对象的不同，超高层建筑施工垂直运输体系一般由塔式起重机、施工电梯、混凝土泵及输送管道等构成，其中塔式起重机、施工电梯、混凝土泵应用极广泛，输送管道应用不多。

施工运输对象对垂直运输机械的要求各不相同，在构建超高层建筑施工垂直运输体系时必须将任意两种密切结合，以提高垂直运输效率，降低运输成本（表4.4-1）。

超高层建筑垂直运输机械选择　表 4.4-1

	塔式起重机	施工电梯	混凝土泵	输送管道
大型建筑材料设备	√			
中小型建筑材料设备	√	√		
混凝土	√	√	√	
施工人员		√		
建筑垃圾		√		√

（二）垂直运输体系的配置

超高层建筑施工垂直运输体系配置应当遵循技术可行、经济合理原则。一是垂直运输能力满足施工作业需要；二是垂直运输效率满足施工速度需要；三是垂直运输体系综合效益最大化。

二、塔式起重机

（一）塔式起重机的选型与配置

（1）塔式起重机选型

塔式起重机选型应遵循技术可行、经济合理的原则。在选型过程中应重点从起重幅度、起升高度、起重量、起重力矩、起重效率和环境影响等方面进行评价，其选型要点主要有：

① 塔式起重机满足钢结构吊重需求，吊次分析满足钢构和土建施工进度需求；

② 塔式起重机的布置位置及材料堆场的关系；

③ 塔式起重机的容绳量满足建筑高度需求；

④ 群塔布置满足的安全距离要求；

⑤ 塔式起重机基础的设计、塔式起重机爬升规划、塔式起重机拆除措施等。

【实例】广州国际金融中心

广州国际金融中心是广州市标志性建筑，楼高 432m，其中主塔楼地上共 103 层，地下 4 层，建筑结构采用钢管混凝土巨型斜交网格外筒与钢筋混凝土剪力墙内筒的结构体系。外筒由 30 根钢管混凝土组合柱自下而上交错而成。钢管立柱从－18.6m 底板起至－0.5m 形成首个相交 X 形节点，至结构顶部共有 16 层相交节点。X 形节点区钢板厚随位置而变化，最厚达 55mm，单个节点区分段重量最大超过 60t。

广州国际金融中心钢结构工程具有节点重量达，分布范围广，结构重量差异悬殊等特点，结构安装将面临一系列难题，其中塔式起重机选型就是一项技术性和经济性要求都非常高的工作。围绕在技术可行的前提下，尽可能降低塔式起重机配置，以降低建设成本的目标，使用方案研究中，通过优化节点设计、塔式起重机布置和钢结构安装工艺等，成功地将塔式起重机配置由 3 台 M1280D 降低为 M900，节约了约 2000 多万元施工设备投入。

（2）塔式起重机配置

塔式起重机型号确定以后，需要根据建筑高度、工程规模、结构类型和工期要求确定塔式起重机的配置数量。确定塔式起重机配置的方法有工程经验法和定量分析法两种。前一种是通过对比类似工程经验确定塔式起重机配置数量，它是一种近似方法，准确性相对较低，但计算工作量小，多在投标方案和施工大纲编制阶段采用。后一种是以进度控制为目标，通过深入分析吊装工作量和吊装能力来确定塔式起重机配置数量，该法已经非常成熟，准确性高，但计算量大，多在施工组织设计编制阶段采用。

（3）塔式起重机布置与安装

塔式起重机布置应当充分发挥机械性能，实现吊装区域有效覆盖，保证作业安全可靠，其典型布置如图4.4-1所示。

塔式起重机安装中，架设方式选择是关键环节。附着自升式和内爬自升式能够满足超高层建筑施工需要，它们分别适应不同的工程特点和作业环境（表4.4-2）。

附着自升式是塔身固定在地面基础上，塔式起重机附着结构自动升高的架设方式。其优点是：①使用安全性高；②施工影响小；③结构影响小。其缺点是：①材料消耗大；②设备性能没有充分发挥；③环境影响大。

内爬自升式是塔式起重机沿着井道内部自动爬升的架设方式。其特点与附着自升式相反。

(*a*)

(*b*)

(*c*)

图4.4-1 塔式起重机典型布置

(*a*) 塔式起重机布置在矩形柱间（上海金茂大厦）；(*b*) 塔式起重机布置在核心筒内（上海环球金融中心）；(*c*) 塔式起重机布置在核心筒外（广州新电视塔）

塔式起重机架设方式比较 **表4.4-2**

塔式起重机架设方式	建筑高度	作业环境	塔式起重机类型
附着自升式	200m以下	环境宽松	中型、轻型
内爬自升式	200m以上	环境紧张	重型、特重型

三、施工电梯

（一）施工电梯选型与配置

影响超高层建筑施工电梯选型的因素主要有工程规模和建筑高度。施工电梯配置类型和数量主要受超高层建筑高度所决定，一般情况下施工电梯服务面积随建筑高度增加而下降。

1. 施工电梯选型要点

① 施工电梯运力分析需满足人员上下班高峰期运人需求，材料运输能力满足施工进度需求。

② 施工电梯布置位置尽量对后期施工影响最小。

③ 施工电梯分段管理，划分停靠楼层，提高效率。

④ 选择高速电梯，电梯的电机性能直接影响电梯的性能，选择有实力的生产厂家。

⑤ 施工电梯梯笼尺寸及运载重量可以综合考虑满足运输幕墙板块及机电设备的需求。

⑥ 楼层过高，电压降对施工电梯的影响，电缆线防卷问题。

2. 施工电梯布置

超高层建筑多采用核心筒先行的阶梯状流水施工方式。施工电梯一般需在建筑内外布置。内部施工电梯布置在核心筒外，解决核心筒结构施工人员上下问题，运输工作量不大。外部施工电梯集中在建筑立面规则、场地开阔处，尽量减少对幕墙工程和室内装饰工程施工的影响。

四、混凝土泵

（一）混凝土泵分类

（1）按工作原理分挤压式和液压活塞式混凝土泵。

（2）按移动方式分固定式、拖式和车载式混凝土泵。

（3）按理论输送量分超小型、中型、大型和超大型混凝土泵。

（4）按驱动方式分电动机和柴油机驱动。

（5）按泵送混凝土压力分低压、中压、高压和超高压混凝土泵。

（6）按分配阀形式分垂直轴蝶阀、S 形阀、裙形阀、斜制式筏板阀、横制式板阀。

（二）混凝土泵选型与配置

混凝土泵选型同样应遵循技术可行、经济合理的原则。首先应根据超高层建筑的工程特点和工期要求确定混凝土泵技术参数，在技术参数中，输送排量和配置数量应当首先确定，且应当满足超高层建筑流水施工需要。为防备设备故障引起混凝土泵送中断，产生结构冷缝，还应当配置备用泵。超高层建筑的建筑高度决定了混凝土泵的出口压力，输送排量和出口压力确定了，电机功率和分配阀形式的确定也就有了依据。

第 5 节　超高层建筑施工测量

一、施工测量概述

（一）施工测量的任务

（1）建立施工测量平面和高程控制网，为施工放样提供依据。

（2）随超高层建筑施工高度的增加，逐步将施工测量平面控制网和高程控制网引测至作业面。

(3) 根据施工测量控制网，进行超高层建筑主要轴线定位，并按几何关系测设超高层建筑的次要轴线和各细部位置。

(4) 开展竣工测量，为超高层建筑工程竣工验收和维修扩建提供资料。

(5) 定期进行变形观测，了解其变形规律，确保工程运营安全。

(二) 施工测量特点

(1) 超高层建筑施工测量技术难度大。

(2) 超高层建筑施工测量精度要求高。

(3) 超高层建筑施工测量影响因素多。

(三) 测量仪器

超高层建筑测量仪器主要有经纬仪、水准仪、测距仪、全站仪和垂准仪。

二、施工控制测量

超高层建筑施工测量应遵循“从整体到局部、先高级后低级、先控制后碎部”的原则，首先建立施工测量控制网。超高层建筑施工测量实行分级布网，逐级控制。超高层建筑控制测量分平面控制测量和高程控制测量。

平面控制一般布设三级控制网，首级平面控制网、二级平面控制网和三级平面控制网，由高到低逐级控制。同级控制网可布设多个平级网。平级网之间必须相互贯通，以便联测校正，确保统一性。

高程控制网一般分二级布置，由高到低逐级控制。首级高程控制网一般以建设单位提供的高程控制点为基础建立，布设在视野开阔、远离施工现场稳定可靠处。二级高程控制网布设在建筑物内部，以首级高程控制网为依据创建。

三、竖向测量

竖向测量是超高层建筑施工测量技术研究的主要内容，目前竖向测量方法主要有外控法、内控法和综合法。

外控法是在建筑物外部，利用经纬仪，根据建筑物轴线控制桩来进行轴线的竖向投测(图4.5-1)。外控法操作简便，测量仪器要求低，但该法对场地要求高，建筑周边必须开阔，通视条件好。因此外控法仅限于超高层建筑地下结构和底部结构施工测量使用。

内控法是在超高层建筑基础底板上布设平面控制网，并在其上楼层相应位置上预留200mm×200mm的传递孔，利用垂准线原理进行平面控制网的竖向投测，将平面控制网垂直投测到任一楼层，以满足施工放样需要（图4.5-2)。内控法主要有吊线坠法和垂准仪法。吊线坠法一般适用于高度在100m以下的高层建筑，在超高层建筑中应用不多。垂准仪法受环境影响小，投测距离大，高效高，误差小，因此成为目前超高层建筑竖向测量的主要方法。

综合法是将内控法与外控法相结合进行竖向测量，测量中利用内控法进行平面控制网的竖向传递，利用外控法校核传递至高空作业面的平面控制网。

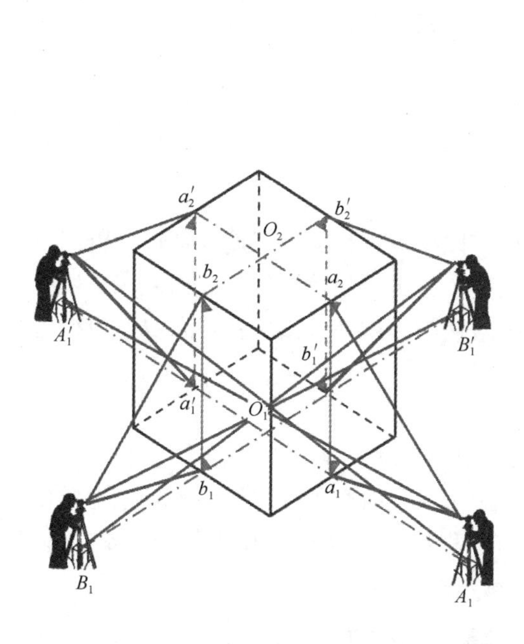

图 4.5-1 外控法竖向测量示意

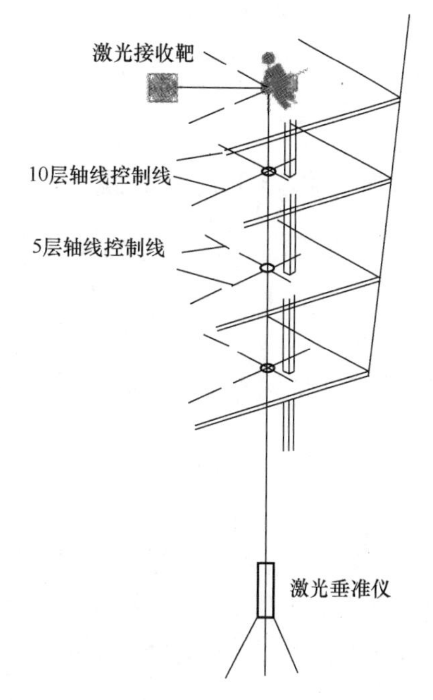

图 4.5-2 内控法竖向测量示意

目前综合法在复杂超高层建筑施工测量中得到广泛应用，广州新电视塔的曲面扭转钢结构外框筒所有构件都呈三维倾斜，安装精度高，空间定位测量难度大。为此在周围选择通视条件好、稳固的高层建筑物设立外控点，构建空中导线网（首级平面控制网）。空中导线网由五个空间点和一个地面点组成。空中导线网既作为三级平面控制网垂直传递校核的依据，还可作为钢结构外框筒构件测量定位的参照。

四、高程测量

超高层建筑高程测量一般采用悬挂钢尺和水准仪相结合的方法进行高程传递。该方法劳动强度大，所需时间长，累积误差随超高层建筑高度而增加，测量精度控制困难。现代测距仪具有测量精度高，观测快捷、方便等优点，因此工程技术人员探索采用测距仪和水准仪相结合的方式进行高程传递。该方法原理为：依据二级高程控制点，确定仪器视高，然后利用全站仪的测距功能将高程传递至接受棱镜，最后利用水准仪将高程引测至核心筒筒壁上，供施工放样用。

五、GPS 测量原理

GPS 是全球定位系统的简称，是由 24 颗人造卫星和地面站组成的全球无线导航与定位系统。GPS 定位系统由空间部分、地面监控部分和用户设备三部分组成。GPS 系统运用测距后方交会原理定位与导航，利用三个以上卫星的已知空间位置交会出地面未知点（接收机）的位置，利用 GPS 卫星导航定位时，必须同时跟踪至少三颗以上的卫星。

第6节　超高层建筑深基坑工程施工

一、深基坑工程施工技术路线

（一）深基坑工程施工技术路线

超高层建筑施工的总体路线是突出塔楼，以缩短工程建设工期，加快投资回收，提高投资效益。而塔楼的施工工期在超高层建筑整个施工中起控制作用，因此深基坑工程施工必须遵循超高层建筑施工总体技术路线，把塔楼施工摆在突出位置，采取有效措施为塔楼施工创造良好条件。

（二）深基础工程施工工艺

目前超高层建筑深基础工程施工工艺主要有三种：顺作法、逆作法和顺-逆结合法，三种施工工艺各有优缺点和适用范围，选择施工工艺时必须在详细了解场地地质条件、环境保护要求的基础上，深入分析超高层建筑工程特点，遵循技术可行，经济合理的原则，借鉴类似工程经验，经过充分论证慎重决策（表4.6-1）。

世界部分超高层建筑深基坑工程施工工艺简介　　表4.6-1

工程名称	工程规模	地质条件	建设环境	施工工艺
上海金茂大厦	地下3层，基坑开挖深度19.65m，地上88层，420.5m高，总建筑面积289500m^2	地质条件较差，基坑处于软土中	有地铁、22万V电缆等需要保护	突出主楼的内支撑明挖顺做工艺
上海环球金融中心	地下3层，基坑最大开挖深度25.89m，地上101层，492m高，总建筑面积380000m^2	地质条件较差，基坑处于软土中	有地铁、22万V电缆等需要保护	主楼顺作＋裙房逆作工艺
台北101大厦	地下5层，基坑最大开挖深度22.95m，地上101层，508m高，总建筑面积412500m^2	地质条件较差，基坑处于软土中	较好	主楼顺作＋裙房逆作工艺
香港国际金融中心二期	地下5层，基坑最大开挖深度32m，地上88层，415m高，总建筑面积185800m^2	地质条件较好，基坑处于砂土层中	近海，紧邻地铁	主楼顺作＋裙房逆作工艺
香港环球贸易广场	地下4层，基坑最大开挖深度28m，地上118层，484m高，总建筑面积262176m^2	地质条件较差，基坑处于软土中	建筑密集，紧邻高架和地铁	主楼顺作＋裙房先顺后逆作工艺
迪拜哈利法塔	地下4层，基坑最大开挖深度12m，地上168层，705m高，总建筑面积479830m^2	地质条件良好，地下水位低	周边场地空旷	放坡明挖顺做工艺
吉隆坡石油大厦	地下5层，基坑最大开挖深度25.5m，地上88层，452m高，总建筑面积341760m^2	地质条件较好	周边场地空旷	拉锚支护顺作工艺
纽约世贸中心1号楼	地下4层，基坑最大开挖深度25.5m，地上108层，541.3m高，总建筑面积241548m^2	地质条件较好	周边建筑密集，交通繁忙	拉锚支护顺作工艺

（三）深基础工程顺作法和逆作法施工工艺

1. 顺作法工艺原理与特点

顺作法是超高层建筑深基础工程施工最传统的工艺，深基坑工程施工完成后，再由下而上依次施工基础筏板和地下主体结构。

顺作法优点是：施工技术简单，土方工程作业条件好，基础工程质量易保证。

顺作法缺点是：环境影响显著，临时支撑投入大，施工工期比较长。

2. 逆作法施工工艺原理与特点

逆作法是将常规的深基础工程施工工序颠倒过来，待基础工程桩及围护结构施工完成以后，即由上而下逆向施工超高层建筑地下主体结构及基础筏板。

逆作法优点：施工工期短，环境影响小，临时支撑投入少。

逆作法缺点：作业条件比较差，施工效率比较低，临时立柱投入大。

3. 顺-逆结合法施工工艺原理与特点

鉴于顺作法和逆作法各有优缺点，因此将两种方式结合可解决超高层建筑深基础工程施工难题。顺-逆结合法主要有两种组合方式：①塔楼顺作，裙房逆作；②裙房逆作，塔楼顺作。

【实例 1】 上海华敏帝豪大厦（塔楼顺作，裙房逆作）

华敏帝豪大厦主体结构主要由 63 层酒店塔楼，附属 4 层裙楼以及整体下设的 4 层地下室组成。基坑面积 1.7 万 m^2，开挖深度约 18m。工程建设要求尽可能地加快塔楼和总体工程进度，因此基坑围护结构设计采用首先顺作施工塔楼区域，待塔楼地下结构完成后再逆作施工裙楼房区的顺逆结合法方案。基坑周边设置“两墙合一”地下连续墙围护体，坑内塔楼区周边临时隔断围护体选用钻孔灌注排桩结合三轴水泥土搅拌桩止水帷幕（图 4.6-1）。

【实例 2】 南京德基广场二期（裙房逆作，塔楼顺作）

南京德基广场二期工程主体建筑由一幢 52 层办公楼塔楼和附属的商业用 9 层裙楼组成。基坑面积 1.6 万 m^2，开挖深度约 20m。本工程基坑南侧约 13m 以外是运营中的地铁区间隧道，隧道底部埋深约 16m，基坑开挖实施过程中的环境保护要求高。同时，工程建设要求裙楼 9 层商业用房能够尽快投入运营，因此基坑围护结构设计采用了上下部同时施工的裙楼逆作，塔楼顺作方案。基坑周边设置“两墙合一”地下连续墙围护体，坑内利用四层裙楼区域地下结构梁板支撑，在地下 4 层结构施工期间同时开展裙楼区地上 9 层结构的施工，塔楼区域留设洞口并设置必要的临时支撑，在地下室底板完成后向上顺作（图 4.6-2）。

图 4.6-1　上海华敏帝豪大厦

图 4.6-2　南京德基广场二期

第7节 超高层建筑基础筏板施工

一、基础筏板施工工艺

（一）施工工艺

超高层建筑基础筏板施工的特点是：施工组织要求高，裂缝控制难度大。其施工工艺有一次成型和多次成型工艺。

（1）一次成型工艺

一次成型工艺是将整个基础筏板混凝土一次连续浇捣成型，属于大体积混凝土施工传统工艺，其优点是结构整体性强，施工工期短，施工成本低。但也存在一定的缺陷，即施工组织和施工技术要求高，同时控制混凝土结构裂缝也需要较高的技术水平。

（2）多次成型工艺

多次成型工艺是将整个基础筏板混凝土分多次间隔浇捣成型，其优点是施工组织比较简单，施工技术要求低。当然多次成型也有明显缺陷，即结构整体性削弱，施工工期长，施工成本高。

（3）施工工艺选择

一般情况下，一次成型工艺的经济性优于多次成型工艺，因此在技术可行的前提下优先使用一次成型工艺。当混凝土生产能力有保证，交通运输条件比较好，且具备控制混凝土裂缝技术水平时，应当选择一次成型工艺。当混凝土生产能力较小，交通管制非常严格，尽管具备控制混凝土裂缝技术水平时，也应当选择多次成型工艺。

（二）施工技术

超高层建筑施工技术主要有泵送混凝土、浇捣混凝土和养护混凝土。其中超高层建筑基础筏板混凝土施工根据流水段划分浇捣流程，可将其分为全面分层、逐段分层和斜面分层三种工艺。施工中应根据工程规模、混凝土供应能力和泵送设备灵活选择。

二、基础筏板裂缝控制

（一）裂缝形成机理

超高层建筑基础筏板混凝土水化过程中，水化热引起的温差和水分蒸发引起的收缩是导致混凝土产生裂缝的主要原因。

（二）裂缝控制技术

控制混凝土裂缝要从改善外在作用和提高自身抗力两方面着手，采取综合治理措施才能取得成效。

（1）降低水泥水化热；

（2）降低混凝土入模温度；

（3）加强施工中的温度控制；

（4）为了防止温度裂缝的开展，在混凝土边缘加防裂钢筋。

（三）基础筏板施工案例

【实例】北京中央电视台新台址工程主楼

（1）工程概况

中央电视台新台址主楼总建筑面积约为47万m^2，地下3层，地上包括52层、高度234m和44层、高194m的两座塔楼，塔楼顶部以14层高的悬臂结构相连（图4.7-1）。主楼采用桩筏基础，基础筏板施工具有以下特点：①体量大。底板南北长292.7m，东西宽219.7m，混凝土总方量接近120000m^3。②厚度变化显著。基础筏板基底标高－21～－27m，平均厚度为4.5m，最大厚度达10.9m，厚度变化大，错台多。③强度等级高。混凝土强度等级为C40。④气候条件差。施工正值北京冬季，日平均气温低于－5℃，最低气温达－12℃。⑤施工质量要求高。塔楼双向倾斜，基础筏板受力复杂，结构整体性必须得到保证。

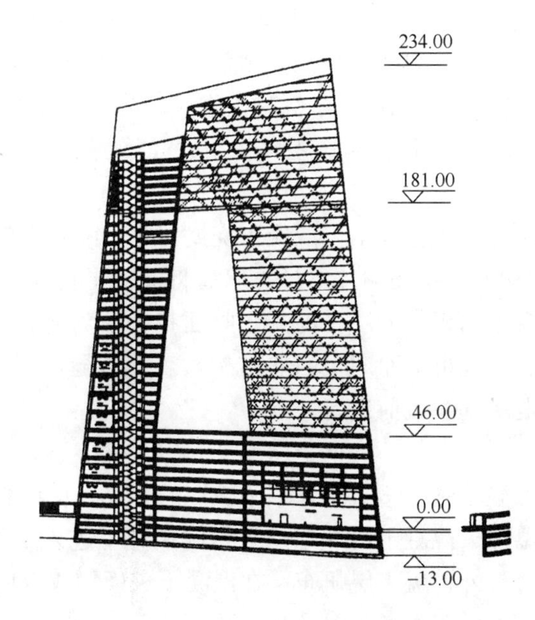

图4.7-1 中央电视台新台址主楼

（2）施工工艺

根据结构特点和施工组织需要，基础筏板采用分区一次成型工艺施工。整个基础筏板划分为16个施工区域。区块之间设置后浇带，以控制混凝土约束。为了保证主楼基础筏板良好的受力性能及整体性，所有区块都采用一次成型工艺施工混凝土。

（3）施工技术

1）混凝土配合比设计

① 原材料选择

（a）水泥：北京××水泥厂生产的P·O42.5普通硅酸盐水泥。

（b）骨料：粗骨料选用5～25mm连续级配碎石，细骨料选用模数2.5以上中砂。

（c）掺合剂：Ⅰ级粉煤灰。

（d）外加剂：高效缓凝性减水剂。

② 配合比设计

为充分利用混凝土的后期强度，减少水泥用量，减低水化热，经设计认可，采用56d龄期强度作为设计强度。混凝土配合比见表4.7-1。

基础筏板混凝土配合比　　表4.7-1

材料用量（kg/m³）						水灰比	砂率（%）
水	水泥	砂	石	粉煤灰	减水剂		
155	200	810	1039	196	3.96	0.41	42

2）混凝土泵送

塔楼1基础筏板混凝土总方量39000m³，由3家搅拌站同时供应，共使用HBT80固定泵20台、汽车泵1台，混凝土搅拌运输车230辆，振动棒280台，3m³混凝土搅拌机组7个。混凝土输送泵沿塔楼1的75m边均匀布置。为便于管理，混凝土供应与泵送关系明确固定，做到有条不紊，其中第1家搅拌站负责1～9号固定泵混凝土供应，第2家搅拌站负责10～15号固定泵及1辆汽车泵混凝土供应，第3家搅拌站负责16～20号固定泵的混凝土供应。20号固定泵中最长输送距离260m，最短输送距离120m。

3）混凝土浇捣

混凝土采用斜面分层浇捣工艺施工。混凝土浇捣由北至南同步推进。由于基础筏板厚度大于3m，混凝土浇捣初期在钢筋网片下悬挂串筒将混凝土自泵管出口送至作业面，以减小自由落差，防止混凝土离析、分层。混凝土收面找平后为防止面层起粉及塑性收缩，修补因混凝土初期收缩、塑性沉陷而产生的非结构性表面裂缝，要求至少进行2次搓压，其中最后一次搓压要在混凝土终凝前进行。

4）混凝土养护

混凝土养护采用“保湿软管＋塑料布＋草帘被”的方式。草帘被覆盖层数根据基础筏板厚度、养护期间环境温度、混凝土内外温差等情况调整。进入冬季后，由于天气恶劣，为防止风雪，还要在草帘被外覆盖1层帆布，在混凝土表面形成双层不透风保温。底层塑料布下预设补水软管，补水软管沿长向每10cm开5mm以下小孔，根据底板表面湿润情况向管内注水，保证混凝土表面处于湿润状态。冬期施工期间，取消补水软管且不得向保温材料浇水，底层塑料布必须覆盖密实以保证混凝土表面的湿润。

5）实施效果

塔楼1基础筏板混凝土浇捣在2005年12月27日和28日两天完成，共用54h顺利完成了39000m³混凝土浇筑，比原计划的62h浇筑时间提前12h，创造了建筑工程基础筏板混凝土一次性浇捣量（39000m³）和混凝土浇筑强度（722m³/h）的国内纪录。混凝土浇捣时天气恶劣，环境温度极低，平均气温－3℃，夜间最低气温－8℃，白天最高气温2℃，风速1～5级。由于采取了综合措施，混凝土温差得到有效控制，混凝土内部最高温度61℃，内外温差不超过20℃，基础筏板均未出现裂缝，大体积混凝土施工取得圆满成功。

第 8 节　超高层建筑模板工程施工

超高层建筑多设计为框架核心筒结构，根据高度的不同，主要有两种类型。

类型 1：内筒为钢筋混凝土核心筒结构＋外筒巨柱，巨柱与核心筒之间钢梁连接，外筒楼板为组合楼板的形式，如：广州西塔、上海环球、深圳京基 100 大厦、广州东塔，均为该结构形式，高度均在 400m 以上。

类型 2：内筒为钢筋混凝土核心筒＋外筒巨柱，巨柱与核心筒之间为钢筋混凝土梁连接，楼板为普通的钢筋混凝土楼板，如：重庆环球、广州高德、目前正在投标的合肥华润置地万象城的东、西塔楼。建筑高度约在 200～400m。

目前，可用于超高层建筑施工的模板及围护系统有：①爬模系统；②滑模系统；③顶模系统；（这三种模板体系均可用于类型 1 的核心筒墙体结构先行施工的工艺）④传统翻模＋爬架围护系统的工艺（该工艺适合类型 2 内、外筒同时施工的工艺）。

一、爬模系统

（一）爬模系统介绍

爬模系统有专业厂家生产，构件设计为标准件，可厂家租赁，使用完毕后厂家可以回收。

爬模由下架、上架、附墙挂座、导轨、液压油缸系统、模板、护栏等组成。

爬模的原理是：根据墙体情况，布置机位，每个机位处设置液压顶升系统，架体通过附墙挂座与预埋在墙上的爬锥连接固定，爬升时先提升导轨，然后架体连同模板沿导轨爬升。

（二）爬模系统的特点（图 4.8-1、图 4.8-2）

图 4.8-1　爬模安装图

图 4.8-2　爬模外围钢板网

（1）液压爬模可整体爬升，也可单榀爬升，爬升稳定性好。

（2）操作方便，安全性高，可节省大量工时和材料。

（3）爬模架一次组装后，一直到顶不落地，节省了施工场地，而且减少了模板、特别是面板的碰伤损毁。

（4）液压爬升过程平稳、同步、安全。

（5）提供全方位的操作平台，施工单位不必为重新搭设操作平台而浪费材料和劳动力。

（6）结构施工误差小，纠偏简单，施工误差可逐层消除。

（7）爬升速度快，可以提高工程施工速度。

（8）模板自爬，原地清理，大大降低塔式起重机的吊次。

总体说，爬模系统具有操作简便灵活，爬升安全平稳，速度快，模板定位精度高，施工过程中无需其他辅助起重设备，能容易适应较薄的墙厚变化，但墙体突变时适应困难的特点。但一般机位较多，整体性不够好，承载力也不大。

（三）爬模系统的爬升流程

爬模系统的爬升流程为：绑扎钢筋完成→退模、安装附墙挂座→导轨提升→调节附墙撑，下架体倾斜→导轨提升到位，提升架体→合模浇筑混凝土。

二、滑模系统

滑模施工工艺在国内始于20世纪40年代，已广泛应用于钢筋混凝土的筒壁结构、框架结构、墙板结构。对于高耸筒壁结构和高层建筑的施工，效果尤为显著。

滑模施工技术是混凝土工程中机械化程度高、施工速度快、场地占用少、安全作业有保障、综合效益显著的一种施工方法。

滑模系统目前主要用于烟囱、矿井、仓壁等工程施工，也可用于超高层核心筒竖向墙体施工，但由于其施工过程非常紧凑，在混凝土终凝前必须向上滑动模板，混凝土终凝以后则无法滑动，且由于在混凝土终凝前滑动模板，使混凝土结构表面的观感和结构的垂直度控制方面有较大困难，不太适合用于超高层建筑核心筒的施工。

三、顶模系统

顶模系统采用大吨位、长行程的双作用油缸作为顶升动力，可以在保证钢平台系统的承载力的同时，减少支撑点数量，顶模系统的支撑点数量为3～4个，配以液压电控系统，可以实现各支撑点的精确同步顶升，顶模工艺为整体提升式，低位支撑，电控液压自顶升，其在整体性、安全性、施工工期方面均具有较大的优势。

顶模系统主要由支撑系统、液压动力系统、控制系统、钢平台系统、模板系统、挂架系统六大部分组成。

（一）顶模系统优点

（1）顶模系统适合用于超高层建筑核心筒的施工，顶模系统可形成一个封闭、安全的作业空间，模板、挂架、钢平台整体顶升，具有施工速度快、安全性高、机械化程度高、节省劳动力等优点。

（2）与爬模系统等相比较，顶模系统的支撑点低，位于待施工楼层下2～3层，支撑点部位的混凝土经过较长时间的养护，强度高，承载力大，安全性好，为提高核心筒施工速度提供了保障。

（3）顶模系统采用钢模可提高模板的周转次数，模板配制时充分考虑到结构墙体的各次变化，制定模板的配制方案，原则是每次变截面时，只需要取掉部分模板，不需要在现场做大的拼装或焊接。

（4）与爬模相对比，顶模系统无爬升导轨，模板和脚手架直接吊挂在钢平台上，可方便实现墙体变截面的处理，适应超高层墙体截面多变的施工要求。

（5）精密的液压控制系统、电脑控制系统，使顶模系统实现了多油缸的同步顶升，具有较大的安全保障。

（6）施工速度快，每次顶升作业用时仅为 2～3h，模板挂架标准化，随系统整体顶升，机械化程度高等特点，可创造 2～3d/层的施工速度（视工程量大小而进度有所不同）。

（7）顶模系统钢平台整体刚度大，承载力大，平台承载力达 $10kN/m^2$，测量控制点可直接投测到钢平台上，施工测量方便。

（8）大型布料机可直接安放在顶模钢平台上，材料可大吨位（由钢筋吊装点及塔式起重机吊运力确定）直接吊运放置到钢平台上，顶模系统可方便施工，提高效率，减少塔式起重机吊次，这是爬模等其他类似系统所无法比拟的。

（二）顶模系统特点

“顶模系统”目前无专业厂家生产提供，需要根据工程特点不同进行针对性设计。顶模系统主要涉及的技术问题有：

（1）顶模系统支撑点位置的合理布置，会涉及与塔式起重机位置相碰，如何合理避让的问题。

（2）顶模钢平台桁架的布置要既有利于系统受力安全，又能尽可能少影响钢结构的安装。

（3）顶模的爬升步距需与塔吊协调一致，并尽可能方便施工。

（4）顶模系统的设计应考虑尽可能减少后期结构变动，顶模系统的变更改造方便。

四、传统翻模十自爬架工艺

前述类型 2，采取内外框筒一同施工的工艺，为尽可能加快施工进度，模板支撑体系可考虑采用新型模板体系，如可调立杆盘扣式满堂脚手架，铝合金模板系统等快拆体系。

外围护系统可考虑采用目前国内应用较为成熟的专业厂家生产的“爬架”或“建筑保护屏”。

集成式升降操作平台“爬架”工程实例如图 4.8-3 所示。

图 4.8-3　爬架

建筑保护屏工程实例如图 4.8-4 所示。

图 4.8-4　建筑保护屏

第 9 节　超高层建筑混凝土工程施工

超高层建筑的施工常用高强、高性能混凝土，如广州西塔和深圳京基 100 大厦都用到了 C80 的高强混凝土、钢管内浇筑高抛自密实混凝土、混凝土的超高泵送等是超高层混凝土施工的技术课题。其主要涉及以下方面：

(1) 优化配合比，通常说来，混凝土强度越高，其黏性越大，可泵性能越差，需要通过反复适配，确定最优配合比，在保证混凝土强度的同时，有良好的工作性能。可联合混凝土生产厂商做该项工作。

施工时应重点控制：混凝土生产时所用材料是否符合要求，现场抽测混凝土的坍落度、扩展度、温度、倒筒时间等。

(2) 超高层经常用到钢管混凝土，由于钢管混凝土的特殊性，广州西塔和深圳京基 100 大厦都应用了高抛自密实混凝土，辅助人工振捣。

自密实混凝土除控制混凝土的坍落度、扩展度、温度、倒筒时间外，增加 U 形管的控制指标。

深圳京基 100 大厦的钢管混凝土更具代表性，其设计为矩形钢管柱，内有横、竖向隔板及钢筋笼。

钢管混凝土的实体检测是一施工难题，目前，施工规范中仍采用超声波检测的方法，但钢管柱内的隔板和钢筋笼会影响超声波检测的结果。

深圳京基 100 大厦施工中，与湖南大学合作采用“压电陶瓷”法对钢管混凝土进行检测，这是对检测方法的一种尝试。钢管混凝土实体检测有进一步研究的需求。

(3) 关于混凝土的超高泵送，目前中联重科生产的 HBT90.40.572RS 泵机及三一重工生产的 HBT90CH-2135D 泵机都有多栋超高层建筑的施工实例，性能稳定。

1) 合理选择泵机，泵机的出口压力和泵送方量参数应能满足泵送高度的需求。

2) 应选择满足泵送需求的耐磨超高压输送泵管。

3) 注意泵机出口部位水平泵管的长度应大于楼高（泵送高度）的 1/4。

4）泵管竖向适当位置设置弯管，可弥补水平段不足。

5）推荐泵管按楼层高度进行配管，离楼板上400～600处有接头，方便接管施工外框楼板。

【实例】烟台世茂海湾

（1）工程概况

烟台世茂海湾1号项目位于烟台市滨海景区，占地面积约3.5万m^2，地下建筑面积约为7.7万m^2，地上建筑面积约27.7万m^2。T1综合塔楼，其主要功能为办公、酒店和公寓式酒店，地面以上51层，高度277.3m（未包括顶部避雷针的高度）。R1商务公寓，其功能为商业及公寓，地面以上54层，高度180m。R2商务公寓，其功能为商业及公寓，地面以上56层，高度186m。裙楼功能为商业，地面以上4层，高度24m（局部6层，高度34m）。

（2）施工方法

本工程施工方法为先施工墙（含连梁）、柱分项，后施工梁、板分项，柱、梁、板、墙体全部采用商品混凝土一次泵送到顶的方法。根据施工特点，T1、R3泵管在施工楼层上连接到布料杆，布料固定在专门的架体上。

施工工艺流程：隐蔽验收→地泵试运行→混凝土进场→浇结合砂浆→混凝土浇筑、振捣→养护及拆模。

（3）施工机械选型

FO/23B塔式起重机3台、ST70/27塔式起重机1台、HGY14布料杆2台、插入式混凝土振动器ZN-70型10根、插入式混凝土振动器ZN-50型15根、磨光机3台、铁锹10把、铁抹子10个、木抹子10个，各塔楼混凝土泵选型见下文。

高泵程混凝土的输送是混凝土施工的关键，也是影响质量和控制工期的关键。根据以往的施工经验，结合工程混凝土施工的特点，计划在各施工高程选择不同的混凝土输送泵，见表4.9.1～表4.9.4。

T1塔楼混凝土输送设备选择 **表4.9-1**

序号	输送泵型号	理论泵送高度（m）	使用部位	混凝土施工最大高程（m）
1	三一HBT80C	250	35层及以下	154
2	三一HBT90C	430	36层及以上	337.3

R1塔楼混凝土输送设备选择 **表4.9-2**

序号	输送泵型号	理论泵送高度（m）	使用部位	混凝土施工最大高程（m）
1	HBT75C-1816D	250	地下3层及以上	183
2	HBT80C1816RS	250	地下3层及以上	183

R2塔楼混凝土输送设备选择　　表4.9-3

序号	输送泵型号	理论泵送高度（m）	使用部位	混凝土施工最大高程（m）
1	HBT90AS	200	32层及以下	107.92
2	三一 HBT80C	250	33层及以上	198m
3	HBT10CD	250	地下3层及以上	198

R3塔楼混凝土输送设备选择　　表4.9-4

序号	输送泵型号	理论泵送高度（m）	使用部位	混凝土施工最大高程（m）
1	HBTS80-16-110	250	41层及以下	140.92
2	HBT80C-1818D	350	42层及以上	200.00

（4）控制要点及注意事项

在混凝土输送工序中，控制混凝土运至浇筑地点后，不离析、不分层、组成成分不发生变化，并能保证施工所必须的稠度。运送混凝土的容积和管道，不吸水、不漏浆，并保证卸料及输送通畅。容器和管道在冬、夏期都要有保温或隔热措施。

1）输送时间

混凝土以最少的转载次数和最短的时间，从搅拌地点运至浇筑地点。混凝土从搅拌机中卸出后到浇筑完毕的延续时间应符合相关要求。

2）输送道路

场内输送道路尽量平坦，以减少运输时的振荡，避免造成混凝土分层离析。同时还考虑布置环形回路，施工高峰时设专人管理指挥，以免车辆互相拥挤阻塞。临时架设的道桥要牢固，桥板接头须平顺。浇筑柱子时，可采用来回输送主道和盲肠支道的布置方式；浇筑楼板时，可采用来回输送主道和单向输送支管道结合的布置方式。对于大型混凝土工程，还必须加强现场指挥和调度。

3）泵管清理

泵管的清理选用业内先进的水洗工艺，确保用高压水将管道中的残留混凝土压至施工现场，泵送多高，水洗多高。既充分利用了基坑降水、节约成本而且保护环境。此外由于没有剩余混凝土，减轻了渣土处理及管理的负担，降低了施工过程的工作量和成本。

4）季节施工

在风雨或暴热天气输送混凝土，容器上加遮盖，以防进水或水分蒸发。冬期施工加以保温。夏季最高气温超过40℃时，有隔热措施。

5）浇筑间歇时间

浇筑混凝土连续进行。如必须间歇时，其间歇时间缩短，并在前层混凝土凝结之前，将次层混凝土浇筑完毕。混凝土运输、浇筑及间歇的全部时间不得超过规范的规定，当超过规定时间必须设置施工缝。

6）泵送混凝土要求

① 泵送混凝土时，混凝土泵的支腿完全伸出，并插好安全销。

② 混凝土泵启动后，先泵送适量水以湿润混凝土泵的料斗、网片及输送管的内壁等直接与混凝土接触部位。

③ 混凝土的供应，必须保证输送混凝土的泵能连续工作。

④ 输送管线直，转弯缓，接头严密。

⑤ 泵送混凝土前，先泵送混凝土内除粗骨料外的其他成分相同配合比的水泥砂浆。

⑥ 开始泵送时，混凝土泵处于慢速、匀速并随时可反泵的状态。泵送速度：先慢后快，逐步加速。同时，观察混凝土泵的压力和各系统的工作情况，待各系统运转顺利后，方可以正常速度进行泵送。

⑦ 混凝土泵送连续进行，如必须中断时，其中断时间超过 2h 必须留置施工缝。

⑧ 泵送混凝土时，活塞保持最大行程运转。混凝土泵送过程中，不得把拆下的输运管内的混凝土洒落在未浇筑的地方。

⑨ 当输送管被堵塞时，采取下列方法排除：

（a）重复进行反泵和正泵，逐步收出混凝土至料斗中，重新搅拌后泵送；

（b）用木棍敲击等方法，查明堵塞部位，将混凝土击粉后，重复进行反泵和正泵，排除堵塞；

（c）当上述两种方法无效时，在混凝土卸压后，拆除堵塞部位的输送管，排出混凝土堵塞物后方可接管。重新泵送前，先排除管内空气后，再拧紧接头。

⑩ 向下泵送混凝土时，先把输送管上气阀打开，待输送管下段混凝土有一定压力时，再关闭气阀。

⑪ 混凝土泵送即将结束前，正确计算尚需用的混凝土数量，并及时告知混凝土搅拌站。

⑫ 泵送过程中，废弃的和泵送终止时多余的混凝土，按预先确定的处理方法和场所，及时妥善处理。

⑬ 泵送完毕时，将混凝土泵和输送管清洗干净。

⑭ 排除堵塞，重新泵送或清洗混凝土泵时，布料设备的出口朝安全方向，以防堵塞物或废砂浆高速飞出伤人。

⑮ 在泵送过程中，受料斗内具有足够的混凝土，以防止吸入空气产生阻塞。采用水洗方式清理泵管，在泵车旁边布置一个 5m³ 的水箱及水泵。

（5）布管工艺要求

各塔楼工程拟采用一套水平管和两套垂直立管（一套备用），布管根据混合物的浇筑方案设置并少用弯管和软管，尽可能缩短管线长度。本工程管道沿楼地面预先留设的泵管洞口向上铺设，泵管竖向采用钢管加固，楼层内水平泵管固定在预置混凝土墩上，具体做法见图 4.9-1，泵管预留洞口尺寸 300mm×300mm，洞口加强钢筋参照结构图纸总说明。为了减少管道内混凝土反压力，在泵的出口布置 30～60m 的水平管及若干弯管，同时由于混凝土泵前端输送管的压力最大，堵管和爆管总发生在管道的初段，特别是水平管与垂直管相连接的弯管处，在泵的出口部位和垂直管的最前段各安装一套液压截止阀。

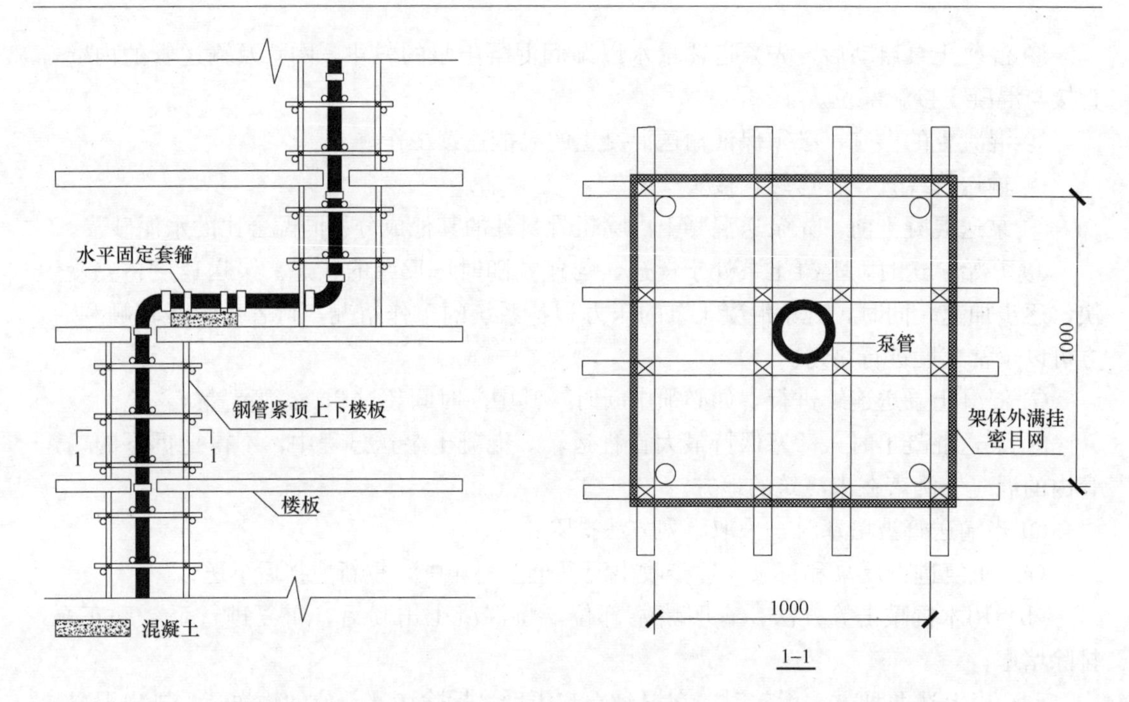

图4.9-1　泵管加固示意

第10节　超高层建筑钢结构工程施工

【实例1】上海环球金融中心（图4.10-1）

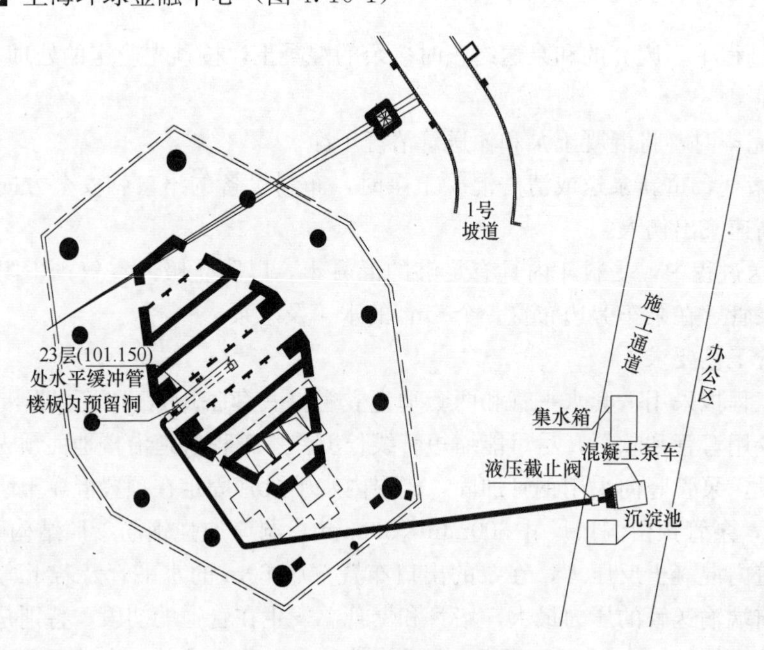

图4.10-1　工程项目平面图

（1）工程概况

上海环球金融中心主楼地上101层，地下3层，高492m，总建筑面积381600m²。该工程采用核心筒＋巨型框架结构体系，外围巨型框架结构由巨型柱、巨型斜撑和带状桁架组成，核心筒由内埋钢骨及桁架和钢筋混凝土组成。从第 18 层开始，每 12 层设置一道 1 层高的带状桁架，在 28～31 层、52～55 层、88～91 层设置三道伸臂桁架将核心筒与外围巨型桁架连为一体。

（2）施工特点

上海环球金融中心钢结构框架安装具有以下特点：

1）构件多。钢结构分布在 57.95m×57.95m 宽，492m 高的整个建筑空间中，构件总数约 60000 件，总重量达 67000t，安装工作量非常大。

2）构件重。巨型结构体系中的许多钢构件断面大，比如巨斜撑就是由 100mm 厚钢板焊接而成的箱型构件，高达 1600mm，构件重达 2.5t/m，安装技术难度大。

3）焊接难。巨型结构体系中的许多钢结构采用特厚钢板，大量钢板厚度超过 60mm，焊接难度大。

（3）施工工艺

根据钢结构特点和塔式起重机进场计划，本工程钢结构安装采用了两种工艺：

1）B3～F5 层，采用履带吊结合塔式起重机高空散拼安装工艺。由于地面附近钢结构构件重量大，同时 2 台 M900D 塔式起重机还未进场，因此采用 150t 履带式起重机安装外围巨型钢柱，M440D 塔式起重机安装剩余钢结构。

2）F6 层以上楼层，采用塔式起重机高空散拼安装工艺。以 2 台 M900D 和 1 台 M440D 塔式起重机为吊装设备，逐流水段 2 台 M900D 和 1 台 M440D 都布置在核心筒内。钢结构构件根据塔式起重机的起重能力和运输条件进行分段。

（4）施工技术

1）核心筒劲性柱双击抬吊

本工程核心筒剪力墙为劲性结构，内置钢骨，73 层以下核心筒剪力墙内的钢骨为独立三角柱、箱形桁架柱和伸臂桁架部位 3 层高的劲性桁架，这些劲性钢结构构件重量比较小，都采用塔式起重机高空散拼安装工艺施工。但是，在核心筒 74～77 层，即地面以上高度 320.15～332.75m 时，核心墙体内有 4 个箱形内埋桁架柱比较重，总长 12.6m，单位长度重量达 3.04t/m，总重 38.31t，属于大型超重构件。

一般情况下，当塔式起重机起重能力能够满足吊装工艺要求时，钢结构构件多采用单机吊装工艺安装，这样施工技术简单。但是受塔式起重机起重能力限制，构件分段长度相对较小，钢结构构件分段数量相应增加。这样一方面增加了施工工期，另一方面增加了焊接难度和工作量。因此经综合比选，为减少构件分段数量和现场焊接工作量，制定了 M900D 和 M440D 两台塔式起重机双机抬吊的施工工艺，如图 4.10-2 所示。整个核心筒

图 4.10-2　双塔台机实况

74～77层箱形内埋桁架柱三层为一节，双机整体吊装。为控制失稳风险和合理分配吊装荷载，根据M900D和M440D两台塔式起重机起重能力，设计了吊装用钢扁担。

2）带状桁架构件分段优化

带状桁架将每12层的楼层荷载传递到巨型柱，因此承受的荷载特别大。根据受力特点，带状桁架不同部位构件断面和板厚度差异很大。一般而言上下弦杆承受的荷载较腹杆承受的荷载大得多，因此带状桁架上下弦杆截面大，使用的钢板厚。本工程带状桁架上下弦杆最大断面为ϕ1200mm，使用的钢板最大厚度达到100mm。而腹杆最大断面为ϕ800mm，使用的钢板最大厚度为60mm。根据本工程带状桁架构件断面和钢板厚度变化规律，优化了构件分段位置，尽可能将构件分段设置在弦杆与腹杆之间，延长上下弦杆的加工长度，这样大大减少了现场焊接作业量，加快了施工进度。

3）外伸桁架附加内力控制

分布在28～31层、52～55层、88～91层的三道外伸桁架将核心筒与外围巨型框架连接为一体。每道外伸桁架由8榀桁架组成，高达3层楼高，抵抗核心筒与外围巨型框架间差异变形能力很强。为了控制施工期间核心筒与外围巨型框架间差异变形引起的外伸桁架附加内力，采用了两阶段安装法。外伸桁架钢构件一次安装到位，但是斜腹杆首先采用高强螺栓临时连接，连接耳板设计为双向长孔。这样既能释放安装期间核心筒与外围巨型框架间差异变形引起的外伸桁架附加内力，又能确保结构体系完整，具备抵抗临时侧向荷载的能力，确保施工期间塔楼安全。待核心筒与外围巨型框架间差异变形稳定以后再用焊接将斜腹杆连接，形成设计要求的抵抗永久侧向荷载的能力。

【实例2】 中国尊大厦地下室钢结构施工

（1）工程概况

中国尊大厦（图4.10-3）位于北京朝阳区CBD核心地块，占地约1.1万m^2。建筑高度528m，地上108层，地下7层。2013年7月29日开工，预计2018年9月30日完工。创造了北京建筑业之最：楼最高，坑最深，场地最狭窄，交通最复杂，一次性底板浇筑体积最大。

中国尊大厦地下室为巨型框架＋混凝土核心筒（型钢柱＋钢板剪力墙）结构体系，共8层，建筑面积8.7万m^2，4根平面尺寸为34.39m×32.79m巨型钢柱，固定在近5.6万m^3，厚6.5m的巨大混凝土底板之上，与翼墙、核心筒钢板墙等共1.35万t钢构件一起，筑成中国尊钢结构主楼的坚实根基。

图4.10-3　中国尊大厦效果图

（2）施工特点（图4.10-4）

① 超长超重构件多，吊装以及测量控制难度大。

② 高空横焊缝、立焊缝多。

③ 土建结构与钢结构交叉点多，管理、协调量大。

（3）施工技术

图 4.10-4　中国尊地下室钢结构施工实景

项目人员克服构件拼装场地狭小、机械使用时间受总体调控、夜间卸车压力大等诸多不利条件，仔细研究了安装方案的重点和难点，编制了具体到小时的施工计划，力争现场每分每秒都不松懈。25 天，完成 2100t 钢平台安装；10 天，同时完成 2138 根高强地脚锚栓的精准施工和 1000 余吨基础钢筋支撑架制作安装。

中国尊 4 根巨柱从位于基坑底部的混凝土底板开始施工，直至地上 528m 楼顶，加上地下室，高度超过 560m。巨柱施工需将其分节分段，仅地下室每根巨柱就要分为 10 节，然后每节又要分为 4 段，段截面尺寸大、重量重、钢板厚，同时连接节点高空组装焊接工作量大，坡口形式多样且存在部分焊缝交叉，残余应力及焊接变形不易控制等难点。这些均给焊接技术提出了更高要求。

施工中，项目采用巨柱分节分段技术，严格精度控制，深化设计主要考虑翼墙小腔体的焊接及如何合理分段，避免尺寸超限，保证构件运输变形不超标。项目技术部采用三维软件模拟预拼装与工厂实体预拼装相结合的方式确保精度控制，并合理布置吊点，采用快速校正和三维分节测量法，搭设爬升式焊接操作平台，针对多腔体巨柱厚板、超长焊缝多、节点焊缝集中技术难题，编制详细施工方案，合理安排焊接顺序，使巨柱焊接质量一次验收合格率高 99.8%。

第 11 节　超高层建筑结构施工控制

由于超高层建筑的重要性和复杂性，施工控制必须采用成熟的方法，而闭环控制属现代工程控制方法，理论研究和工程经验都比较丰富，它包含反馈系统，能够根据结构状态检测结果不断调整控制措施，适合结构复杂的结构，控制精度比较高。因此以闭环控制方法为主进行结构施工控制。

施工控制总目标：确保施工过程中和运营期间结构状态控制在极限状态内，即控制在承载能力极限状态和正常使用极限状态。而这两种极限状态涉及基本力学变量是内力和变形，因此超高层建筑结构控制总目标可以具体分为内力控制和变形控制两个方面。

超高层建筑结构施工控制内容主要有：平面位置、绝对标高、转换桁架挠度、外伸桁架附加内力。

（1）平面位置控制：为追求建筑效果，有些超高层建筑并非垂直向上建造，而是倾斜向上建造的，如中央电视台新台址大厦主楼与西班牙马德里欧洲之门。这些超高层结构因自重作用而产生竖向和水平向的变位。斜塔结构承受重力作用，完成状态与安装状态的平面位置会发生较大偏差，必须采取相应措施使结构的完成状态与设计理想状态的平面位置基本吻合。斜塔结构平面位置控制主要有三种方法：加劲法、预偏置法和预应力法。

1）加劲法：斜塔结构可以通过提高结构抗侧向荷载刚度来控制结构在重力荷载下的平面位置偏移量。

2）预偏置法：借鉴梁或悬臂梁几何线性控制的经验，在结构安装的过程中，有意识地将构件向变形相反的方向偏置，偏置量等于结构受载后的平面位置变化量，这样就可以保证结构的完成状态与设计理想状态吻合，从而达到控制平面位置的目的。

3）预应力法：预应力法常用于控制梁和悬臂梁的挠度，是一种成熟的施工控制方法。借鉴大跨度结构采用预应力法控制结构变形的经验，在高层或超高层建筑中配置后张拉结构体系，在结构施工过程中或完成后，通过后张拉结构体系施加预应力，控制超高层建筑的垂直度。

（2）标高控制：超高层建筑由于高度很大，施工过程中和完成以后，一方面结构竖向收缩徐变、压缩等变形非常明显；另一方面在上部结构巨大荷载作用下，地基基础也会产生明显影响。如果不加以控制，就会影响幕墙工程、电梯工程等后续工种的施工。因此必须采取有效措施，控制绝对标高。

超高层建筑绝对标高控制方法主要采用预补偿法。预补偿法原理如下：①确定施工工艺→②确定施工工况→③进行施工过程仿真分析→④确定各楼层绝对标高与设计标高差异→⑤确定各楼层标高预补偿值→⑥结构施工时按预补偿值调整结构施工标高→⑦根据施工监测结果，重复步骤③～⑥，直至施工完成，确保结构完成时的绝对标高满足设计和使用要求。

金茂大厦采用了预补偿法来控制绝对标高。金茂大厦地下三层、地上88层，总高度达到420.5m，采用了核心筒一外框架结构体系。由于建筑高度巨大，因此竖向变形和沉降非常可观。为了确保结构最终标高满足设计和使用要求，根据施工工况确定了核心筒和巨型柱的标高预补偿值，见表4.11-1。

金茂大厦结构标高预补偿值 **表4.11-1**

校正楼层	核心筒补偿值	巨型柱补偿值	校正楼层	核心筒补偿值	巨型柱补偿值
53～57	+3mm	+0mm	76～80	+22mm	+10mm
58～63	+7mm	+2mm	81～85	+17mm	+8mm
64～69	+12mm	+2mm	86～88	+12mm	+6mm
70～75	+17mm	+8mm	—	—	—

（3）转换桁架施工控制：现代超高层建筑功能繁多，往往需要通过调整竖向结构形式或改变柱网、轴线来满足建筑功能变化需要。转换桁架是超高层建筑实现功能转换常用的结构形式，采用大跨度转换桁架可以在超高层建筑内部营造大空间（图4.11-1）。

转换桁架需要承受坐落在其上的楼层荷载，因此承受荷载大，受载后变形显著，转换桁架挠度可达数厘米，甚至十几厘米。同时上部楼层施工时间比较长，变形时间换桁架加载周期长，变形持续时间长，转换桁架受载后挠度比较大，因此起拱值也比较大。如果与转换桁架相关楼层作相应起拱处理，由于起拱值较大而影响楼层混凝土浇捣，而且先期施工的楼层混凝土结构将因后续施工下挠而产生较大的附加应力，严重的将引起混凝土楼板结构开裂。如果与转换桁架相关楼层不作相应起拱，则楼层混凝土浇捣以后将产生超过技术规范允许的下挠，影响使用功能的正常发挥，同时先期施工的楼层混凝土结构中也将产生较大的附加应力，严重的将引起混凝土楼板结构开裂。

图 4.11-1　超高层建筑中的转换桁架

因此必须采取相应措施既保证转换桁架施工完成后处于水平状态，又保证坐落在转换桁架上的楼层面在施工过程中处于水平状态。目前多采用预变形法，即根据结构分析结果，在加工制作和安装时对转换桁架实施起拱，补偿转换桁架受载后的下挠，受载转换桁架即能处于水平状态。保证坐落在转换桁架上的楼层面在施工过程中始终处于水平状态则比较困难，必须运用工程控制原理才能实现。

(4) 外伸桁架附加内力控制

超高层建筑外伸桁架是结构抗侧力体系的重要组成部分，刚度非常大，对核心筒和外框架之间的差异变形敏感性相当强。施工中核心筒和外框架的结构材料不尽相同，承担的荷载存在差异，使得外伸桁架两端产生不同步变形。因此，必须采取有效措施，控制在外伸桁架中产生的附加应力，目前有两种办法：一是预补偿法，即在结构施工中进行标高补偿，减少核心筒与外框架之间的变形差异；二是二阶段安装法，即钢结构安装中，外伸桁架部分关键构件（节点）暂不安装到位，人为降低外伸桁架的刚度，提高其适应差异变形的能力，待结构继续施工到一定阶段，已安装外伸桁架所在部位核心筒与外框架之间的差异变形已基本发生，再安装外伸桁架的关键构件（节点），此时外伸桁架才起作用，抵抗侧向荷载。由于外伸桁架是在核心筒和外框架之间差异变形基本完成后才形成整体，提供抵抗侧向荷载刚度，这样在形成整体之前发生的差异变形就不会在外伸桁架中产生附加应力和应变，外伸桁架的内力也就得到有效控制。

第 12 节　超高层建筑自动化施工

一、工艺原理与系统组织

（一）自动化施工工艺流程

(1) 组装自动化施工系统的屋架和屋面；

(2) 在临时屋面保护下施工基础工程或地下工程；

(3) 利用自动化施工系统进行结构、设备和装饰施工；

（4）完成一层施工后将自动化施工系统向上顶升一个楼层高；

（5）进入下一个楼层施工，直至施工完成；

（6）建筑封顶以后，拆除自动化施工系统；

（7）施工完成。

（二）系统组成：超级施工工厂、并行运输系统和综合管理系统。

二、钢结构建筑自动化施工

从1980年起，日本大林组开始研发钢结构建筑自动化施工系统（ABCS），1989年获得成功。1993年，ABCS系统首次用于一幢10层高的中等建筑施工。

钢结构建筑自动化施工主要包括三大阶段：组装、运行和拆除。第一阶段：组装超级施工工厂（SCF）和并行运输系统（PDS）。第二阶段：在SCF内进行标准楼层的施工。在标准层施工（TFC）期间，钢框架施工和内装修施工可以全天候在SCF内进行。当一层施工完后，安装在支撑柱上的爬升设备把SCF提升到上一个楼层。随后，重复上述步骤进行标准层的施工。第三阶段：首先下降SCF屋架结构，该屋架结构将成为建筑物的一部分，然后拆除SCF的临时构件。

三、钢筋混凝土建筑自动化施工

1995年，在成功开发钢结构建筑自动化施工系统ABCS的基础上，日本大林组开发了钢筋混凝土建筑自动化施工系统BIG CANOPY，并成功应用于东京一幢26层的钢筋混凝土建筑。BIG CANOPY基本原理与ABCS基本相同，借鉴了工厂自动化的经验，综合运用全天候技术、机械化和自动化技术、信息技术以及预制装配技术，提高钢筋混凝土建筑施工自动化。与ABCS不同的是两者所装配的结构构件不同，BIG CANOPY装配的结构是钢筋混凝土构件。

BIG CANOPY施工工艺流程主要包括三大阶段：①组装自动化施工系统，并在自动化施工系统保护下进行土方工程施工；②利用自动化施工系统进行结构、设备和装饰施工；③拆除自动化施工系统。

参 考 文 献

[1] 建设工程施工合同(示范文本)(GF-2017-0201)[M]. 北京：中国建筑工业出版社，2013.

[2] 林密. 工程项目招投标与合同管理(土建类专业适用)(第 3 版)[M]. 北京：中国建筑工业出版社，2013.

[3] 刘海春. 招投标与合同管理项目工作手册[M]. 北京：中国建筑工业出版社，2015.

[4] GB/T 19001—2008 质量管理体系要求[S]. 北京：中国标准出版社，2009.

[5] GB/T 19580—2012 卓越绩效评价准则[S]. 北京：中国标准出版社，2012.

[6] 山西建筑工程(集团)总公司，建筑工程施工细部做法[M]. 山西：山西科学技术出版社，2012.

[7] 耿贺明，建筑创优工程细部做法[M]. 北京：中国建筑工业出版社，2008.

[8] 中国建筑一局(集团)有限公司. 住宅工程创优施工技术指南[M]. 北京：中国建筑工业出版社，2007.

[9] 刘伊生等. 建筑节能技术与政策[M]. 北京：北京交通大学出版社，2015.

[10] 韩文科，张建国，古力静等. 绿色建筑中国在行动[M]. 北京：中国经济出版社，2013.

[11] 中国建筑科学研究院. 绿色建筑评价技术细则[M]. 北京：中国建筑工业出版社，2015.

[12] 田慧峰，孙大明，刘兰. 绿色建筑适宜技术指南[M]. 北京：中国建筑工业出版社，2014.

[13] 同继峰，马眷荣等. 绿色建材[M]. 北京：化学工业出版社，2015 .

[14] 吴焕加. 高楼大厦的历史成因 [N]. 建筑时报，2004-11-22.

[15] 罗福午. 高层建筑的历史发展 [J]. 建筑技术，2002.

[16] 何镜堂，刘宇波. 超高层办公建筑可持续设计研究 [J]. 建筑学报，1998.

[17] 肖博元，陈书红，苏鼎钧等. 简介超高层大楼基础形式选择 [J]. 施工技术，2001.

[18] 丁大钧. 高层建筑结构体系 [J]. 工业建筑，1998.

[19] 蒋曙杰. 逆作法施工在城市地下空间开发中的应用及发展前景述评 [J]. 建筑施工，2004.

[20] 叶可明，范庆国. 上海金茂大厦施工技术 [J]. 施工技术，1999.

[21] 薛大德. 高层建筑施工垂直运输机械合理选择 [J]. 建筑机械化，1988.

[22] 张关林，石礼文. 金茂大厦决策・设计・施工 [M]. 北京：中国建筑工业出版社，2003.

[23] 胡玉银. 超高层建筑施工第二版. 北京：中国建筑工业出版社，2013，5.

[24] 肖南，彭明祥，刘小刚. CCTV 底板超厚大体积混凝土施工技术[J]. 施工技术，2006.

[25] 曾强，陈放，台登红，鲍广鉴. 上海环球金融中心钢结构综合施工技术 [J]. 施工技术，2009.

[26] 戴立先，陆建新，刘家华. 上海环球金融中心钢结构施工技术 [J]. 施工技术，2006.

[27] 胡玉银，李琰. 超高层建筑转换桁架施工控制技术[J]. 建筑施工，2010.